광섬유와 광통신

김동룡 저

도서출판 상학당

이 책의 머리말 *Preface*

새로운 정보화시대를 맞아 초고속 정보통신의 구축으로 대용량화, 초고속화하고 통신 수용능력을 높여 광대역 및 실시간 전송이 필요하므로 광산업에서 필수적인 광섬유를 이용한 소자산업 및 광통신 시스템이 광범위하게 활용되고 있다.

이 책은 지난 수년 간 학생을 가르치고 현장 프로젝트를 수행하면서 학습에 필요한 내용들은 많은 서적들을 찾아야 하고, 또 이해하는 데도 어려움이 많아 광섬유와 부품을 이용한 광통신 시스템을 분석하고 설계할 수 있도록 다음과 같은 내용으로 구성하였다.

제1장 광섬유
제2장 광섬유 접속 및 측정기
제3장 광섬유 부품
제4장 변조·복조와 다중화
제5장 광통신 시스템
제6장 광통신 실무

따라서, 이 책이 산업사회의 발전에 따라 광통신의 필요성이 요구되므로 공학도 및 현장실무자가 이를 이해하고 적용하여 응용할 수 있는 지침서가 되길 바라며, 많은 관심과 격려를 주기를 바란다.

끝으로, 이 책을 출판하기까지 수고를 아끼지 아니한 도서출판 상학당의 남승우 사장님, 송일복 전무님과 편집부 여러분께 감사드립니다.

저자 씀

이 책의 차례 Contents

제1장 광섬유

제2장 광섬유 접속 및 측정기

제 4 장 변조 · 복조와 다중화

제1장 광섬유

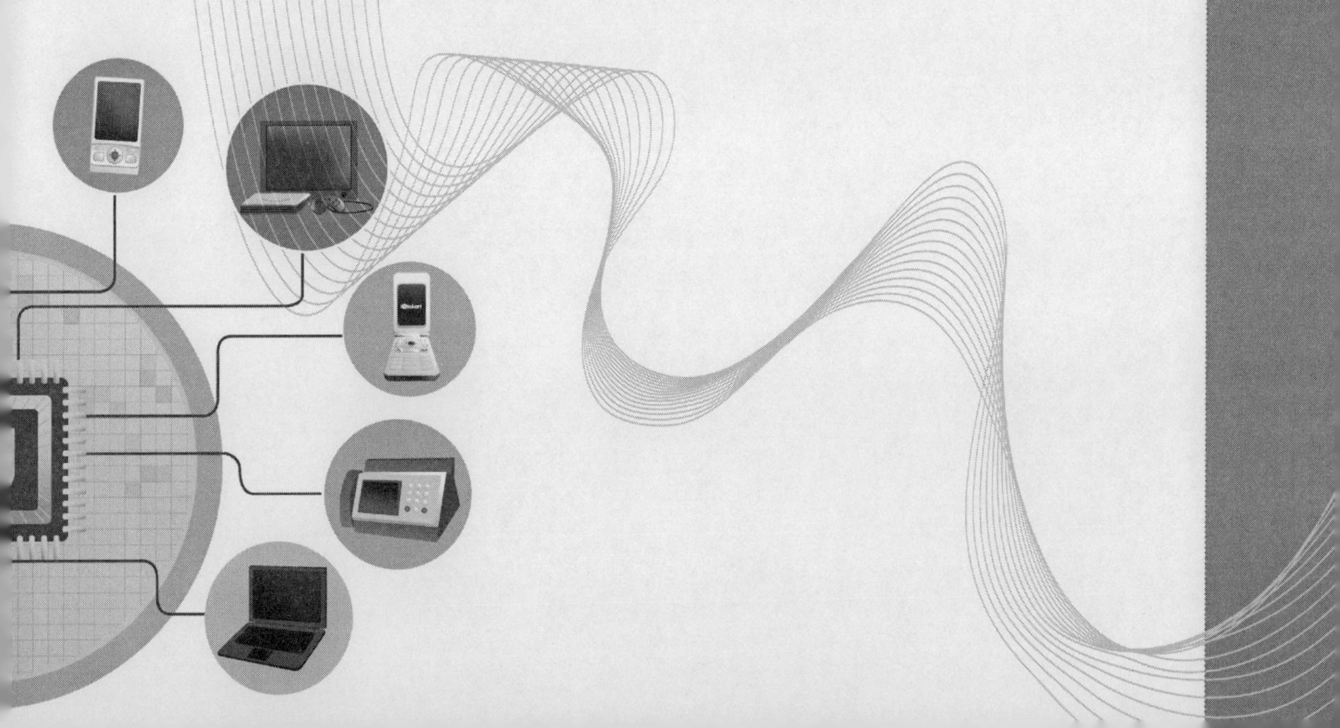

1.1 광섬유에서 빛의 전파

1.1.1 전반사

[그림 1-1]과 같이 두 개의 광선 중에서 직선이 점선보다 작은 각도로 입사하면 공기와 코어 사이의 A접면에서 굴절이 발생하고, 광선은 중심축에서 가장 가까운 각으로 진행한다.

즉 $\theta_{L2} > \theta_1$이면 광선은 코어와 클래딩 접면이 B점으로 가서 굴절한 후 휘어져 클래딩에서 진행하여 클래딩과 공기의 경계면 C점에서 휘어져 공기 밖으로 진행한다. 이 광선은 광섬유 내로 진행하지 못하여 광섬유 내에서 전파되지 않는다.

두번째 직선에서는 점 A에서 굴절이 발생하고, B'점에서 전반사가 발생하면 광선은 코어 내로 전파된다. 따라서 코어와 클래딩 접면에서 입사각은 임계각 α_c가 된다.

$$\alpha_c = \sin^{-1}\left(\frac{n_2}{n_1}\right)$$

여기서 n_1은 코어의 굴절률, n_2는 클래딩의 굴절률이다.

α_c보다 큰 각으로 입사하는 광선은 광섬유로 전파한다.

임계광선은 중심축과 θ_c각도로 θ_c보다 큰 광선은 전파하지 못한다. 따라서 $\theta_1 > \theta_c$이면 θ_1광선은 광섬유를 벗어나므로 이 θ_c를 임계 전파각이라 한다.

$$\sin\alpha_c = \cos\theta_c = \frac{n_2}{n_1}$$

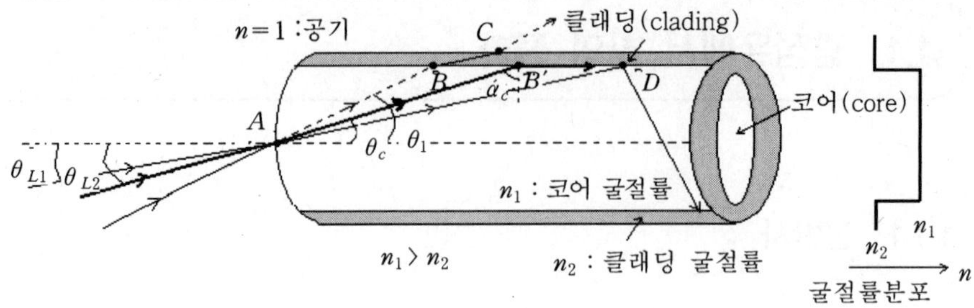

[그림 1-1] 광섬유의 빛의 반사

또한 θ_c보다 작으면 내부전반사는 빛이 굴절률이 높은 매질에서 낮은 매질로 진행할 때만 발생한다.

예제 1

코어의 굴절률이 1.52, 클래드의 굴절률이 1.48인 광섬유에서 임계각을 구하시오.

풀이 ············

$$\cos\theta_c = \frac{n_2}{n_1} = \frac{1.48}{1.52} = 0.974$$

임계각 $\theta_c = \cos^{-1} 0.974 = 13.1^\circ$

예제 2

굴절률이 n인 매체에서 굴절률 n_2인 코팅을 가진 굴절률 n_1인 유리섬유로 광선이 입사될 때 전반사되는 최대각 θ_3를 구하시오.

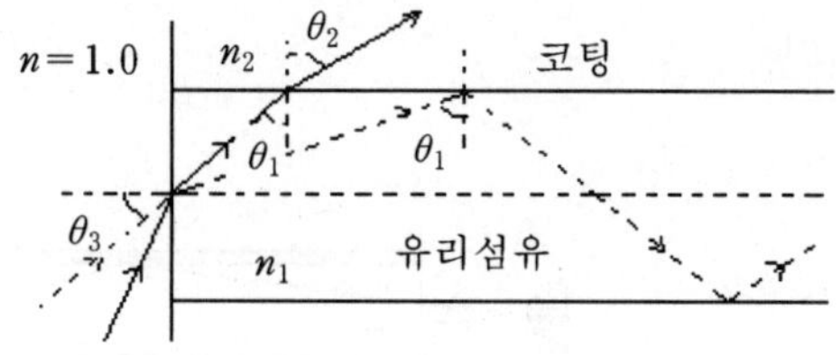

풀이 ············

$$n \sin_3 = n_1 \sin(\theta_i - 90°) = n_1 \cos\theta_i$$

$$\frac{n_2}{n_1} = \sin\theta_i = (1-\cos^2\theta_i)^{\frac{1}{2}} = \left(1 - \frac{n^2}{n_1^2}\sin^2\theta_3\right)^{\frac{1}{2}}$$

$$\frac{n_2^2}{n_1^2} = 1 - \frac{n^2}{n_1^2}\sin^2\theta_3$$

$$\frac{n}{n_1}\sin\theta_3 = \frac{(n_1^2 - n_2^2)^{\frac{1}{2}}}{n_1}$$

따라서

$$\sin\theta_3 = \frac{1}{n}(n_1^2 - n_2^2)^{\frac{1}{2}}$$

1.1.2 모드 전파

θ_c보다 작은 각도의 모든 광선은 광섬유 내에서 전파된다. θ_c가 증가하면 모드 수가 증가하므로 전체 모드 수는 상대굴절률차 $\left(\frac{n_2-n_1}{n_1}\right)$이 증가함에 따라 증가된다.

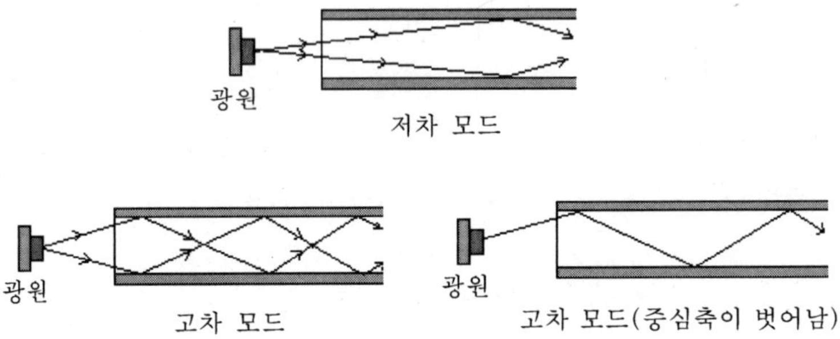

[그림 1-2] 저차와 고차 모드

따라서 [그림 1-2]와 같이 임계각 θ_c보다 작은 전파각을 갖는 것을 저차 모드라 하는데 이는 손실이 적고, 임계값 θ_c에 근접하거나 큰 전파각을 갖는 것을 고차 모드라 하는데 이는 손실이 크다.

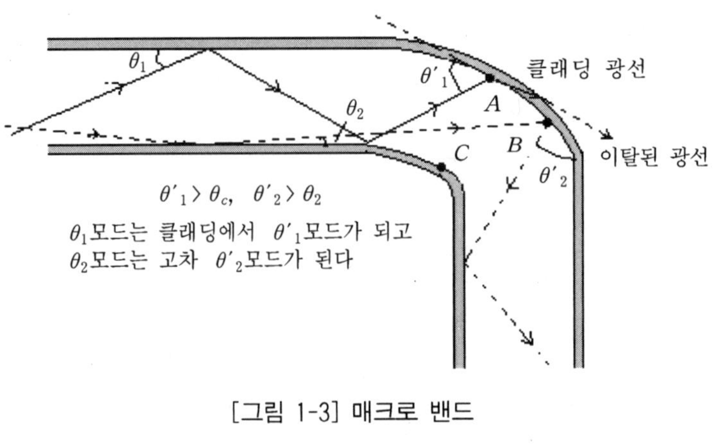

[그림 1-3] 매크로 밴드

매크로 밴드는 [그림 1-3]과 같이 θ_1의 각을 갖는 광선이 A점에 도달하고 전파각 θ'_1은 θ_1보다 크다. 전파각이 임계각 θ_c보다 크면 광선은 밖으로 탈출한다. θ_1 모드는 누설 모드로서 손실로 없어지고, θ_2의 각으로 전파하는 모드는 휘어서 고차 모드 θ'_2로 변환되어 고차 및 저차 모드로의 변환이 발생한다.

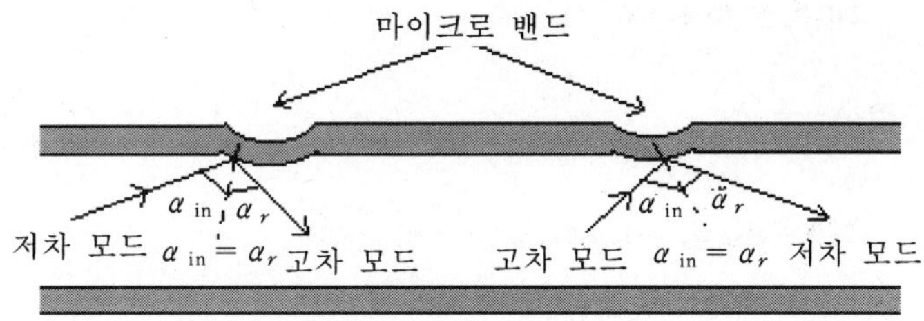

[그림 1-4] 마이크로 밴드

마이크로 밴드는 [그림 1-4]와 같이 미세한 모래종이(sandpaper)로 덮인 두 블록 사이에 광섬유를 누르면 작은 홈이 발생하여 모드 혼합을 증가시켜 손실을 증가시킨다. $\theta=0$, 즉 광섬유에 휘기 때문에 고차 모드로 빨리 변한다.

광섬유의 중심선을 따라 통과하는 광선은 자오광선이고, 광섬유의 중심선을 따라 진행하지 않고, 또는 광섬유 내에서 광섬유 중심선에 교차하지 않고 진행하는 광선을 스큐파(skew wave)라 한다.

1.1.3 수광각과 개구수

전파각은 임계각에 대하여 작거나 같아야 한다. 즉 광섬유로 입사한 빛의 각은 전파각이 되어야 한다. [그림 1-5]와 같이 직선광선에서 θ_a가 θ_c와 틀리면 A에서 굴절한다. 공기와 코어의 굴절률은 각각 1과 n_1이고,

입사각 $2\theta_a$ 이내로 끝단에서 입사되는 광선만이 주입된다. $2\theta_a$는 수광각이고, 3차원에서는 수광콘(원뿔)이 된다.

$$\frac{\sin\theta_a}{\sin\theta_c} = \frac{n_1}{n=1} = n_1$$

에서 개구수(NA : Numerical Apperture)는

$$\sin\theta_a = n_1 \sin\theta_c$$

이다. 즉

$$\mathrm{NA} = \sin\theta_\mathrm{a} = n_1 \sin\theta_c = \sqrt{(n_1^2 - n_2^2)}$$

에서

$$\theta_a = \sin^{-1}(\mathrm{NA}) = \sin^{-1}\sqrt{(n_1^2 - n_2^2)}$$

비굴절률차

$$\varDelta = \frac{(n_1^2 - n_2^2)}{2 \times n_1^2} = \frac{(\mathrm{NA})^2}{2 \times n_1^2}$$

으로 $(\mathrm{NA})^2 = n_1^2 - n_2^2 = 2n_1^2\varDelta$이므로 개구수는

$$\mathrm{NA} = n_1\sqrt{2\varDelta}$$

이다.

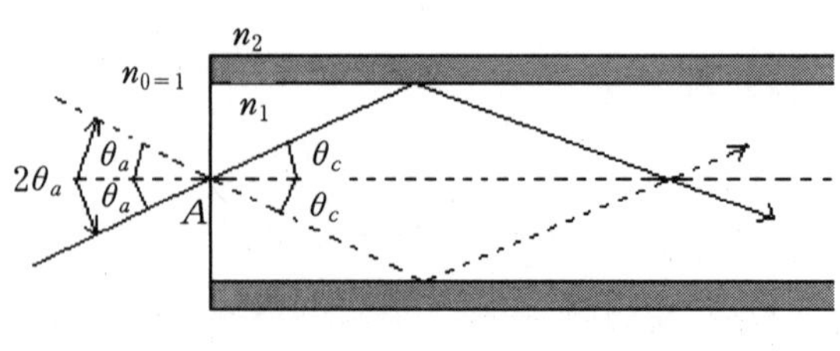

[그림 1-5] 수광각

예제 3

광섬유에서 코어의 굴절률이 1.33이고, 클래드의 굴절률이 1.31일 때 비굴절률차, 개구수와 수광각을 구하시오.

풀이 ············

비굴절률차 $\Delta = \dfrac{(n_1^2 - n_2^2)}{2 \times n_1^2} = \dfrac{(1.33^2 - 1.31^2)}{2 \times 1.33^2} \times 100 = 1.5\,[\%]$

개구수 $(\mathrm{NA})^2 = n_1^2 - n_2^2 = 2 n_1^2 \Delta = 2 \times 1.33^2 \times 0.015 = 0.053$

$\theta_a = \sin^{-1}(\mathrm{NA}) = \sin^{-1}(0.053) = 3.04^\circ$

수광각 $\theta = 2\theta_a = 2 \times 3.04 = 6.08^\circ$

1.1.4 광섬유에서의 전송 모드

광섬유의 전송 모드는 계단형 굴절률 광섬유(step index fiber), 모노모드 광섬유(monomode fiber) $\left(d \le 0.764 \lambda_c \sqrt{n_1^2 - n_2^2}\right)$, 굴절률 변화 광섬유(grated index fiber)가 있으며, 굴절률 $n_1 > n_2$가 되면 전반사가 일어난다.

1. 계단형 굴절률 광섬유

(1) 다중 모드 계단형 광섬유

[그림 1-6]과 같이 다중 모드 계단형 광섬유(multimode step index fiber)에서 광섬유 축을 따라 진행하는 축방향 광선과 코어와 클래딩 경계면에 임계각 근처의 경로를 따라 진행하는 주변광선은 광섬유 내에서 진행할 수 있는 가장 큰 각이다.

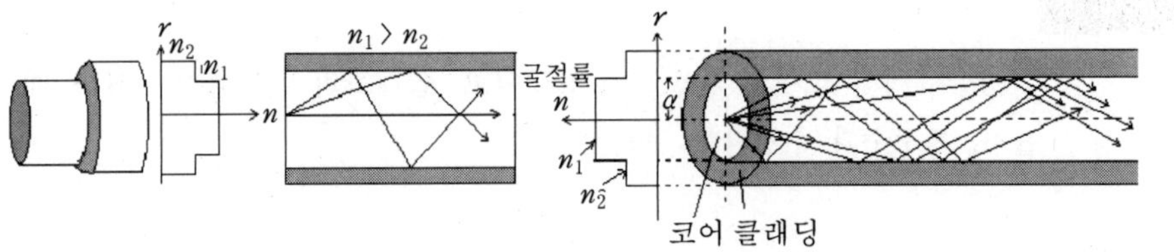

[그림 1-6] 다중 모드 계단형 광섬유

[그림 1-7]에서 주변광선이 경계면까지 L_2를 진행하는 동안 축방향 광선은 L_1을 진행하게 된다. 기하학적 구조로부터

$$\cos\theta_c = \frac{n_2}{n_1} = \frac{L_1}{L_2}$$

이다.

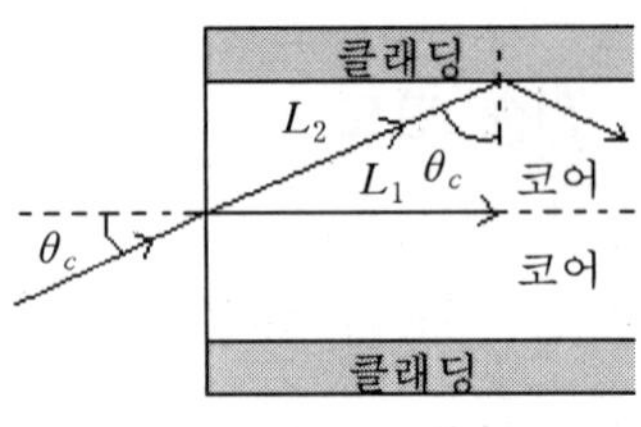

[그림 1-7] 주변광선에 의한 기하학적 구조

주변광선에 의해 진행하는 거리는

$$\delta_d = \frac{n_1 - n_2}{n_1} \cdot L$$

이고, 비굴절률차 Δ를 고려하여 $\delta L = L\Delta$ 라면 부가되는 시간은

$$\delta t = \frac{\delta L}{v} = \frac{L\Delta n_1}{c}$$

이다. 즉 1비트 정보를 나타내는 길이 t의 펄스는 $t+\delta t$만큼 늘어난다.

비굴절률차는

$$\Delta = \frac{n_1 - n_2}{n_1} \times 100[\%]$$

이고, 임계각은

$$\theta_c = \cos^{-1}\frac{n_2}{n_1}$$

이므로 굴절률은

$$\frac{n_2}{n_1} = \sqrt{\frac{n_2^2}{n_1^2}} = \sqrt{1 - \frac{n_1^2 - n_2^2}{n_1^2}} = \sqrt{1-2\Delta}$$

이고,

$$\theta_c = \cos^{-1}\sqrt{1-2\Delta} = \sin^{-1}\sqrt{2\Delta}$$

이다.

또한 다중 모드 계단형 광섬유는 광이 여러 모드로 전파되므로 전체 모드 수 M은 개구수 NA에 비례하고, 광섬유의 지름, 굴절률, 파장에 관계되는 정규화 주파수 F와의 관계는 다음과 같다.

$$F = \left(\frac{2\pi a}{\lambda}\right)\text{NA} = \left(\frac{2\pi a}{\lambda}\right) n_1 \sqrt{2\Delta}, \quad M = \frac{F^2}{2}$$

여기서 a는 코어의 반지름, n_1은 코어의 굴절률, λ는 파장, Δ는 비굴절률차이다.

따라서 코어의 중심축으로 진행하는 M광선(Meridional ray), 코어 중심축을 벗어나 진행하는 S광선(Skew ray)과 코어 중심축과 일정한 나선으로 진행하는 H광선(Helical ray)이 있으며, [그림 1-8]과 같이 다중 모드 계단형 광섬유는 M광선과 S광선이 존재한다.

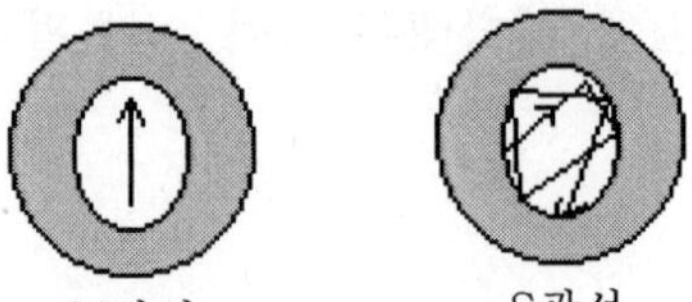

[그림 1-8] 다중 모드 계단형 광섬유의 광선

예제 4

계단형 광섬유의 코어의 굴절률 $n_1 = 1.46$, 클래드의 굴절률 $n_2 = 1.4$, 코어의 지름 50[μm], 파장이 1.31[μm]일 때 모드 수와 모드 간 분산을 구하시오.

풀이 · · · · · · · · · · ·

개구수 $\text{NA} = [(n_1)^2 - (n_2)^2]^{\frac{1}{2}} = [(1.46)^2 - (1.4)^2]^{\frac{1}{2}} = 0.414$

정규화 주파수 $F = \left(\frac{2\pi a}{\lambda}\right)\text{NA} = \left(\frac{2 \times 3.14 \times 25 \times 10^{-6}}{1.31 \times 10^{-6}}\right) \times 0.414 = 49.62$

모드 수 $M = \frac{F^2}{2} = \frac{(49.74)^2}{2} = 1237.034$

로 소수점을 무시하는 정수이고, [km]당 분산은 다음과 같다.

$$\Delta t = \frac{(\text{km})(\text{NA})^2}{2n_1 v} = \frac{10^3 \times (0.414)^2}{2 \times 1.46 \times 3 \times 10^8} = 0.1913 \times 10^{-6} = 0.1913\ [\mu\text{s/km}]$$

---

(2) 단일 모드 계단형 광섬유

[그림 1-9]와 같이 코어가 사용하는 빛의 파장과 비교하여 매우 좁으면 반사는 없고, 전자파는 광섬유의 축 아래로 이동하기 위하여 억제한다. 파장이 길면 광섬유의 코어 지름을 크게 하여야 한다. 단일 모드 계단형 광섬유(single-mode step index fiber)는 정규화 주파수가 2.4가 되도록 한다.

정규화 주파수 : $F=\left(\frac{2\pi}{\lambda}\right)a\ n_1\sqrt{2\Delta}$

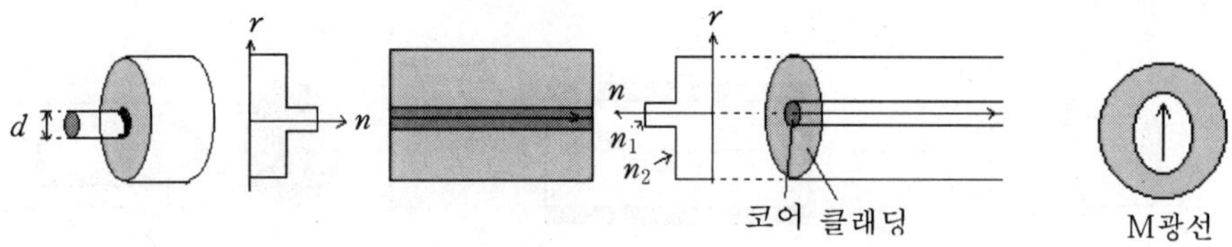

[그림 1-9] 단일 모드 계단형 광섬유

예제 5

코어의 굴절률 $n_1=1.46$, 코어의 지름 $40[\mu m]$, 파장 $1.55[\mu m]$인 단일 모드 광섬유에서 최대 비굴절률차와 개구수를 구하시오.

풀이 · · · · · · · · · · ·

$F=\left(\frac{2\pi}{\lambda}\right)a\ n_1\sqrt{2\Delta}$에서

$$\Delta=\frac{\left(\frac{F\lambda}{2\pi a\ n_1}\right)^2}{2}=\frac{\left(\frac{2.4\times1.55\times10^{-6}}{2\times3.14\times20\times10^{-6}\times1.46}\right)^2}{2}=0.000206$$로

$\Delta[\%]=\Delta\times100=0.000206\times100=0.0206[\%]$

개구수 $\text{NA}=n_1\sqrt{2\Delta}=1.46\times\sqrt{2\times0.0206}=0.2964$

---

2. 굴절률 변화 광섬유

굴절률이 변화율을 조절해주는 방법으로 기판에 올라와 있는 얇은 유리층에 불순물을 주입하는 방법과 유리로부터 일부를 제거하는 방법이 있다.

[그림 1-10], [그림 1-11]과 같이 부드럽게 굽은 곡선경로를 따르고 광축에서 멀리 떨어져 진행하는 빛의 경로가 가까이 진행하는 빛의 경로보다 길어 보이나 광축에서 멀리 떨어져 진행하는 빛은 먼 거리를 가지만 속력이 광축 가까이에서의 빛보다 빠르므로 결국 똑같은 시간에 도착하게 된다.

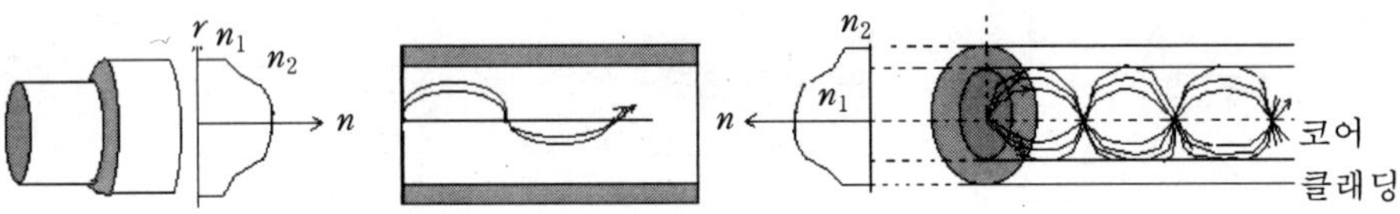

[그림 1-10] 굴절률 변화 광섬유

r만큼 떨어진 위치의 굴절률이 $r=0$일 때

$$n_1(r)=n_1(0)\left[1-2\Delta\left(\frac{r}{a}\right)^a\right]^{1/2} \quad (0\le r\le a)$$

이고, $r=a$일 때는

$$n_1(a)=n_1[1-2\Delta]^{1/2}$$

이다.

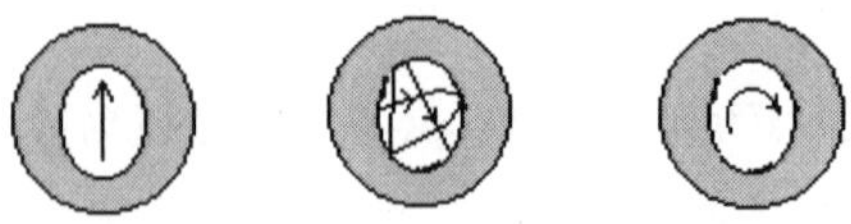

[그림 1-11] 굴절률 변화 광섬유의 광선

예제 6

경사형 광섬유의 코어의 굴절률 $n_1=1.46$, 클래드의 굴절률 $n_2=1.4$, 코어의 반지름 $r=\frac{a}{2}$일 때 굴절률을 구하시오.

풀이 ············

비굴절률차 $\Delta=\frac{(n_1^2-n_2^2)}{2n_1^2}=\frac{(1.46^2-1.4^2)}{2\times1.46^2}=0.04$

r대신 $\frac{a}{2}$라면

$$n_{\left(r=\frac{a}{2}\right)}=n_1\sqrt{1-2\Delta\left(\frac{1}{2}\right)^2}=1.46\times\sqrt{1-2\times0.04\times\left(\frac{1}{4}\right)}=1.445$$

따라서 $r=\frac{a}{2}$에서 굴절률은 n_1과 n_2 사이에서 굴절률이 포물선으로 변한다.

1.1.5 선폭과 전파속도

광원은 한 대역의 주파수를 갖는 빛으로 단일주파수가 아니고 파장을 갖는다. [그림 1-12]와 같이 빛에너지와 광원의 선폭(line width)은 빛에너지의 최대전력이 반으로 떨어지는 두 지점 사이의 파장폭이다. 선폭 $\Delta\lambda$와 대역폭 Δf와의 관계는 다음과 같다.

$$\Delta f=\left(\frac{\Delta\lambda}{\lambda_0}\right)f_0=f_2-f_1$$

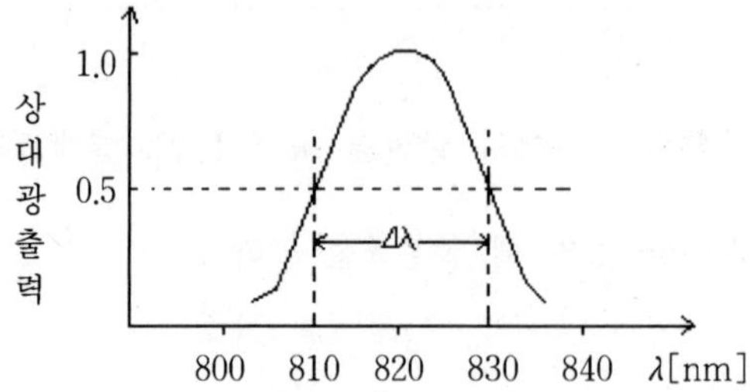

[그림 1-12] 선 폭

여기서 f_1, f_2는 빛의 반전력 주파수, Δf는 광원의 대역폭, λ_0는 중간 파장, $\Delta\lambda/\lambda_0$는 상대선폭, f_0는 중간주파수이다.

광원의 선폭은 광전송 시스템의 성능에 관계있고, 큰 선폭은 동일한 NA에 대하여 더 많은 모드 수를 발생시키고, 시스템의 최대 데이터 속도를 낮춘다.

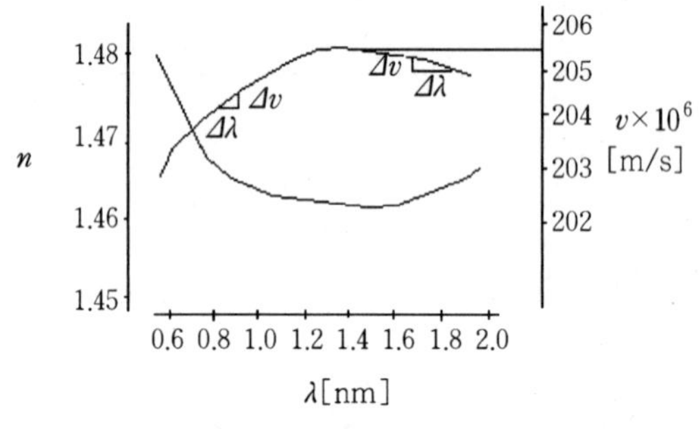

[그림 1-13] 파장에 의한 굴절률과 전파속도

또한 물질의 굴절률은 파장에 따라 변하고 전파속도 $\left(v=\frac{c}{n}\right)$는 파장에 의존한다. [그림 1-13]과 같이 실리콘 유리에서 파장에 따른 굴절률은 감소한다. 0.6～1.3[μm] 파장에서 파장이 증가하면 굴절률은 감소하고, 1.3～1.7[μm]에서 굴절률은 파장에 따라 증가하고, v가 감소함에 따라 n은 증가한다.

1.3[μm] 근방에서 n과 v의 기울기는 0에 가깝고, 파장에 따른 v의 변화는 광섬유가 전송하는 데이터 속도를 크게 감소시키므로 1.3[μm] 근방에서 동작시킨다. 광원의 선폭이 1~2[nm]이고, 1.3[μm]에서 동작할 때 $\frac{\Delta v}{\Delta\lambda}$는 거의 0이며, 대역폭은 극히 높다.

예제 7

LD의 $\lambda_0 = 1.31\,[\mu\text{m}]$이고, 선폭 $\Delta\lambda = 50[\text{nm}]$의 빛이 나온다. 이때 상대선폭과 광원의 대역폭을 구하시오.

풀이 · · · · · · · · · · ·

상대선폭 $\frac{\Delta\lambda}{\lambda_0} \times 100 = \frac{50 \times 10^{-9}}{1310 \times 10^{-9}} \times 100 = 3.817[\%]$

중심주파수 $f_0 = \frac{c}{\lambda_0} = \frac{3 \times 10^8}{1310 \times 10^{-9}} = 2.29 \times 10^{14}\,[\text{Hz}]$

광원의 대역폭 $\Delta f = \left(\frac{\Delta\lambda}{\lambda_0}\right) f_0 = 0.03817 \times 2.29 \times 10^{14} = 8.74 \times 10^{16}\,[\text{Hz}]$

1.2 광섬유의 종류

1.2.1 다중 모드 광섬유

다중 모드 광섬유(MMF : Multi Mode Fiber)에는 SI형과 GI형이 있다.

1. SI(Step Index)형

빛을 광섬유의 코어 단면에 입사시키면 코어 내를 진행하는데 입사각이 0°인 빛은 계속 진행하지만 0°보다 어느 정도 큰 빛은 클래드에 닿아 전반사로 진행한다. 입사각이 큰 빛은 작게 입사한 빛보다 반사횟수가 많아서 진행속도가 늦고 입사된 광신호의 펄스폭이 전송되는 동안 넓어지고 거리가 멀수록 전송대역의 한계가 생긴다.

2. GI(Graded Index)형

코어의 굴절률 분포를 중심에서 클래드 쪽으로 가면서 방사상으로 변화되어 입사한 빛을 코어 내부에서 단계적으로 굴절시켜 입사각에 맞는 궤도로 진행한다. 따라서 코어 중심에서 떨어진 곳은 굴절률이 작으므로 빛의 속도는 빨라지고 가까운 곳은 반대로 늦어지므로 여러 각도로 입사한 빛은 각기 다른 각도로 진행하지만 속도는 같다.

1.2.2 단일 모드 광섬유

<표 1-2> 단일 모드 광섬유의 특성

항 목	1.31 [μm] 표준광섬유	1.55 [μm] 차단파장 이동 광섬유	분산이동 광섬유(DSF)		
			삼각형	듀얼셀프형	세그먼트형
모드 필드 지름 (MFD)[μm]	9.5 또는 10±1[%]	10.5±10[%]	7.5±10[%]	8±10[%]	8.1±0.65[%]
클래드 지름[μm]	125±3	125±3	125±3		
클래드비[%]	2이하	2이하	2 이하		
차단파장 [μm]	1.10~1.28 실효차단파장 1.27 이하	1.35~1.60 실효차단파장 1.53 이하	-		
편심량[μm]	1 이하	1 이하	1 이하		
분산치 [ps/nm · km]	3.5 이하 1.285~1.33 [μm]	20 이하 1.525~1.575 [μm]	3.5 이하 1.525~1.575[μm]		
굴절률 분포형태		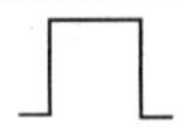			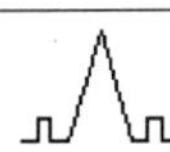

하나의 모드만 전송하므로 입사각이 서로 달라서 생기는 도착시간 차에는 문제가 없으므로 초광대역 전송이 가능하다. 단일 모드 광섬유(SMF : Single Mode Fiber)의 특성은 〈표 1-2〉와 같다.

1.2.3 광섬유의 재질

석영 광섬유(sillica optical fiber)는 SiO_2가 주재료로 굴절률을 조정하기 위하여 GeO_2, P_2O_5, B_2O_3를 혼합해 사용한다. 석영 광섬유의 특성은 <표 1-1>과 같다.

<표 1-1> 석영 광섬유의 특성

종류 / 형태		구조 파라미터		전송특성		결합특성		비 고
		코어 및 클래드 지름 [μm]	굴절률차 (클래드에 대한 백분율)	전송손실 [dB/km] (사용 파장대) [μm]	전송대역 [kHz · km]	접속	광원과 결합 효율	
MMF	SI형	100/140 85/125	1.5～2.0	3～6(0.85)	100～	용이함	대	소용량 통신, 단거리(컴퓨터 및 구내통신 LAN, 데이터 링크용) 통신
	GI형	50/125 62.5/125	～1	～4(0.85)～1(1.3)	100～1,300	비교적 용이함	중	중용량 통신, 중장거리 (～100[Mbps]) 통신, LAN, 데이터 링크용)
SMF		9/125 10/125	～0.3	～0.5(1.3)	2,000 이상	용이함	소	대용량 통신, 장거리(100[Mbps] 이상) 통신, 공중통신

SiO_2가 80～90[%]로 광섬유의 길이를 장거리로 할 수 있고 손실을 줄일 수 있다. 굴절률을 높이는 도핑 재료로 P_2O_5, Al_2O_3, GeO_2 등을 사용하고 굴절률을 낮추는 도핑 재료는 B_2O_3, F 등을 사용한다.

1.2.4 광섬유의 분류

1. 1.31 [μm] 표준 광섬유(SMF : Single Mode Fiber)

석영유리에 Ge을 도핑하여 굴절률을 올린 SI형 광섬유로 1.31[μm] 대 전송에 최적화되어 있다. 영분산 파장은 1.31[μm] 부근에 있고, 전송손실은 1.31[μm]에서 0.35～0.5[dB/km]로 모드 필드 지름(MFD)은 약 10[μm]이며, 차단파장은 1.1～1.28[μm]이다.

2. 차단파장이동 광섬유(CSF : Cut-off wave length Shiff Fiber)

광섬유의 전송손실은 1.55[μm] 대에서 최소가 되는데 분산특성에 문제되지 않는 저손실 특성의 전송속도로 하는 광섬유이다. 차단파장은 1.55[μm] 대에서 손실특성을 최소화하고, 굴절률 분포는 SI형이지만 고유손실을 적게 하기 위해 코어는 순수 석영으로 하고, 클래드는 F를 첨가하여 코어와 굴절률차를 둔다. 손실은 0.17～0.19[dB/km], 차단파장은 1.35～1.60 [μm], 필드 지름은 10.5 ±1 [μm], 영분산파장은 1.295 [μm]의 특성을 갖는다.

3. 분산이동 광섬유(DSF : Dispersion Shift Fiber)

광섬유의 저손실을 유효하게 이용하고 Gbps 이상의 광신호를 전송하는데 손실의 원인이 되는 분산치를 저감시키고 영분산 파장을 1.55[μm]대로 이동한 것이 DSF이다. Ge을 첨가하여 굴절률을 제어하고 영분산 파장은 1.55 [μm]이고, 손실은 0.22～0.23[dB/km], 모드 필드 지름은 7～8 [μm]이다.

4. 분산평형 광섬유(DBF : Dispersion Balance Fiber)

분산의 기울기를 작게 해 넓은 파장대역에 작은 분산치를 갖도록 한다.

10[Gbps] 이상의 고속 전송 시 필요하며, 저분산 영역 및 분산의 기울어짐이 1.3～1.6 [μm]에 있는 광대역과 1.5～1.6 [μm]의 협대역이 있다. 전송손실이 0.24[dB/km], 분산기울기가 0.02～0.03[ps/mm^2 · km], 모드 필드 지름은 6.5～7.5 [μm], 차단파장이 0.9～1.0 [μm]이며, 파장 1.5～1.6 [μm]에서 분산치가 2～5[ps/nm · km]이다.

5. 복합성분 광섬유(Compound Optical Fiber)

SiO_2 50～60[%]에 B_2O_3, Na_2O, CaO, R_2O, GeO_2, K_2O의 산화물을 혼합하여 만든 광섬유로 전송손실이 크고 대역폭이 좁지만 낮은 연화점을 지니고 있고 양선성이 좋아 2[km] 정도의 근거리 통신, 단거리 신호전송, 광계측 시스템에 사용한다.

6. 플라스틱 광섬유(POF : Plastic Optical Fiber)

플라스틱 광섬유는 코어와 클래드가 플라스틱으로 투과영역이 주로 가시영역에 가까운 적외선 영역이며, 가용성이 좋고, 높은 개구수(NA)를 가지며, 가격이 싸지만 내열성이 낮다. 코어의 지름은 0.1～10[mm]로 매우 크며, 클래드 재료는 불소수지로 두께는 10～20[mm]이다.

POF는 가시영역에서 투명하여 0.6 [μm] 부근의 파장이 사용된다. 응용은 자동차의 점화감시장치, 디스플레이, CATV, 오디오, 장식용에 사용되며, PC간 통신이나 단거리 통신용으로 사용된다.

7. 적외선 광섬유(Infrared Optical Fiber)

불화물 유리 광섬유 및 페라이트 결정섬유로 전송손실은 파장 2 [μm]의 적외선 영역에서는 매우 작으므로 장파장 광섬유 또는 원적외선 광섬유라 한다.

1.3 광섬유의 특성

특정물질의 구성, 물리적 형태와 크기, 즉 유리 구성물, 섬유의 지름, 굴절률의 변화 등은 특성 및 성능에 영향을 준다.

1.3.1 광섬유의 손실

광섬유의 손실은 물질에 의한 흡수로 빛과 물질의 분자구조와의 상호작용에 의한 흡수와 물질의 불순물로 인한 재료손실이 있으며, 물질의 구조적 결함과 불순물에 의한 물질의 분자에 의한 빛의 산란과 산란된 빛은 섬유를 통해 전파하지 못하는 손실이 있다.

또한 광섬유 구조의 결함과 불완전하므로 인한 도파관 및 광도파로는 파장에 의존하며, 동작파장을 잘 선택하여 도파관 및 휨(bending)손실을 줄여야 한다.

1. 손실의 정의

[그림 1-14]에서 광섬유로 입사되는 전력 P_i 와 광섬유에서 출력되는 전력 P_o이라 할 때 광손실은

$$\text{Loss} = \frac{P_o}{P_i}$$

이고,

$$\text{Loss} = -10\log_{10}\left(\frac{P_o}{P_i}\right)[\text{dB/km}]$$

로 정의한다. 섬유의 길이에 따라 손실이 증가되므로 보통 **[km]**당 **[dB]**로 표현하고 −부호는 P_o이 P_i보다 작음을 의미하며, 손실을 나타낸다.

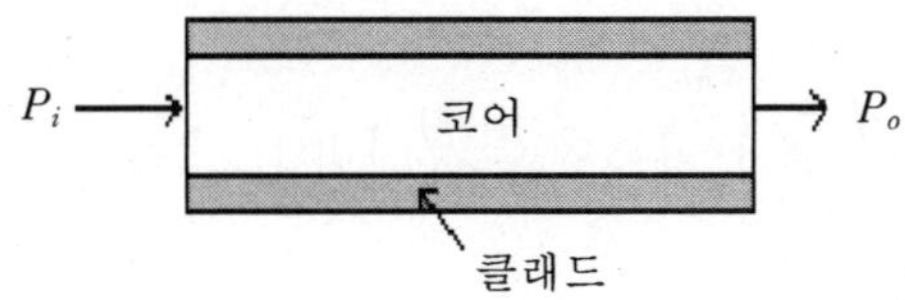

[그림 1-14] 계단형 광섬유의 P_i와 P_o

예제 8

길이가 100[m]인 광섬유에서 $P_i = 100[\mu W]$, $P_o = 95[\mu W]$일 때 손실을 구하시오.

풀이 ············

$$\text{Loss} = 10\log_{10}\left(\frac{P_o}{P_i}\right) = 10\log_{10}\left(\frac{95\times10^{-6}}{100\times10^{-6}}\right) = 10\log_{10}0.95 = -0.223[\text{dB}]$$

1[km]당 손실은

$$[\text{dB/km}] = \text{Loss}\times\frac{1[\text{km}]}{100[\text{m}]} = -0.223\times\frac{1000}{100} = -2.23[\text{dB}]$$

이다.

예제 9

1.8 [dB/km]의 손실이 있는 광섬유 100[km]을 이용하여 통신시스템을 구성하였다. 입력이 500 [μW]일 때 출력을 구하시오.

풀이 ············

$$-10\log_{10}\left(\frac{P_o}{P_i}\right)=1.8\times\frac{1000}{10000}\,[\text{dB}],\quad \log_{10}\left(\frac{P_o}{P_i}\right)=-0.018\,[\text{dB}]$$

$10^{0.018}=\dfrac{P_o}{P_i}$ 에서

$$P_o=P_i\times10^{-0.018}=500\times10^{-6}\times0.982=491\times10^{-6}\,[\text{W}]=491[\mu\text{W}]$$

이다.

예제 10

입사각이 0°인 빛이 공기($n_2=1$)와 광학유리 F_2($n_1=1.65$)를 진행할 때 손실되는 전력([%])을 구하시오.

풀이 ············

$$P=\left[\frac{(n_1-n_2)}{(n_1+n_2)}\right]^2=\left[\frac{(1.65-1)}{(1.65+1)}\right]^2=0.245\,[\text{W}]$$

손실전력 $P=p\times100=0.245\times100=24.5$ [%]

2. 재료손실

재료 자체의 핵구조에 의하여 Ge-Si 유리의 손실은 λ가 0.8~1.6[μm]일 때 0.1[dB] 미만이고, λ가 1.3[μm]일 때는 거의 0으로 상대적으로 작다. 불순물에 의한 손실은 제조공정의 개선으로 감소되며 개선된 섬유에서 금속 불순물은 거의 없다.

OH 불순물은 특정대역에서 최악의 손실은 4[dB/km] 정도로 1.4[μm] 근방에서 불순물 농도가 1[ppm]일 때 일어난다. [그림 1-15]에서 OH 흡수는 1[ppm]보다 약간 클 때 첨두값을 가진다. 0.93, 1.25, 1.4[μm] 파장에서는 3개의 첨두값을 가진다.

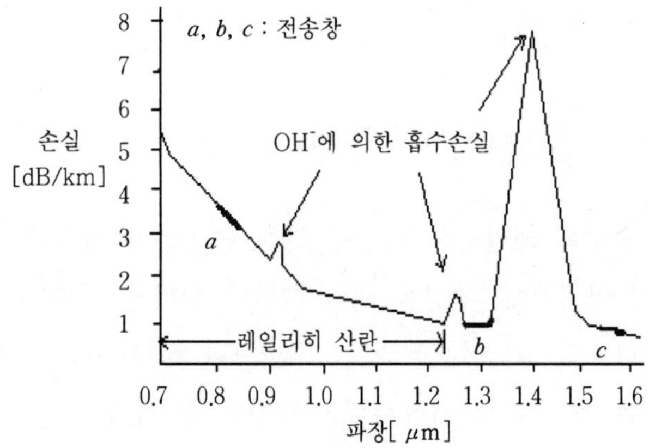

[그림 1-15] 파장대에 의한 광섬유 손실

3. 산 란

빛이 방해물에 의해 산란(scattering)될 때 손실이 발생한다. 방해물은 재료의 밀도변화로 굴절률의 변화를 가져온다. 굴절률이 분자 크기 정도로 변할 때 전력손실은 레일리히(rayleigh) 산란에 기인한다.

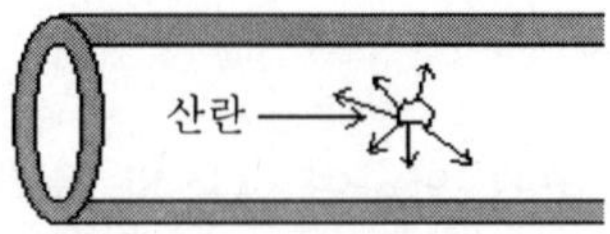

[그림 1-16] 장애물에 의한 산란

이는 제조공정에서 내재되어 피할 수 없으나 산란은 파장에 의존하므로 1.8[μm]에서 레일리히는 대략 0.1[dB/km]이며, [그림 1-16]은 큰 방해물, 마이크로 밴드, 부정형 섬유에 의한 산란으로 이러한 손실은 제조기술의 개선으로 최소화되어 무시할 수 있다.

SiO_2 광섬유의 레일리히 산란에서 n은 굴절률, λ는 파장, C는 광탄성 상수, K는 볼츠만 상수, T_o는 냉각 후의 온도, β는 등온압축률이라면 레일리히 산란손실 α는 다음과 같다.

$$\alpha = \left(\frac{T_o K \beta}{3\lambda^4}\right) 8\pi^3 n^8 C^2 \, [\mathrm{dB/km}]$$

파장이 길수록 레일리히 산란에 의한 손실은 적어진다. 1.55[μm]대에서 최소손실이 얻어지고, 광섬유 내의 레일리 산란광 일부는 전송방향과 반대되는 입사단으로 되돌아오는 것을 후방산란광이라 하고, 이를 이용하여 파단점 검출과 광손실 및 접속손실을 측정할 수 있다.

여기서 광펄스폭 W, 비굴절률차 Δ, 레일리 산란에 의한 광손실 α, 산란점에서의 전파광전력 P_o, 빛의 속도 c, 광섬유 코어의 굴절률을 n이라 하면 후방산란광 전력 P_s는 다음과 같다.

$$P_s = \left(\frac{\alpha \Delta W}{4n}\right) c P_o \, [\mathrm{dB \cdot m}]$$

파장 1.31[μm]에서 SM형 광섬유의 레일리 산란에 의한 광손실은 0.5 [dB/km] 정도이고, 19.55[μm]에서 광손실이 0.3[dB/km]로 광펄스폭을 작게 하면 해상도는 좋아지나 후방산란의 광전력은 감소하여 원거리 측정이 어렵다.

4. 도파관과 마이크로 밴드의 손실

광섬유의 구조적 변화와 변형은 외부로의 복사를 유발하며, [그림 1-17](a)는 변형된 형태에서 각 α_1은 임계각보다 작아서 광선이 코어를 벗어나도록 하고, 변형이 없으면 광선은 점선과 같이 광섬유 내에서 진행한다.

[그림 1-17](b)와 같이 코어에 미세한 변동인 마이크로 밴드는 빛의 방사를 유발하며 굴절률의 변화로 손실을 일으킨다. 그러나 대부분 손실은 빛의 산란에 의하여 생긴다.

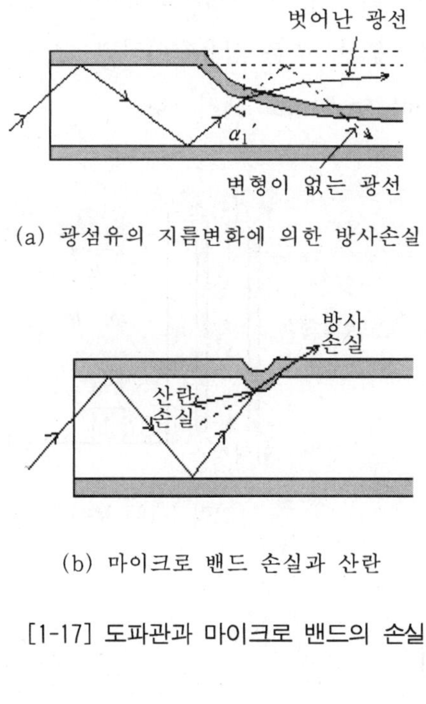

(a) 광섬유의 지름변화에 의한 방사손실

(b) 마이크로 밴드 손실과 산란

[1-17] 도파관과 마이크로 밴드의 손실

1.3.2 분 산

[그림 1-18]과 같이 광섬유의 출력단에 나타나는 펄스폭이 입력 펄스보다 넓은 것은 광펄스 신호가 광섬유를 따라 진행할 때 여러 가지 전파현상으로 신호가 넓어진다. 분산(dispersion)은 거의 영(0)의 폭을 갖는 이상적인 입력 펄스에 의해 발생한 출력 광펄스의 폭이라 한다.

입력 펄스폭 tp_1, 출력 펄스폭 tp_2이면 $tp_1 < tp_2$로

$$\Delta t = (tp_2^2 - tp_1^2)^{\frac{1}{2}}$$

이므로 긴 섬유는 펄스가 더 넓어지고 분산이 커진다.

Δt는 광섬유의 분산, L은 섬유길이라면 $\Delta t = L \times$(분산/km)이다. 분산을 규정할 때 [ns/km], [ps/km]로 표시한다.

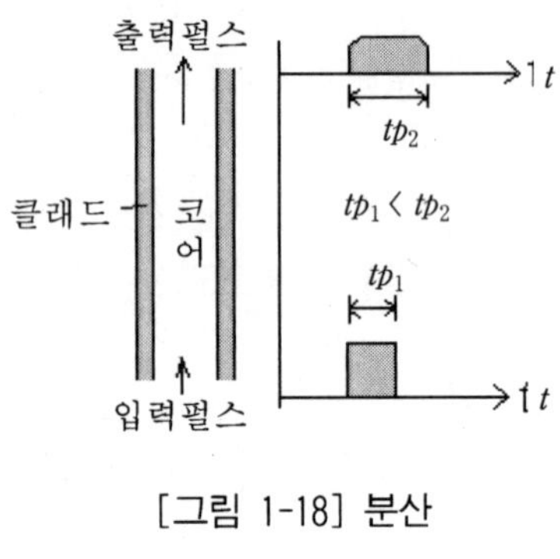

[그림 1-18] 분산

1. 모드 간 분산

모드 간 분산은 다른 모드에 대하여 전파시간이 달라지기 때문에 발생한다. [그림 1-19]와 같이 섬유축을 따라 전파하는 2개 모드는 θ_c각으로 전파하는 임계 모드와 전파각이 0인 모드이다. 광섬유로 주입되는 광펄스는 섬유를 따라 두 개의 모드로 전파한다.

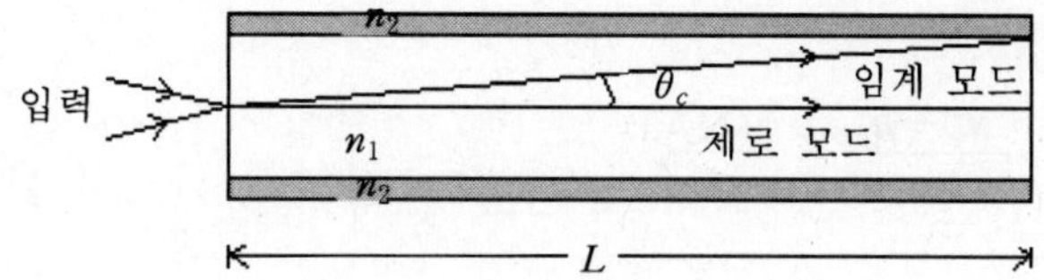

(a) 광선추적

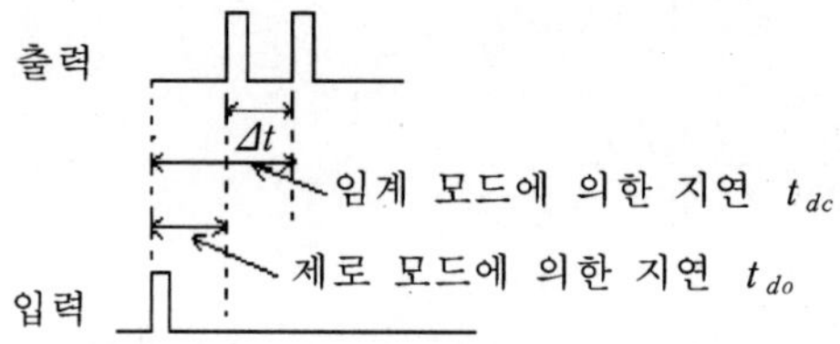

(b) 시간지연

[그림 1-19] 모드 간 분산

제로 모드에서 진행하는 시간은 최소이고, 임계 모드로 진행하는 시간은 최대가 된다.

$$t_{do} = \frac{L}{\frac{c}{n_1}} = L \cdot \frac{n_1}{c} \text{ (최소 전파지연)}$$

$$t_{dc} = \frac{\frac{L}{\cos\theta_c}}{\frac{c}{n_1}} = \frac{Ln_1}{c\cos\theta_c} \text{ (최대 전파지연)}$$

t_{do}와 t_{dc} 사이의 차는 펄스에너지가 광섬유의 출력단에 도달하는 시간과 같고, 출력단에서의 펄스폭 Δt는

$$\Delta t = t_{dc} - t_{do} = \frac{Ln_1}{c} \times \frac{n_1 - n_2}{n_2} = \frac{Ln_1}{c} \times \Delta$$

로 비굴절률차 $\Delta \ll 1$에 대하여 분모는 n_1 또는 n_2가 된다.

비굴절률차 Δ는 NA이므로

$$\Delta = \frac{n_1^2 - n_2^2}{2n_1^2} = \frac{(\mathrm{NA})^2}{2n_1^2}$$

으로

$$\Delta t = \frac{L(\mathrm{NA})^2}{2n_1 c}$$

$$\frac{\Delta t}{L} = \frac{(\mathrm{NA})^2}{2n_1 c}$$

이다. 즉 Δt는 펄스의 퍼짐이고, $\frac{\Delta t}{L}$는 광섬유 길이당 펄스의 퍼짐이다.

[그림 1-20]과 같이 다중 모드는 형태분산과 색분산이 있다. 색분산은 형태분산이 아주 작아서 형태분산의 비중이 더 크다. 전파 모드가 어떤 특정 각도에서 전반사 빛만 전송되는데 0차 모드가 가장 짧은 경로이고, 모드가 높을수록 출사단에는 경로가 길어져 시간적으로 넓은 펄스가 나오는 것을 형태분산이라 한다.

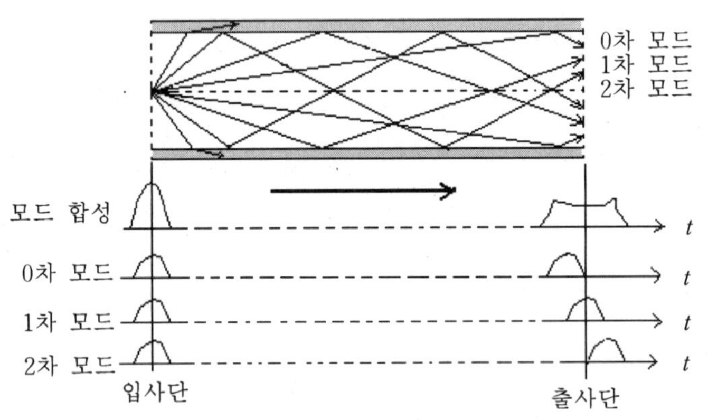

[그림 1-20] SI형 광섬유의 전파 모드

광섬유가 1[sec] 동안에 어느 정도의 정보를 전달할 수 있는가의 척도를 대역이라 하고, 감쇠량의 비율을 나타내는 곡선을 기저대역 주파수 특성이라 한다.

예제 11

코어의 굴절률이 1.46, 클래드의 굴절률이 1.43인 400[m]의 광섬유를 통하여 광펄스가 전송되고 있을 때 10[Mbps]와 20[Mbps]의 전송속도에 대하여 출력 펄스를 표시하고 분산을 구하시오. 단, 입력 펄스폭은 0이다.

풀이 · · · · · · · · · · · ·

비굴절률차는

$$\Delta = \frac{n_1^2 - n_2^2}{2n_1^2} = \frac{(1.46)^2 - (1.42)^2}{2(1.46)^2} = \frac{0.1152}{4.2632} = 0.027$$

이고, 400[m]에 대한 펄스폭은

$$\Delta t = \frac{Ln_1}{c} \times \Delta = \frac{400 \times 1.46}{3 \times 10^8} \times 0.027 = 5.265 \times 10^{-8} = 52.65\ [\text{ns}]$$

이다. 광섬유의 분산은 다음과 같다.

$$\frac{\Delta t}{L} = \frac{52.56}{0.4} = 131.4\ [\text{ns/km}]$$

10[Mbps] 전송은 펄스를 인식할 수 있으나 20[Mbps] 전송은 중첩되어 인식이 어렵다.

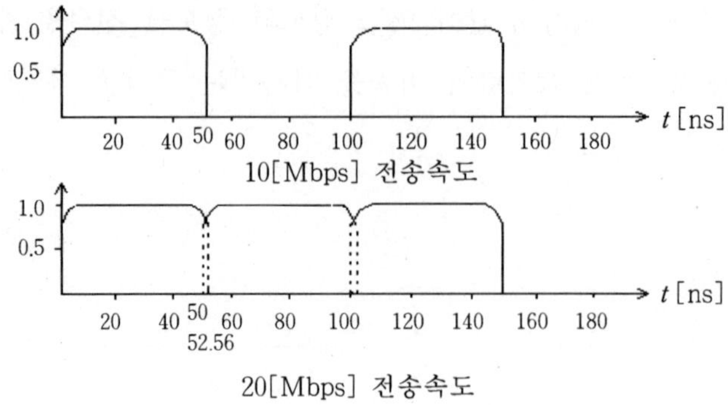

2. 모드 내의 분산

모드 내의 분산을 색분산이라고 하며, LED 또는 LD에서 방출되는 파장이나 빛의 색이 단색광으로 파장의 빛이나 색이 다른 속도로 전파되면서 넓은 범위로 광펄스는 분산된다.

(1) 재료분산

재료의 굴절률이 달라서 전파하는 광의 파형에 영향을 주어 파형이 넓게 되어 분산한다. 즉 프리즘에 자연광을 입사시키면 무지개빛이 나오나 광섬유에 빛을 입사시키면 펄스 파형이 퍼진다. 광파의 전파속도는

$$v = \frac{c}{n} \text{ [m/s]}$$

로 굴절률 n의 파장에 따라 다를 때, 어떠한 파장폭의 광펄스가 입사할 때 빛의 전파속도가 파장에 따라 달라지므로 도달시간차가 생겨 파형이 넓어진다.

(2) 구조분산

파장이 길 경우 전파경로의 길이는 길어진다. SI는 기하학적 구조를 변경하여 색분산을 최소화하고, 장거리 구간 대용량의 정보를 전송할 때 구조분산에 의하여 주파수 대역이 제한되므로 광대역 통신이 불가능하다.

따라서 재료분산은 굴절률에 의해 긴 파장은 전송속도가 빠르고, 짧은 파장은 전송속도가 늦다. 구조분산인 경우 긴 파장은 전송속도가 늦고, 짧은 파장은 전송속도가 빠르다.

석영에서는 자외선의 통과는 매우 손실이 커서, 적외선의 통과가 유리하고, 효율적인 영역의 파장 0.850[μm], 1310[μm], 1550[μm] 영역을 전송 영역이라 한다.

모드 내의 전체 분산은

$$\Delta t = \sqrt{(\Delta t_1)^2 + \Delta t_2)^2 + \Delta t_3)^2 + \cdot\cdot\cdot}$$

이다.

예제 12

모드 간 분산 5[ns/km], 모드 내 분산 200[ps/km], 선폭 30[nm], 광섬유의 길이 10[km]일 때 모드 간 분산, 모드 내 분산 및 총분산을 구하시오.

풀이 ···········

모드 간 분산은

$5[\text{ns/km}] \times 10[\text{km}] = 50[\text{ns}]$

이며, 선폭이 30[nm]에 대하여 모드 내 분산은

$30[\text{nm}] \times 200[\text{ps/km}] = 6[\text{ns/km}]$

로 모드 내 총분산은

$$6[ns/km] \times 10[km] = 60[ns]$$

이다. 따라서 총분산은

$$\Delta t = \sqrt{(50)^2 + (60)^2} = 78.1\,[ns]$$

이다. 또한 파장의 선택은 손실이 최저 레벨로 떨어지는 특정한 파장범위를 저손실창을 사용한다.

λ[nm]	km당 손실[dB]
820～880	2.2
1200～1320	0.6
1550～1610	0.2

1.3.3 광섬유의 손실특성 및 원인

1. 프레넬 반사손실

프레넬 반사손실은 [그림 1-21]과 같다.

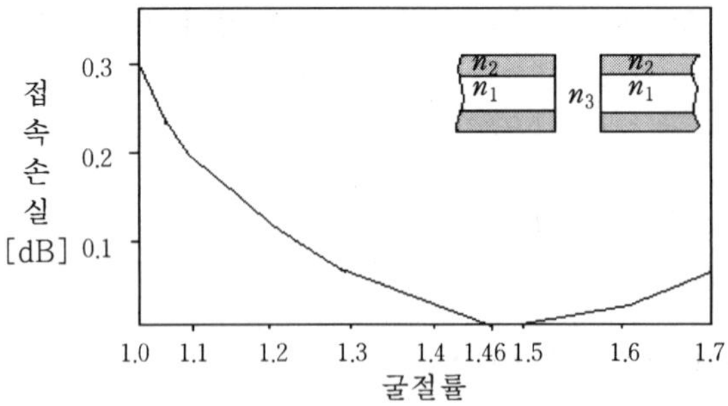

[그림 1-21] 프레넬 반사손실

$$P_e = P_r\left(\frac{n_1 - n_0}{n_1 + n_0}\right)^2 [\text{dBm}]$$

여기서 P_e는 프레넬 반사전력, P_r은 반사점의 전파광전력, n_1은 코어의 굴절률, n_0는 공기의 굴절률이다.

2. 광섬유의 손실특성

광섬유의 손실특성은 [그림 1-22]와 같다.

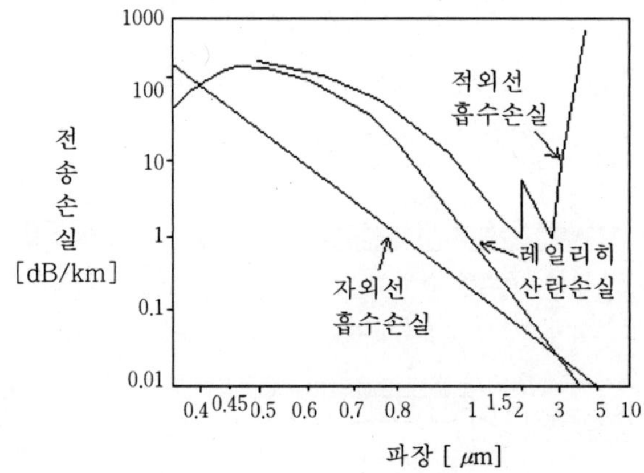

[그림 1-22] 광섬유의 손실특성

예제 13

코어의 굴절률이 1.53, 공기의 굴절률이 1일 때 반사점의 전력이 50[mW]라면 프레넬 반사전력을 구하시오.

풀이 ···········

$$P_e = P_r\left(\frac{n_1 - n_0}{n_1 + n_0}\right)^2 = 50\times10^{-3}\times\left(\frac{1.53-1}{1.53+1}\right)^2 = 50\times10^{-3}\times0.044$$

$$= 2.2\times10^{-3}\,[\mathrm{dBm}]$$

---

3. 광섬유 손실의 원인

광섬유 손실의 원인은 [그림 1-23]과 같다.

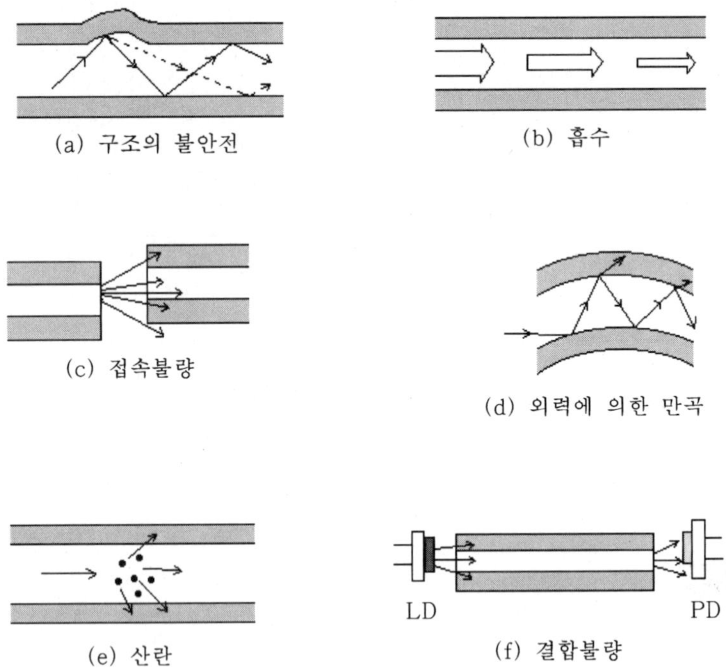

[그림 1-23] 광섬유 손실의 원인

1.3.4 파장의 선택

파장은 분산과 손실을 최소화하기 위하여 손실이 적은 낮은 저손실창(loss window)이 존재하므로 손실만을 생각하면 1.55~1.61 [μm]의 파장대를 사용하고, 분산을 생각하면 1.31 [μm] 파장을 사용한다. 모드 간 분산이 모드 내 분산보다 크므로 모드 간 분산이 없는 단일 모드 광섬유가 많이 이용된다. 저손실창은 〈표 1-3〉과 같다.

<표 1-3> 저손실창

파장 λ [μm]	km당 손실[dB]
0.82 ~ 0.88	2.2
1.2 ~ 1.32	0.6
1.55 ~ 1.61	0.2

제1장

연습문제

1. 굴절률이 n인 매체에서 굴절률 n_2인 코팅을 가진 굴절률 n_1인 유리섬유로 광선이 입사될 때 전반사되는 최대각 θ_3를 구하시오.

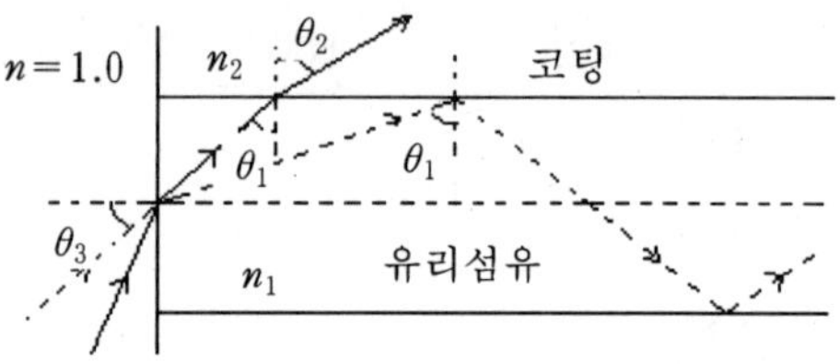

2. 굴절률이 $n_1 = 1.46$인 유리에서 $f = 1 \times 10^{14}$ [Hz]로 전파하는 빛에 대해 전파속도 v와 파장 λ를 구하시오.

3. 그림에서 전반사가 일어나는 임계각 θ_c를 구하시오.

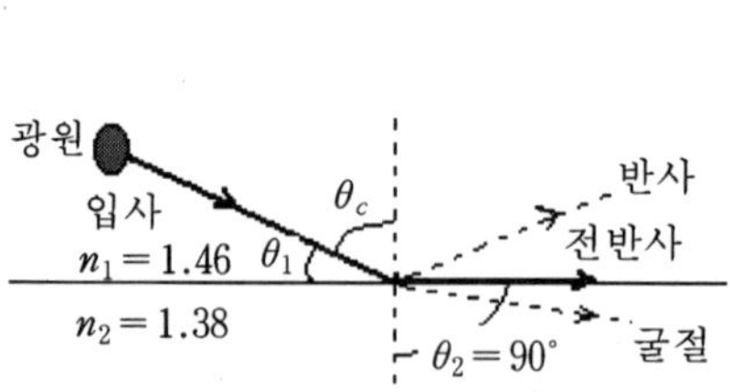

4. 그림에서 $\theta_1 = 30°$, $S = 1.3$ [μm]일 때 $\lambda_1 = 1.31$ [μm], $\lambda_2 = 1.55$ [μm]인 두 파의 1차 회절각을 구하고, 그림으로 나타내시오.

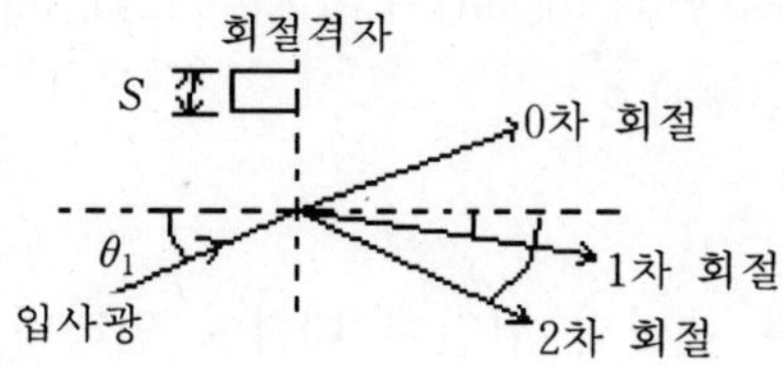

5. 광섬유의 전파 모드에서 저차 모드와 고차 모드에 대하여 기술하시오.

6. 수광각이 60°이고, 클래드의 굴절률이 1.38일 때 코어의 굴절률을 구하시오.

7. 광원이 1.31[μm]이고, 중심파장에서 2[%]의 선폭을 가지고 있을 때 대역폭 Δf를 구하시오.

8. 광섬유에서 SMF와 MMF에 대하여 구조와 특성을 기술하시오.

9. SMF의 광섬유 종류와 특징에 대하여 기술하시오.

10. 코어의 지름이 50[μm], 파장이 0.82[μm]인 다음 광섬유의 모드 수를 계산하시오.

① $n_1 = 1.52$, $n_2 = 1.46$

② $n_1 = 1.46$, $\Delta = 1.2\%$

11. 굴절률 변화 광섬유에서 굴절률이 각각 $n_1 = 1.46$, $n_2 = 1.4$, 코어의 지름이 50[μm]이다. $r = 20$[μm]인 지점에서의 굴절률을 구하시오.

12. 광섬유가 $n_1 = 1.46$, $\Delta = 0.3\%$, $\lambda = 1.55$[μm]에서 동작하는 경사형 광섬유에서 단일 모드로 동작하기 위한 최대 코어 반지름을 구하시오.

13. MMF의 SI의 코어 지름이 10[μm]이고, $\lambda = 1.55$[μm]일 때 단일 모드로 동작하기 위한 n_2를 구하시오.

14. 광섬유의 재료손실과 손실의 원인에 대하여 인터넷 또는 참고서적에서 찾아 정리하시오.

15. 모드 간 분산 및 모드 내 분산에 대하여 기술하고 차이점을 설명하시오.

제 2 장 광섬유 접속 및 측정기

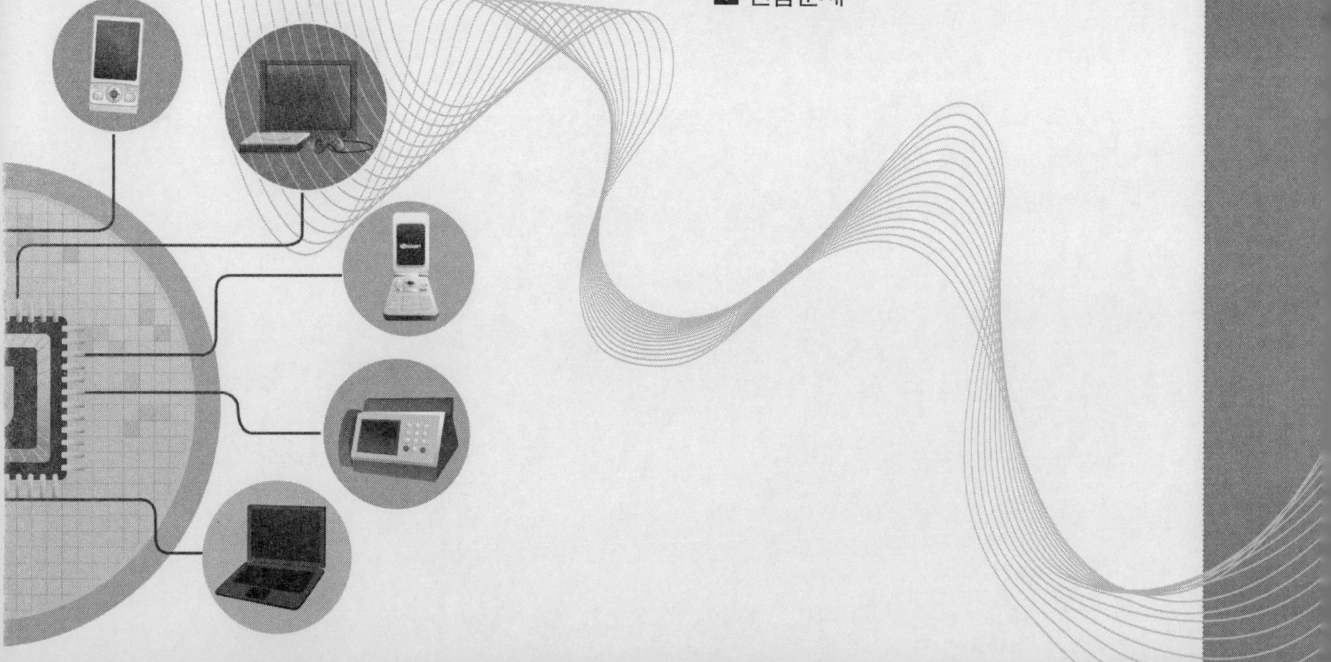

2.1 광섬유 케이블

2.1.1 단일섬유 광케이블

[그림 2-1]과 같이 단일섬유 광케이블은 섬유가 압력을 받지 않고 빈 공간에 위치하며, 섬유는 피복 내에서 자유로이 이동이 가능하여 마이크로 밴딩 효과를 감소시킨 느슨형 버퍼와 보호피복을 버퍼와 섬유 주위를 탄탄하게 덮은 구조인 보호 버퍼코팅은 섬유, 코어, 클래딩을 덮은 단단형 버퍼가 있다.

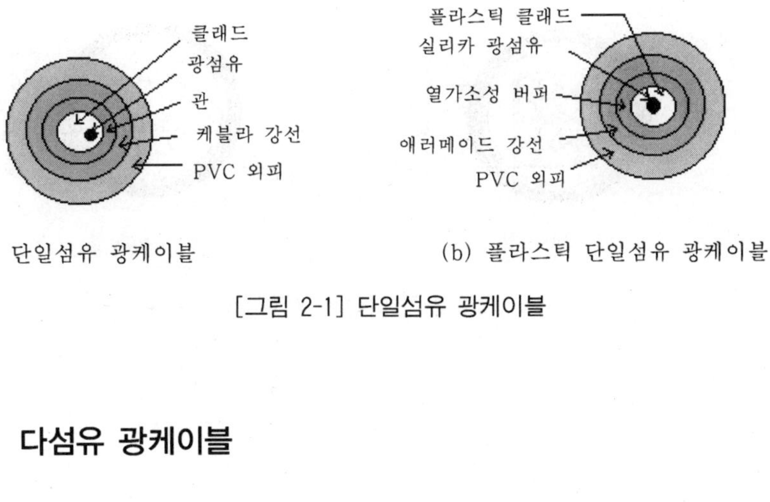

[그림 2-1] 단일섬유 광케이블

2.1.2 다섬유 광케이블

[그림 2-2]와 같이 다섬유 광케이블은 한 개의 강화된 케이블 내에 여러 개의 광섬유를 사용하고 코어의 수로 나타낸다.

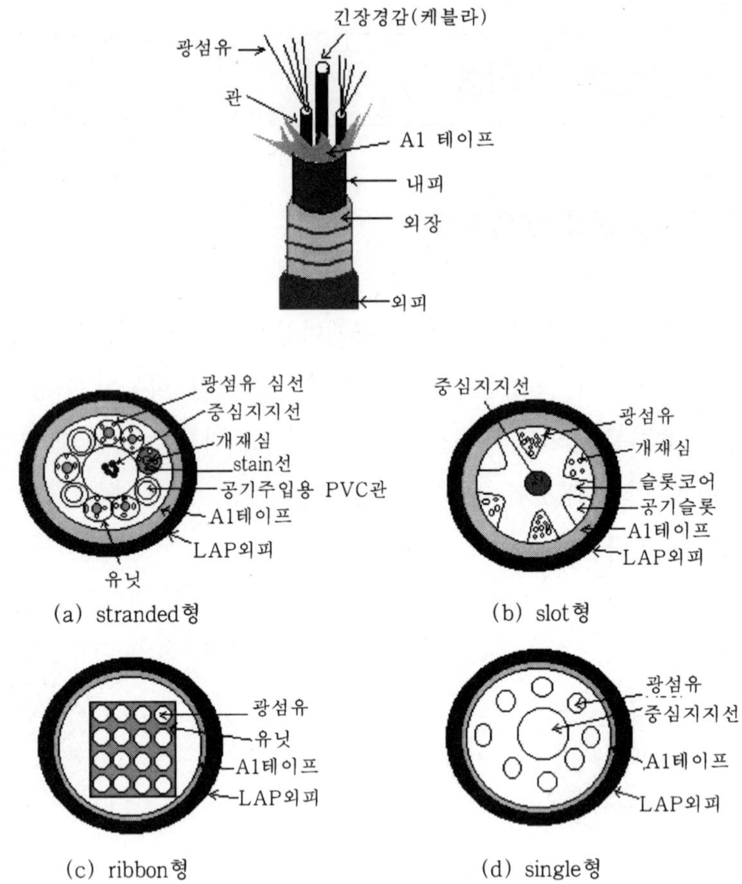

[그림 2-2] 다섬유 광케이블의 종류

2.1.3 광케이블의 구조

광케이블 구조는 [그림 2-3]과 같이 NM형과 GP형이 있다.

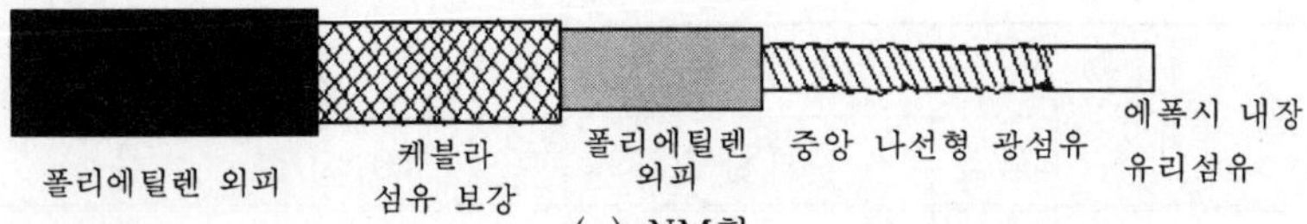

(a) NM형

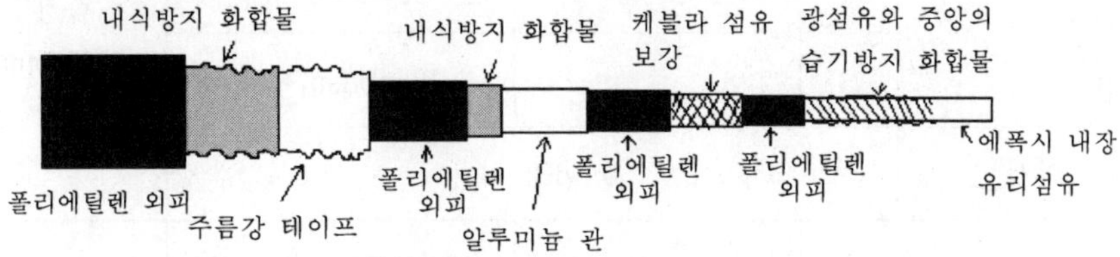

(b) GP형

[그림 2-3] 광케이블의 구조

2.1.4 광케이블의 광학적 특성

1. 장파장 다중 모드

<표 2-1> 장파장 다중 모드의 광학적 특성

항 목	규 격 치			비 고
	등급	90 [%] 값	100 [%] 값	
손실	A	0.75[dB/km] 이하	0.9[dB/km] 이하	측정파장 1300[nm]
	B		1.0[dB/km]이하	
손실 균일성	0.1[dB] 이하			
대역폭	A		1000[MHz/km] 이상	측정파장 1300[nm]
	B		800[MHz/km] 이상	
	C		500[MHz/km] 이상	
개구수	0.21±0.02			
코어 지름	50±3[μm]			
클래드 지름	125±3[μm]			
코어 비원율	5[%] 이하			
클래드 비원율	2[%] 이하			
비동심률	5[%] 이하			
코팅 외경	단일 코팅형 245±20[μm] 이중 코팅형 900±100[μm]			

2. 장파장 단일 모드

<표 2-2> 장파장 단일 모드의 광학적 특성

항 목				규 격 치	비 고
손실특성	손실계수	1310[nm]	A	0.40[dB/km] 이하	
			B	0.45[dB/km] 이하	
		1550[nm]	A	0.25[dB/km] 이하	
			B	0.30[dB/km] 이하	
	구부림 손실	1550[nm]		0.8[dB] 이하	지름 75[mm], 100회
	손실균일성(운용파장)			0.1[dB] 이하	
	파장별 손실차	1285~1330[nm]		0.10[dB/km] 이하(1310[nm])	
		1525~1575[nm]		0.05[dB/km] 이하(1550[nm])	
색분산특성	색분산계수	1290~1330[nm]		3.1[ps/nm · km] 이하	
		1550[nm]		18[ps/nm · km] 이하	
	영분산 파장			1300~1322[nm]	
	색분산 기울기			0.095[ps/nm^2 · km] 이하	
모드 필드 지름				9.5[μm]±8[%]	
모드 필드 동심오차				1.0[μm] 이하	
클래드 지름				125±2[μm]	
클래드 비원율				2[%] 이하	
코팅 외경	단일 코팅형			245±20[μm]	
	이중 코팅형			900±100[μm]	

2.1.5 광섬유 심선 색상

<표 2-3> 광섬유 심선 색상

심선번호 / 색상	1	2	3	4	5	6	7	8	9	10	11	12	보조심선	
													1	2
색상(A)	청	등	녹	적	황	자	청/자연	등/자연	녹/자연	적/자연	황/자연	자/자연	자연	흑
색상(B)	청	등	녹	적	황	자	갈	흑	백	회색	연청	연등	연녹	연적

2.2 광 접 속

광섬유 심선의 접속방법은 영구접속법과 커넥터 접속법이 있다. 그리고 영구접속법에는 융착법, 압착법, 슬리브(sleeve)법, 3심 고정법, 루즈 튜브(loose tube)법 등 있으며, 커넥터 접속법은 터미네이션(terminasion), 커플링(coupling), 오토 커넥션(auto connection), 멀티 커넥션(multi connection), 하이브리드 커넥션(hybrid connection) 등이 있다.

[그림 2-4]는 접속법을 나타낸 것으로 융착법은 방전가열법, 레이저 가열법, 전열선에 의한 가열법이 있다.

압착법은 V 홈으로 되어 있는 곳에 광섬유의 심선단면을 맞추어서 올려놓은 후에 위에서 압착판으로 눌러서 축조정을 하고 접착제로 고정시키는 방법이다.

슬리브법은 유리로 된 슬리브 양측에 심선을 삽입하고, 축조정을 한 후에 접착제를 부어서 고정시키는 방법이다.

또한 3심 고정법은 유도핀에 균등한 힘을 가하여 심선 3개의 코어 중심 위치에 고정시키는 방법이며, 루즈 튜브법(loose tube)은 모서리로 되어 있는 튜브에 심선을 끼우고 모서리에서 눌러 축을 조정하는 방법이다.

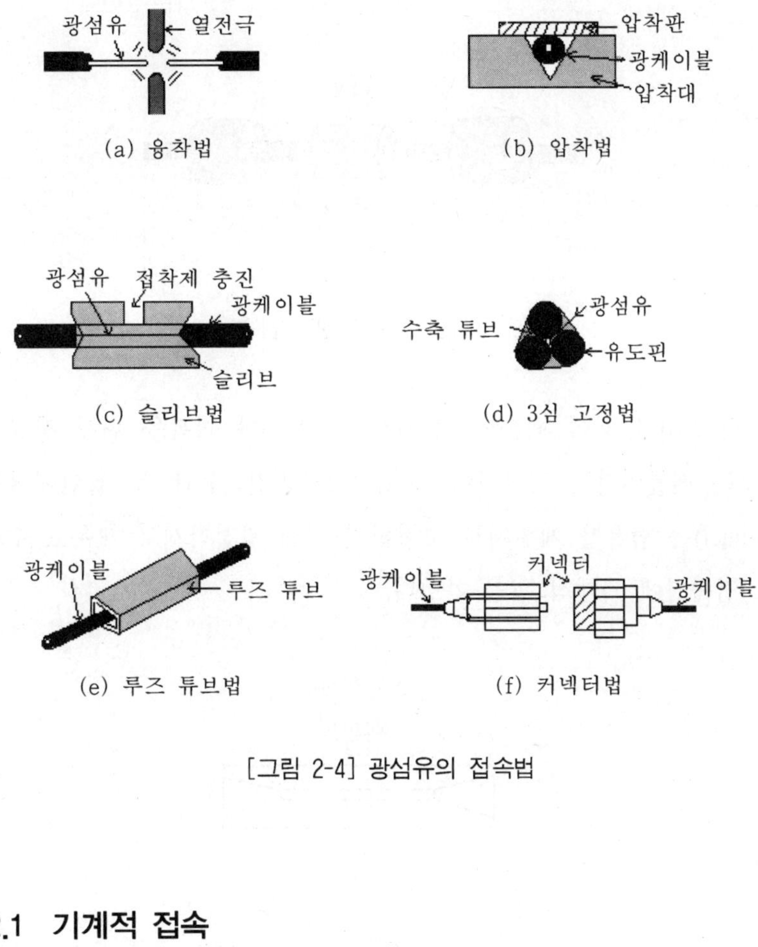

[그림 2-4] 광섬유의 접속법

2.2.1 기계적 접속

광섬유 양단의 정렬과정, 다양한 위치조정, 접착제의 도움으로 섬유 양단을 고정시킨다. [그림 2-5]와 같이 여러 구조(V groove, three rod, ferrule)는 양단을 정렬시키는 것이다.

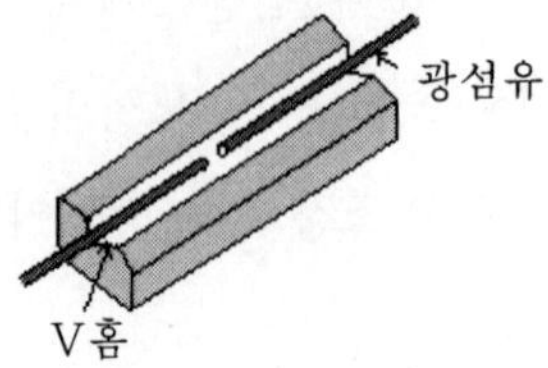

(a) V 그로브

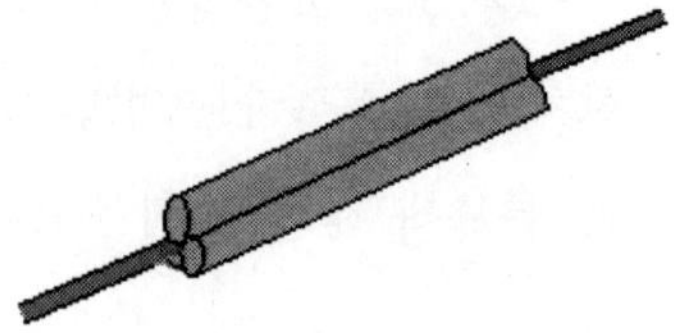

(b) 3로드

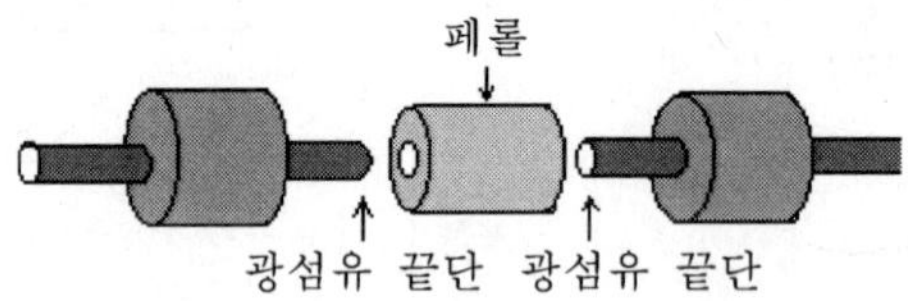

(c) 페롤

[그림 2-5] 기계적 접속

[그림 2-6]과 같이 페롤의 접속구조는 섬유와 피복을 위해 정밀한 크기를 갖는 페롤이라는 강철관이 두 섬유를 연결하는데 두 끝단에서의 깔대기(funnel)는 섬유를 제위치로 고정하기 위해 광접착제로 채우고 수축 테이프로 접속면에 기계적 힘을 가한다.

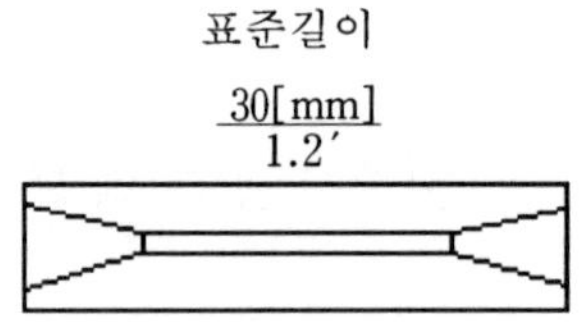

(a)

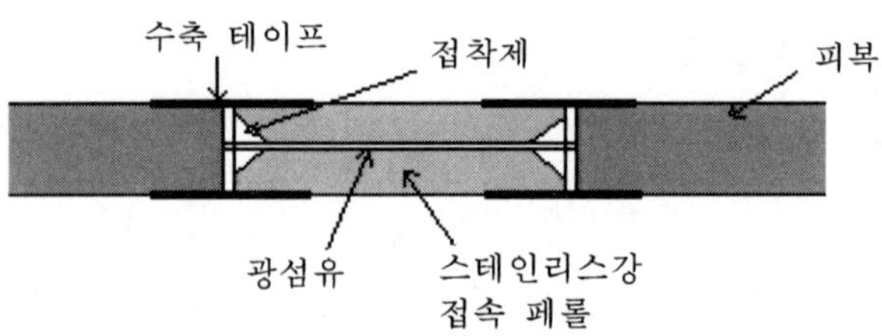

(b)

[그림 2-6] 기계적 접속구조

또한 [그림 2-7]은 탄성중합체에 의한 접속으로 두 섬유를 접속시킬 때까지 삼각관에 섬유를 넣어 접속하는데 반사손실을 감소시키기 위해 접합면에 정합겔을 삽입한다. 삼각관의 외부 6각 평면은 기계적 힘을 주어 외부 홈 안으로 조정하고 조립한다.

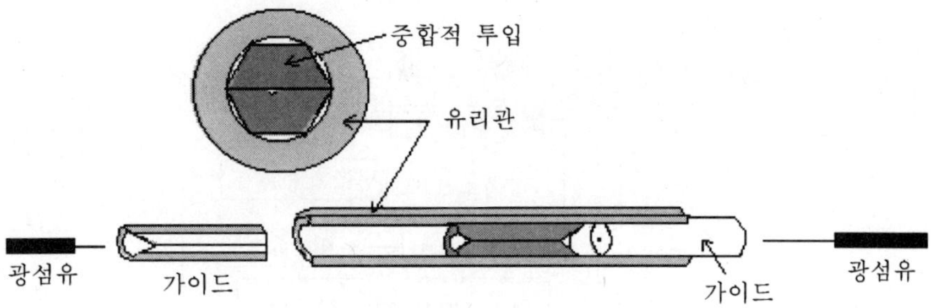

[그림 2-7] 광섬유 탄성중합체 접속

2.2.2 융착접속

1. 자동 융착접속기

[그림 2-8]은 자동 융착접속기(automatic fusion splicer)로서 광섬유 심선을 장치에 세트시키면 피복을 제거하고 절단한 후 심선을 융착하는 작업이 자동으로 이루어진다. 또한 자동 고도조절과 자기진단 기능을 갖고 있으며, 접속부분의 인장강도가 시험되는데 융착접속한 후에는 접속손실이 0.05～0.01[dB] 정도가 된다.

광에너지 분포는 굴절률에 정비례하므로 코어는 광에너지 분포가 높아 흐리게 보이고, 클래드는 광에너지 분포가 낮아 검게 보이는 것은 투과광 조명법으로 접속하고자 하는 두 가닥의 심선단말에서 1차 코팅과 2차 코팅을 제거하고 V구에 삽입한 후에 측면에서 백색광원의 평행광을 투사한다.

따라서 광섬유 심선을 투과한 광선을 TV 카메라로 찍어 모니터에 보내면 굴절률이 높은 코어는 백색으로 보이고, 굴절률이 낮은 클래드는 흑색으로 보여서 코어와 클래드를 구분하며, 융착접속용 버튼을 누르면 자동적으로 축맞춤과 동시에 융착용 아크 방전이 되어 2분 이내에 융착접속이 이루어진다.

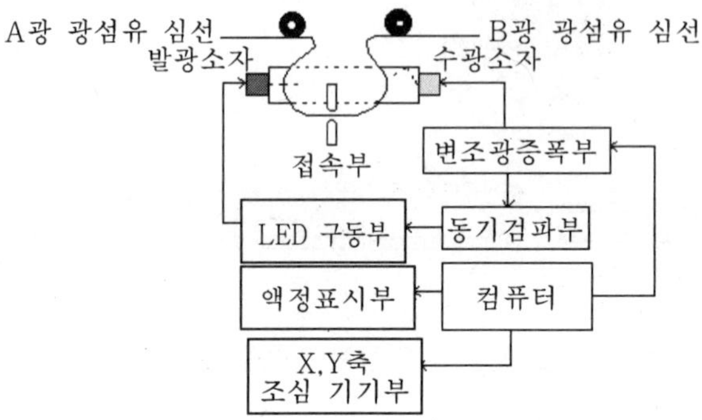

(a) 자동 융착접속기 블록도

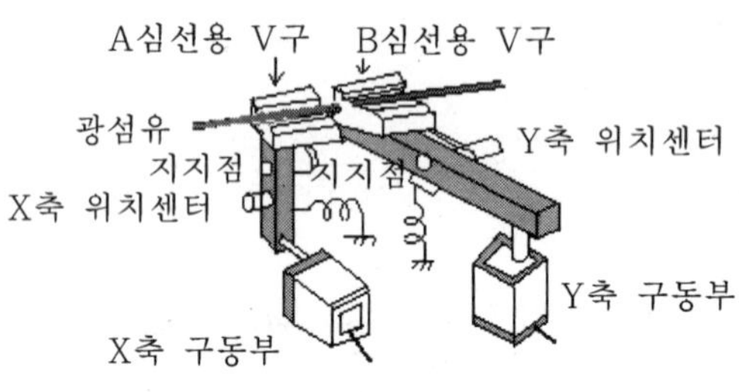

(b) X, Y축 조심기기부

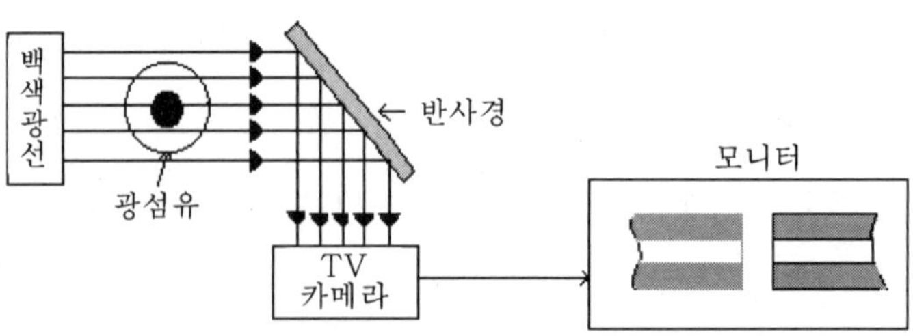

(c) 액정표시부

[그림 2-8] 자동 융착접속기의 구성

2. 융착접속 방법

아크방전식 융착접속기는 절단한 광섬유 심선 단면끼리를 용융하는 것으로 가열원으로 고주파 트리거 방식을 사용하는데 이때 20～100[kHz]의 고주파로 방전개시 시 필요한 고전압을 트리거적으로 가해서 용융한다.

- 심선을 접속하기 이전에 2차 코팅은 나일론 피복으로 쉽게 제거되지만 1차 코팅은 심선과 실리콘이 기계적으로 고착되어 있어 알코올을 적신 거즈로 닦아낸다.
- 심선절단기의 홈에 맞추어 약간 기울려 삽입하고 손잡이를 눌러 칼날을 심선에 가볍게 대면 심선의 표면에는 약간의 흠집이 생겨 심선은 심선절단기의 원호를 따라 더 만곡시키면 인장력이 가해져 직각으로 절단됨과 동시에 그 절단면이 거울과 같이 매끄러워진다.

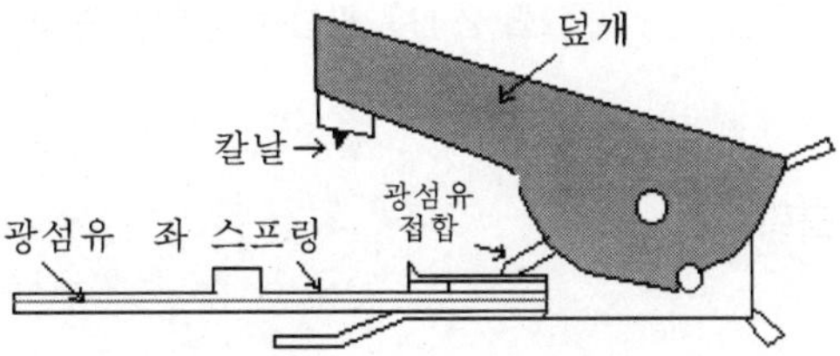

[그림 2-9] 광섬유 심선절단기

(1) 융착접속 준비

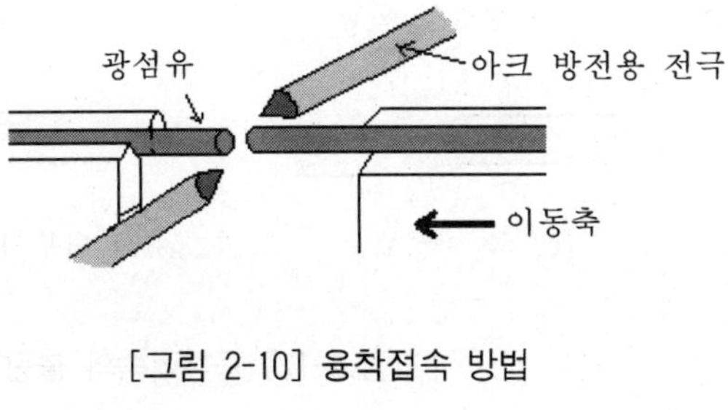

[그림 2-10] 융착접속 방법

(2) 융착접속 과정

① 초기화(initial setting)

② 보완(back up)

③ 예비융착(prefusing)

④ 융착(fusing)

⑤ 종료(finish)

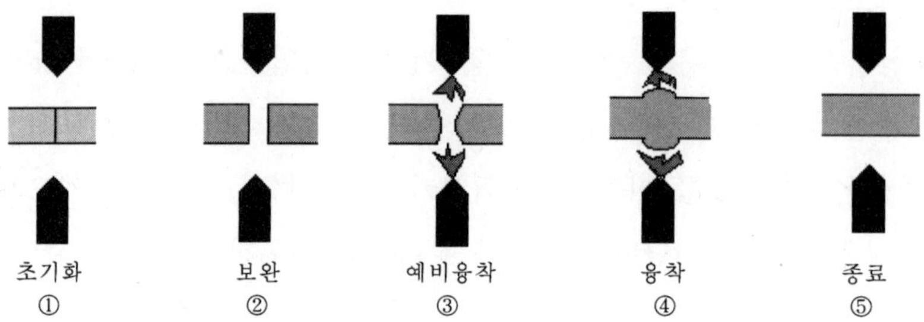

[그림 2-11] 광섬유 융착접속 과정

(3) 융착접속 불량

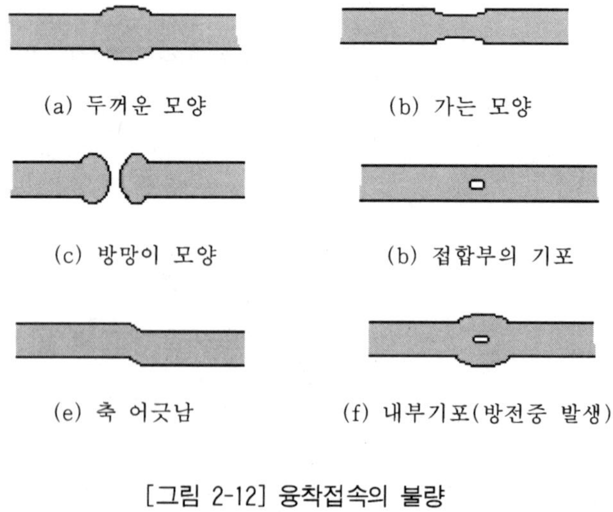

[그림 2-12] 융착접속의 불량

(4) 융착접속 순서

① 광섬유 케이블 외피제거

② 광섬유 피복제거

- 코팅된 광섬유 표면을 알코올로 약 10[cm] 정도 닦는다.
- 피복탈피기를 사용하여 약 30～40[mm] 정도 탈피한다.

③ 광섬유 알코올 세척

- 알코올로 광섬유를 닦아낸다.

④ 광섬유 절단

- 클램프를 열고 절단 버튼을 올린다.
- 칼날을 민다.
- 어댑터에 광섬유를 장착한다(코어 지름이 4.025[mm]일 때 8～16[mm]이고, 코어 지름이 4.025[mm] 이상이면 16[mm]).
- 칼날을 부드럽게 민다.
- 절단 버튼을 누르고(클램프가 열릴 때까지) 버튼을 놓는다.
- 절단 버튼을 열고 클램프를 연 다음 광섬유를 어댑터에서 꺼내고 광섬유 찌꺼기를 버린다.

⑤ 광섬유 융착접속

- 광섬유 장착

  방풍덮개를 연다 → 심선 고정대를 열고 광섬유 고정대를 연다 → V 그로브에 정렬한다 → 광섬유를 잡고 심선 고정대를 닫는다 → 광섬유 고정대를 닫는다 → 방풍덮개를 닫는다 → 접속(set)한다
- 광섬유 제거

  방풍덮개를 연다 → 심선 고정대와 광섬유 고정대를 연다 → 광섬유를 제거한다

⑥ 광섬유 접속보호관 융착

- 접속지점을 중심으로 광섬유 보호 슬리브를 끼우고 튜브 히터에 넣는다.
- 광섬유를 팽팽하게 하여 튜브 히터 안으로 내리면 자동적으로 튜브 히터 왼쪽 고정대가 닫힌다.

- 내린 상태에서 왼손으로 오른쪽 튜브 히터 고정대를 닫는다.
- 히터를 누른다.

2.2.3 보강법

1. 열수축 슬리브 보강법

[그림 2-13]과 같이 광섬유를 접속하기 위해 1차, 2차 코팅을 제거하면 심선의 기계적 강도가 1/10로 떨어져 강도 저하를 보완하기 위하여 열수축 슬리브를 사용하고, 내부 튜브에는 열용융 접착제가 채워지고, 인장강도는 1.2～2.4[kg]이 된다.

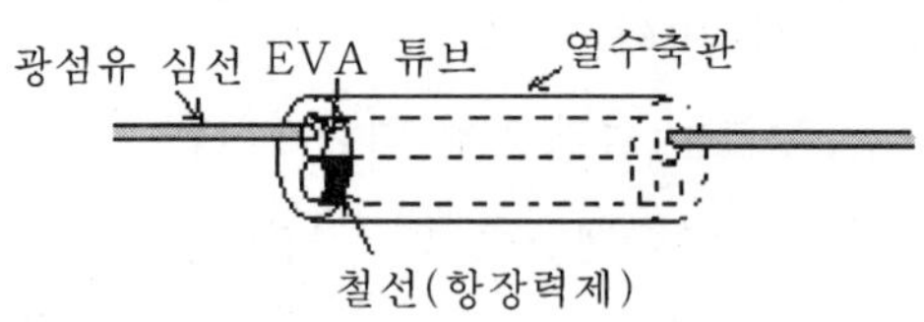

[그림 2-13] 열수축 슬리브 보강법

2. 접속자 보강법

[그림 2-14]는 U자형으로 파여진 홈이 있는 2개의 금속편 중에서 우선 아래 금속편의 홈에 심선의 접속부를 끼우고 접착제로 채운 후에 위의 금속편을 덮어씌워 고착시킴으로써 접속부를 보강시키는 것으로 인장강도는 1.6～2.3[kg]이다.

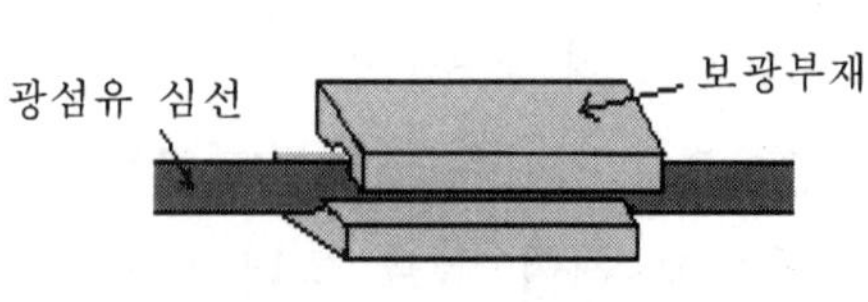

[그림 2-14] 접속자(hot melt) 보강법

3. 몰드 보강법

[그림 2-15]는 접착 슬리브에서 보호막을 벗겨낸 후 접속부가 느슨하지 않게 잡아당겨 슬리브의 접착부에 삽입한다. 이때 심선의 코팅이 제거된 부분이 슬리브 바깥쪽으로 노출되지 않도록 하고, 접착 슬리브를 압착시켜 몰드(mold)하고 인장강도는 0.7～2[kg]이다.

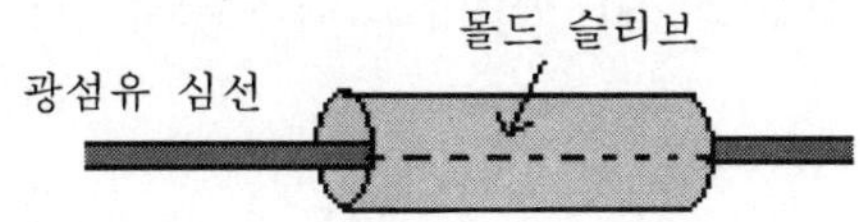

[그림 2-15] 몰드 보강법

2.2.4 접속손실

1. 축 어긋남 접속

$$\text{손실} = -10\log_{10}\left[1-\left(1.28\frac{l}{d}\right)\right]$$

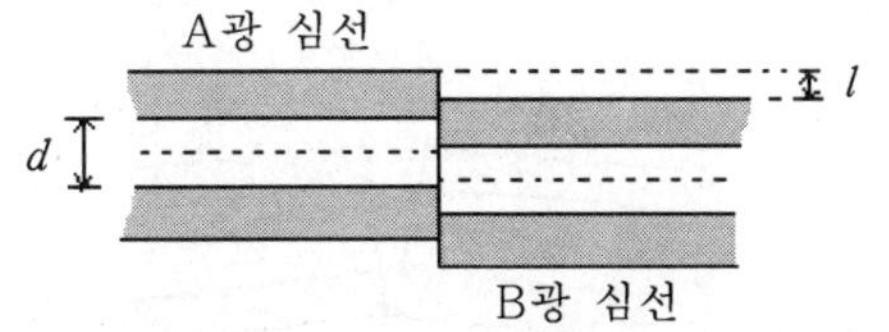

[그림 2-16] 축 어긋남 접속(miss alignment)

예제 1

2개의 50/125 [μm] 광섬유가 3 [μm]로 축 어긋남 접속이 되었을 때 손실을 구하시오.

풀이 ....

코어의 지름이 $d=50$ [μm]이고, 축 어긋남 간격 $l=3$ [μm]이므로 손실은 다음과 같다.

$$\text{Loss} = -10\log_{10}\left[1-\left(1.28\frac{l}{d}\right)\right] = -10\log_{10}\left[1-\left(1.28\frac{3\times10^{-6}}{50\times10^{-6}}\right)\right]$$

$$= -10\log_{10}[1-(1.28\times0.06)] = -10\log_{10}(1-0.0768)$$

$$= -10\log_{10}0.9232 = -10\times(-0.0347) = 0.347\ [\text{dB}]$$

2. 굴곡접속

$$\text{손실} = -10\log_{10}\left[1-\frac{n\theta}{180(\text{NA})}\right]$$

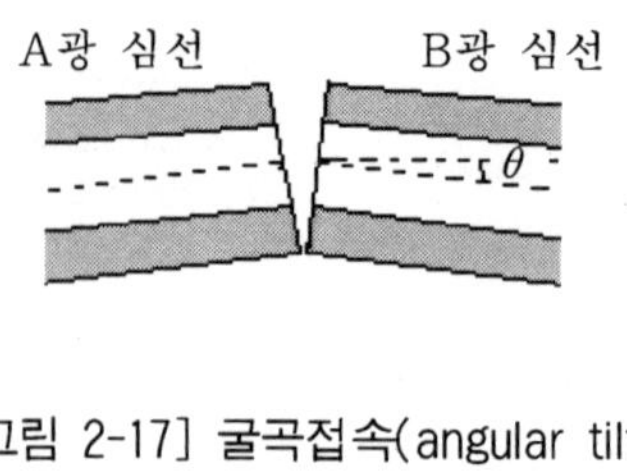

[그림 2-17] 굴곡접속(angular tilt)

예제 2

개구수 NA = 0.2, 코어의 굴절률(정합겔 사용) $n_1 = 1.46$, 공기의 굴절률 $n_2 = 1$(정합겔을 사용하지 않음)인 광섬유가 3°의 굴곡 접속되었을 때 다음을 구하시오.

풀이 ···········

① 정합 겔 사용 시 굴곡접속 손실

$$Loss_1 = -10\log_{10}\left[1-\frac{n\theta}{180(NA)}\right] = -10\log_{10}\left[1-\frac{1.46\times 3}{180\times 0.2)}\right]$$

$$= -10\log_{10}(1-0.1216) = -10\log_{10}0.8784$$

$$= -10\times(-0.0563) = 0.563\ [dB]$$

② 정합 겔을 사용하지 않을 때 굴곡접속 손실

$$Loss_2 = -10\log_{10}\left[1-\frac{n\theta}{180\,(NA)}\right] = -10\log_{10}\left[1-\frac{1\times 3}{180\times 0.2)}\right]$$

$$= -10\log_{10}(1-0.0833) = -10\log_{10}0.9167$$

$$= -10\times(-0.0378) = 0.378\ [dB]$$

3. 간극접속

$$\text{손실} = -10\log_{10}[1-F_r]$$

$$F_r = \frac{(n_1-n_2)^2}{(n_1+n_2)^2}$$

여기서 n_1은 코어 굴절률, n_2는 클래드 굴절률이다.

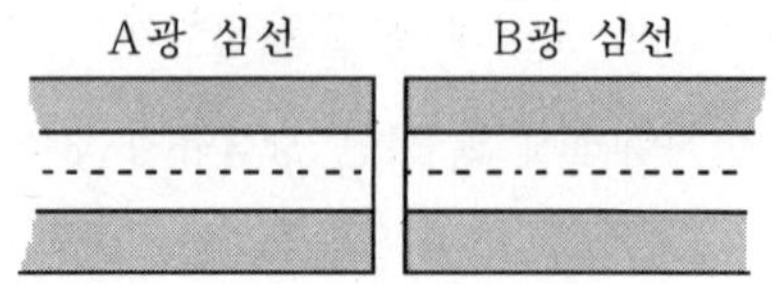

[그림 2-18]

예제 3

코어의 굴절률 $n_1 = 1.46$인 광섬유가 양쪽 끝단에서 공극으로 간극접속 되었을 때 프레넬 반사에 의한 손실을 구하시오.

풀이 · · · · · · · · · · ·

$$F_r = \frac{(n_1 - n_2)^2}{(n_1 + n_2)^2} = \frac{(1.46-1)^2}{(1.46+1)^2} = \frac{0.2116}{6.0516} = 0.035$$

프레넬 반사손실

$$\text{Loss} = -10\log_{10}[1 - F_r] = -10\log_{10}(1-0.035) = -10\log_{10}0.65$$

$$= -10 \times (-0.187) = 1.87\,[\text{dB}]$$

---

4. 불완전 단면접속

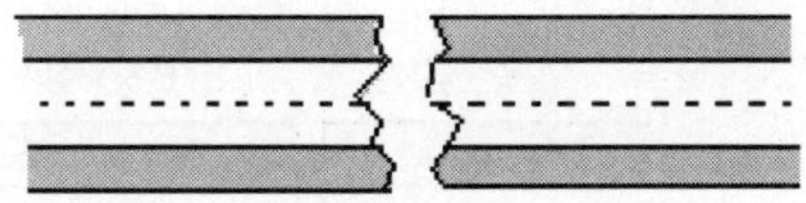

(a) 절단면의 요철

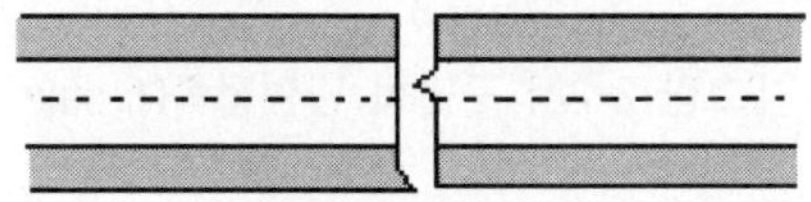

(b) 절단면의 돌출

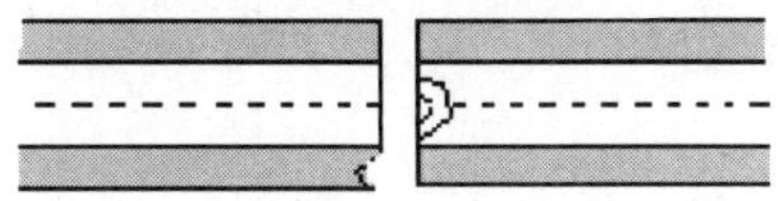

(c) 절단면의 파손

[그림 2-19] 불완전 단면접속(surface rugged)

5. 굴절률이 다른 접속

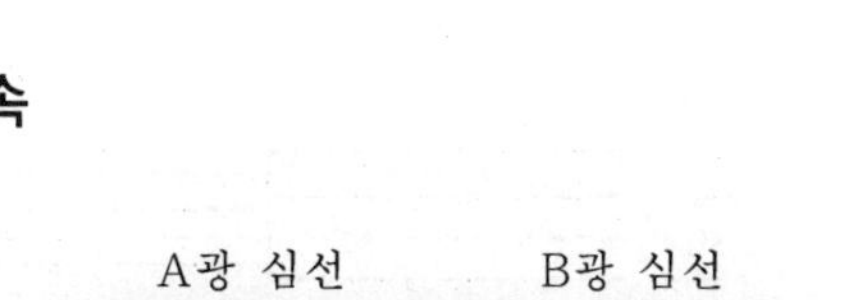

[그림 2-20] 굴절률이 다른 접속(fresnel reflection)

6. 단면 기울기 접속

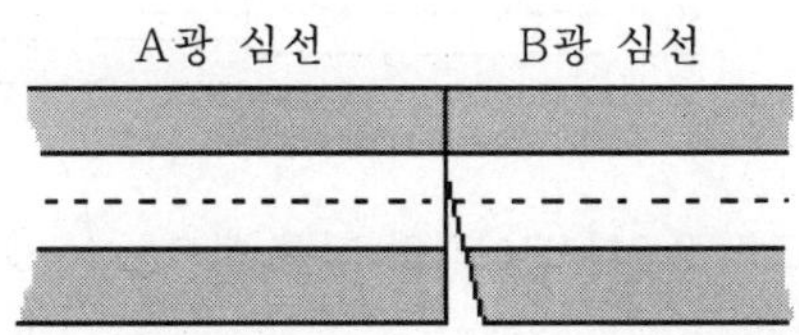

[그림 2-21] 단면 기울기 접속(tilt of angle)

7. 구면화 단면접속

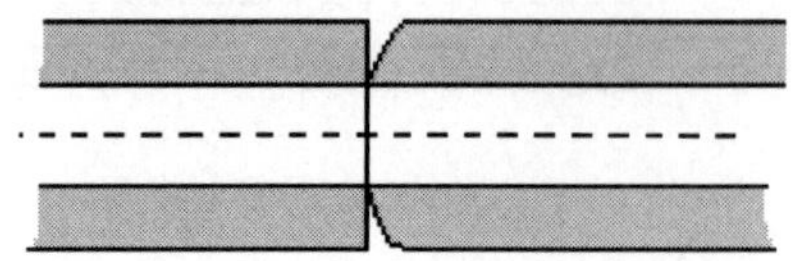

[그림 2-22] 구면화 단면접속(profile mismatch)

8. 찌그러진 코어 접속

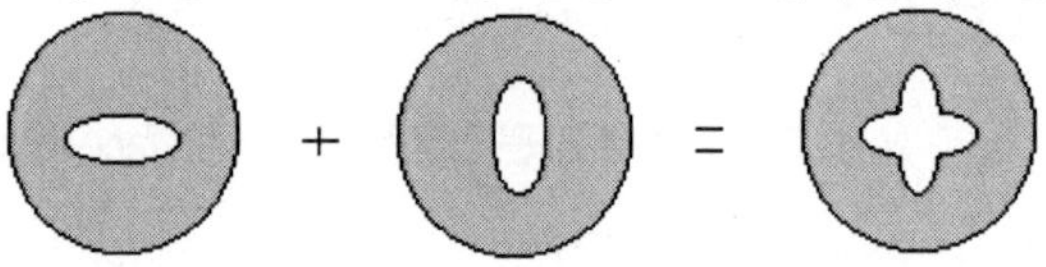

[그림 2-23] 찌그러진 코어 접속(core circularity)

9. 코어경이 다른 접속

$$\text{손실} = -10 \log_{10}\left(\frac{a_2}{a_1}\right)$$

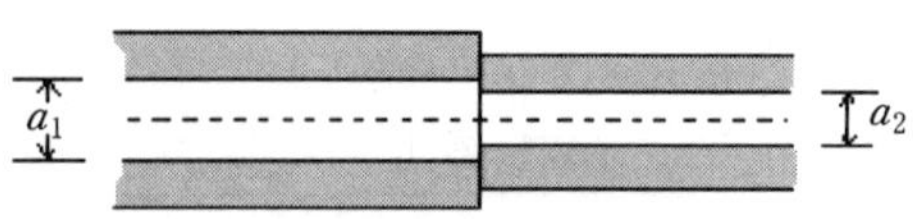

[그림 2-24] 코어경이 다른 접속(core size mismatch)

예제 4

송신단 광섬유의 코어 지름이 60 [μm], 수신단 광섬유의 코어 지름이 50 [μm]일 때 코어경이 다른 접속을 하였을 때 손실을 구하시오.

풀이 · · · · · · · · · · ·

$$\text{Loss} = -10 \log_{10}\left(\frac{a_2}{a_1}\right) = -10 \log_{10}\left(\frac{50}{60}\right) = -10 \log_{10} 0.8333$$

$$= -10 \times (-0.0792) = 0.792 \text{ [dB]}$$

10. 비굴절률 차로 인한 접속

$$\text{손실} = -20 \log_{10}\left(\frac{(\text{NA})_2}{(\text{NA})_1}\right)$$

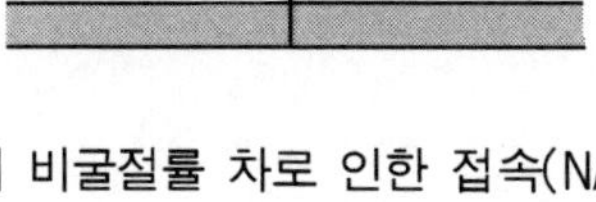

[그림 2-25] 비굴절률 차로 인한 접속(NA mismatch)

2.3 광케이블 외피접속

외부접속에 요구되는 환경조건은 가공 케이블, 지하 케이블, 해저 케이블 등 포설위치에 의하여 크게 달라진다. 그리고 가공 케이블의 접속점은 반복되는 온도변화에 따라 달라지고, 지하 케이블의 접속점을 이동현상과 지하수에 의한 수분의 영향을 받고, 해저 케이블의 접속점은 강한 수압에 영향을 받으며 고장수리에 어려움이 많다.

2.3.1 광접속 함체

1. 관로용

(1) SC형 광접속 함체

[그림 2-26]과 같이 2개의 플라스틱 케이스를 합친 후에 밴드로 채워서 기밀성을 확보하고 심선의 여장처리는 보호지판 수납법 또는 플라스틱 시트 수납법을 사용한다.

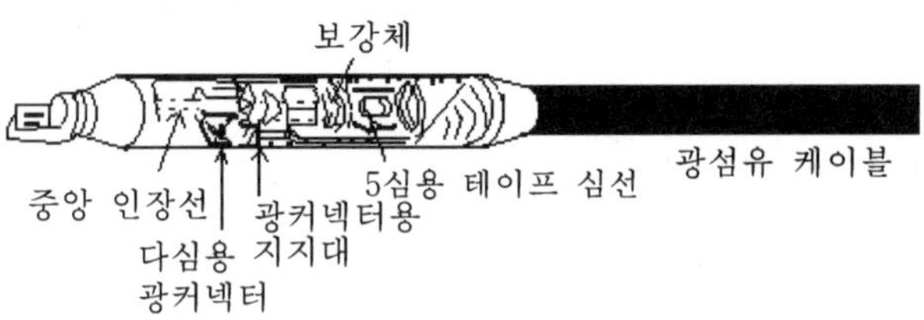

[그림 2-26] SC형 광접속 함체

(2) 열수축형 광접속 함체

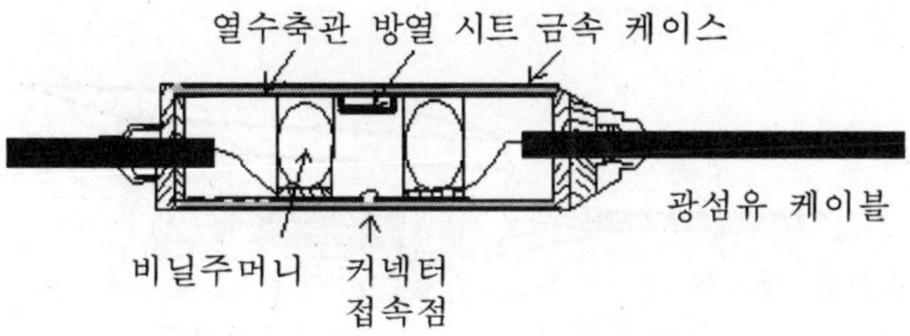

[그림 2-27] 열수축형 광접속 함체

(3) 유니버설형 광접속 함체

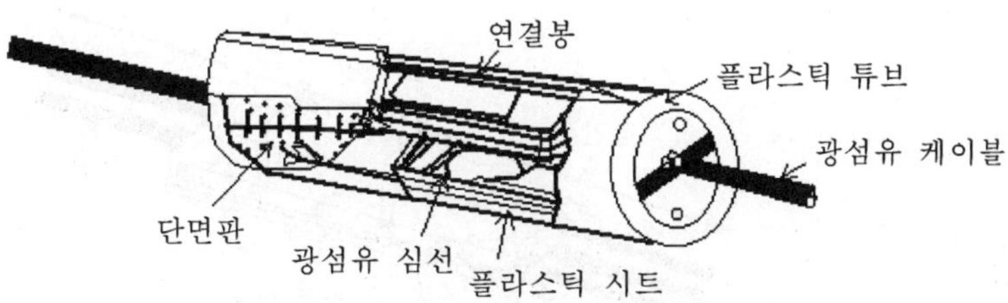

[그림 2-28] 유니버설형 광접속 함체

(4) 슬리브형 광접속 함체

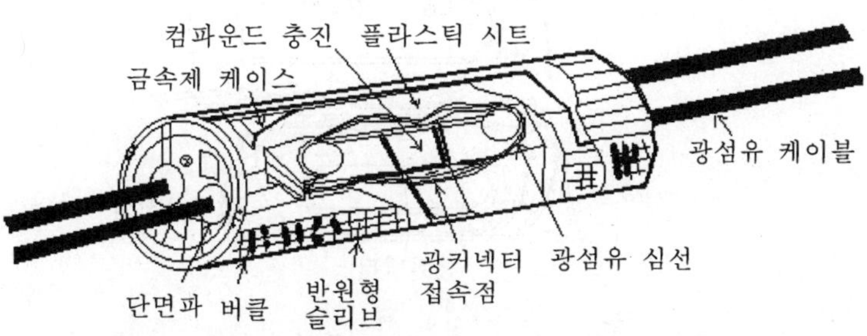

[그림 2-29] 슬리브형 광접속 함체

2. 가공용

(1) 접속 상자형 광접속 함체

[그림 2-30] 접속 상자형 광접속 함체

(2) 장방형 광접속 함체

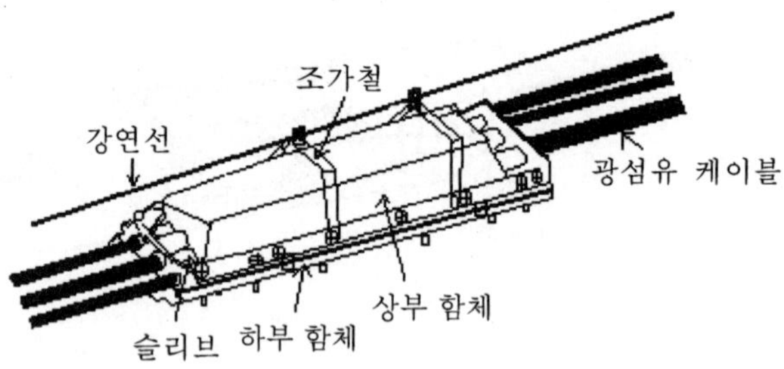

(a) 광접속 함체

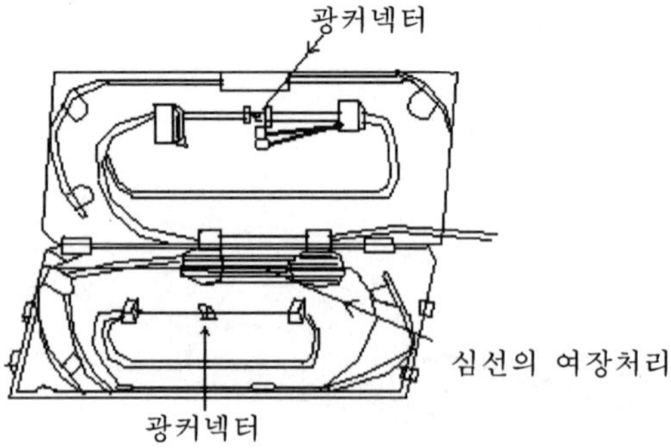

(b) 여장처리

[그림 2-31] 장방형 광접속 함체

2.3.2 접속여장 수납법

광섬유 심선을 접속하려면 접속점을 포함하여 약 2[m] 정도의 광섬유 심선을 허용하고 곡률반지름 이상으로 감아서 광케이블 접속함체에 수납해야 한다. 이는 광심선 접속점에서 융착접속기까지의 거리를 확보해야 하며, 접속점에 직접 가해지는 장력을 제거하는 것으로 코팅 제거와 심선절단 및 접속 등의 작업에 실패할 때 다시 작업을 하기 위해서이다.

1. 보호지지판 수납법

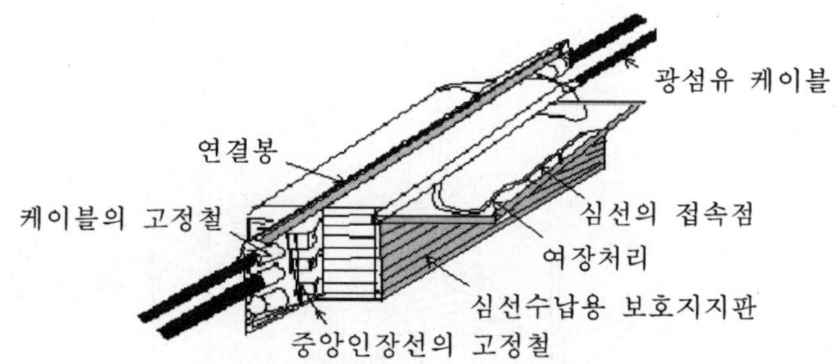

[그림 2-32] 보호지지판 수납법

2. 플라스틱 시트 수납법

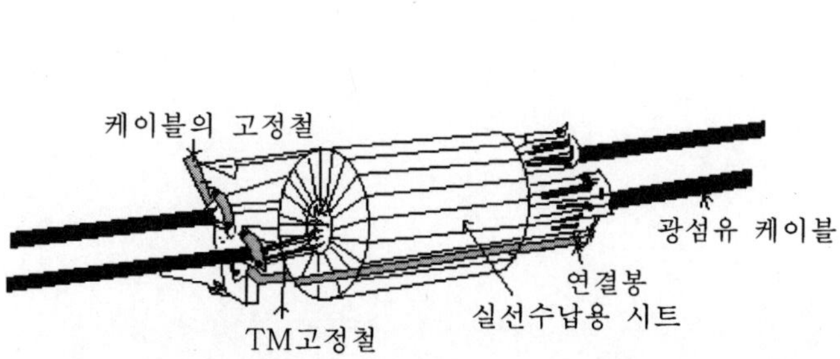

[그림 2-33] 플라스틱 시트 수납법

3. 보빈감기 수납법

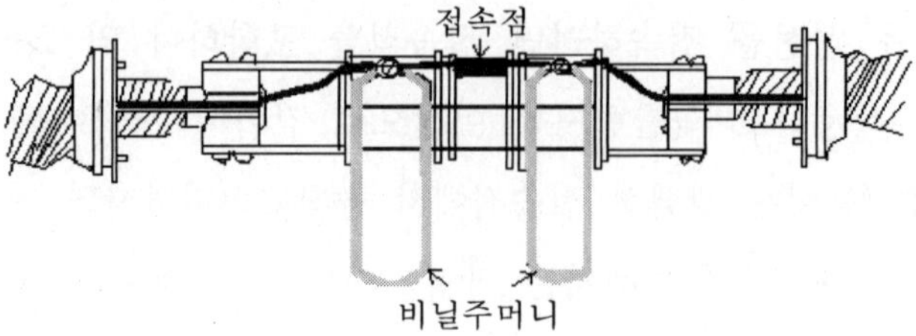

[그림 2-34] 보빈감기 수납법

4. 광MDF 여장 수납법

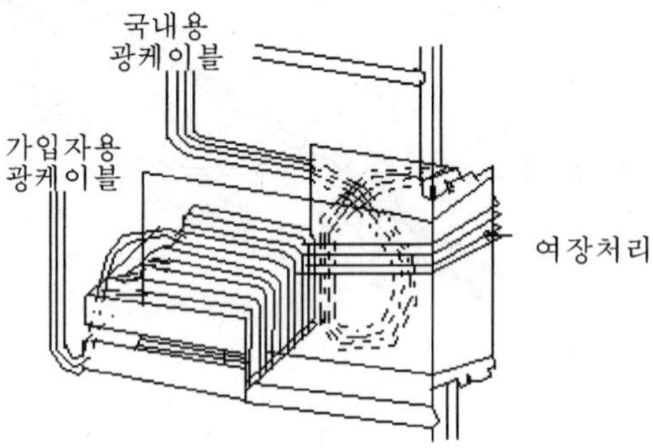

[그림 2-35] 광MDF 여장 수납법

2.3.3 가공 광케이블 외피접속

1. 직선형 접속함체

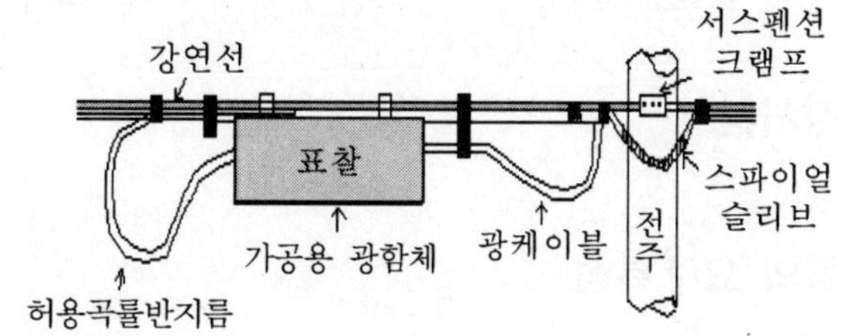

(a)

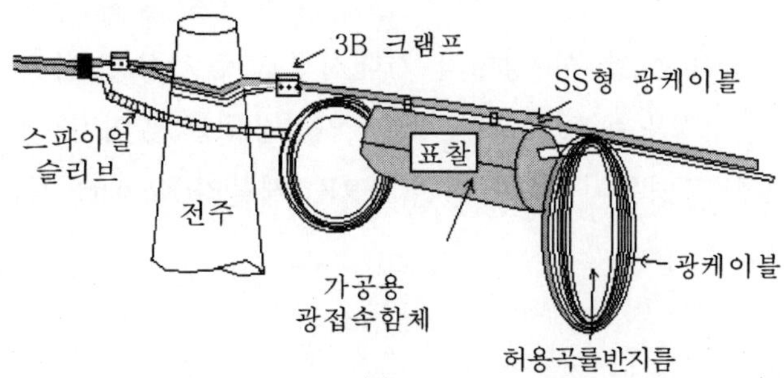

(b)

[그림 2-36] 직선형 광접속 함체 설치

2. 돔형 광접속 함체

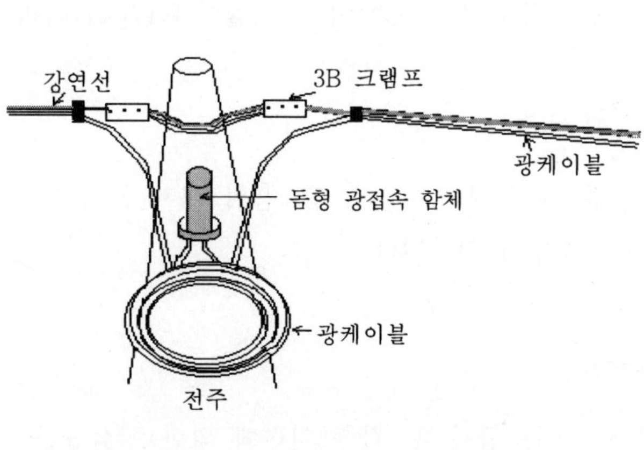

[그림 2-37] 돔(dome)형 광접속 함체 설치

2.4 광섬유 측정

2.4.1 환경시험

1. 광케이블의 요구특성

(1) 인장강도

광케이블은 포설 시 장력이 가해지므로 늘어지는 허용치 이하가 되도록 적절한 인장강도가 필요하다. 또한 인장강도를 높이기 위해 케이블의 중심이나 외주에 영률이 높은 강선, FRP, 케블라(Kevlar) 등의 항장력체가 사용된다.

(2) 휨특성

포설 시 도르래를 통과함에 따라 반복하여 휨을 받든가 여장처리 등으로 굽힘이 생겨 안정된 전송특성을 유지해야 한다. 그렇기 때문에 파단수명 등을 고려하여 휨 찌그러짐 허용범위 이내이어야 하며, 케이블 외경의 15～20배가 허용곡률반지름이고, 왜율이 0.17[%] 이하이어야 한다.

(3) 광섬유의 수명

제조공정 및 포설 시 장력, 휨, 흠의 크기 등에 의한 인장, 휨, 강도 등에 의하여 수명이 결정된다.

(4) 측압특성

공사 중 또는 공사 후 각종 외력에 의한 광섬유를 보호하기 의하여 단단한 외피가 필요하므로 사용조건에 맞는 보호가 요구된다.

(5) 온도특성

혹한기 －40[℃], 하절기 60～80[℃] 등 광범위한 온도범위에 전송특성이 안정되어야 한다.

2. 기계시험 방법 및 조건

<표 2-4> 기계시험 방법 및 조건

시험항목	시험방법	조건		
		항 목	SM광섬유 WB케이블	SS케이블
인장시험	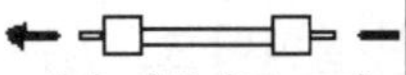 양단 에폭시로 고정	케이블 길이 장력	8[m] 8～100[C] : 400[kg] 160～1000C : 1500[kg]	8[m] 0～1500[kg]
곡률시험	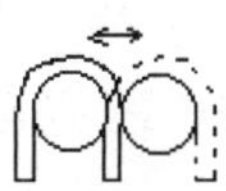	반지름 주기 각도	10D(D : 케이블 지름) 10 180°	10D(D : 케이블 지름) 10 180°
측압시험	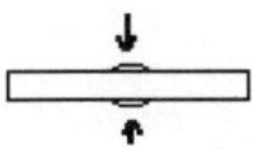	힘 폭	200[kg] 100[mm]	200[kg] 100[mm]
동적 압착시험	 트럭	롤러 케이블 길이 인장력 주기	600R 100[m] 8～100C : 중량/[kg] 160～1000C : 800[kg]	250R 100[mm] 150[kg] 4
비틀림 시험	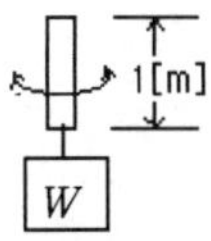	중량 각도 주기	100[kg] ±90° 1	100[kg] ±90° 1
충격시험	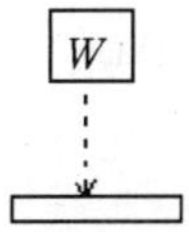	중량 높이 주기	1[kg] 1[m] 1	1[kg] 1[m] 1

3. 광케이블의 환경특성

(1) 인장강도 특성시험

[그림 2-38]과 같이 광케이블의 중심 인장선 한쪽 단말을 고정시키고, 다른 쪽 단말에 장력계와 인장기를 접속한 후에 케이블 길이 l_1을 측정하고 인장기를 조절하여 장력계가 1[km]의 무게에 해당하는 견인력을 지시할 때의 케이블 길이 l_2를 측정하여 신장률을 구한다.

$$\varepsilon = \frac{l_1 - l_2}{l_1} \times 100[\%]$$

여기서 l_1은 장력계가 0을 지시할 때의 케이블 길이이고, l_2는 장력계가 최대허용장력을 지시할 때의 케이블의 길이이다.

또한 한쪽 단말에 안정된 광원을 연결하고 다른 쪽 단말에 광파워미터를 연결하여 광손실 P_1을 측정한 후 인장강도 측정하는 중의 광손실 P_2를 측정하고, 특성시험 완료 후 광손실 P_3을 측정하여 P_1과 비교한다.

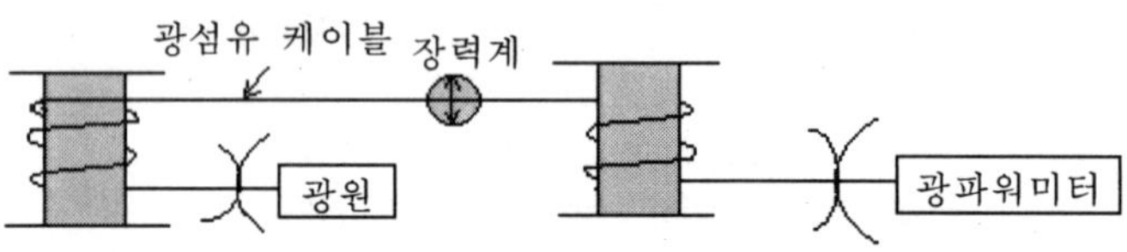

[그림 2-38] 인장강도 특성시험

(2) 굴곡 특성시험

케이블 외경의 20배가 되는 원형막대에 ±180°로 5회 굴곡시켰을 때 굴곡왜율이 최대 허용 굴곡왜률이 2[%] 이하가 되어야 한다.

$$\delta = \frac{d_1 - d_2}{d} \times 100[\%]$$

여기서 d_1은 찌그러짐이 좁아진 지름, d_2는 찌그러짐이 넓어진 지름, d는 찌그러짐이 없는 표준 지름이다.

(3) 만곡포설장력 특성시험

[그림 2-39]와 같이 포설작업이 만곡구간 또는 S형 구간을 통과할 경우 측압력이 가해지므로 만곡포설장력에 충분히 견뎌내야 한다. 케이블 중간에 지름 1.2[m]의 원통형에 1회 감아 통과할 때 광파워미터에 의한 광손실을 측정한다.

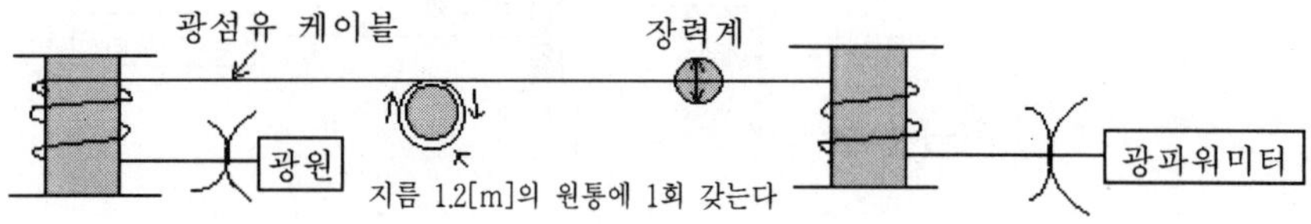

[그림 2-39] 만곡포설장력 특성시험

(4) 비틀림 특성시험

[그림 2-40]과 같이 긴 직선구간이나 만곡개소에 포설하기 위하여 견인력을 가하면 광케이블은 수십[m]마다 약 1～2회 회전한다. 회전하여 심하게 비틀어지면 심선이 절단되거나 외피가 찌그러지고 광손실의 잔류현상으로 품질이 저하되므로 광케이블 중간 약 2[m] 정도의 길이에 회전기구를 이용하여 ±180°로 10회 비틀 때 광파워미터로 손실을 측정한다.

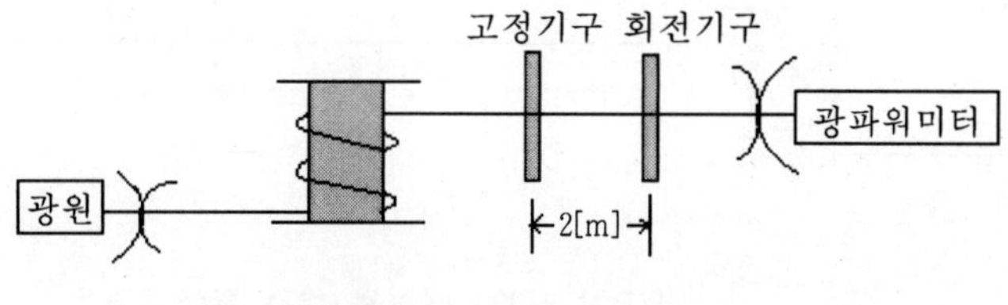

[그림 2-40] 비틀림 특성시험

(5) 압축파괴 특성시험

[그림 2-41]과 같이 케이블을 밟거나 자동차가 지나가면 압축으로 특성이 변하게 되며, 인공용 롤러, 주름호스, 벨마우스 등을 사용하지 않고 그대로 광섬유 케이블을 분기 T형 등에 무리하게 포설하면 타원형으로 찌그러져서 심선이 절단되거나 외피가 긁히거나 또는 광손실의 잔류현상이 생긴다. 이를 광파워미터에 의하여 광손실을 측정하는데 변형률이 12[%] 이내이어야 한다.

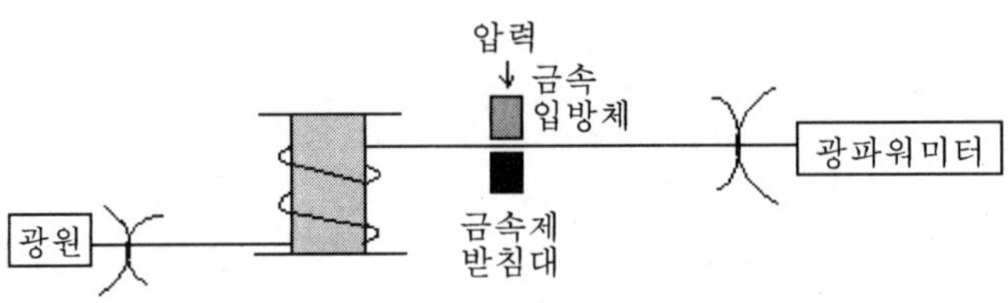

[그림 2-41] 압축파괴 특성시험

(6) 낙하물 충격 특성시험

[그림 2-42]와 같이 광섬유 케이블 중간 1[m] 길이에서 외피에 지름 2.5[cm], 무게 1[kg]의 끝이 평탄한 금속제 낙하봉 10개를 1[m]의 높이에서 1개씩 순차 낙하시킬 때 광파워미터에 의하여 광손실을 측정한다.

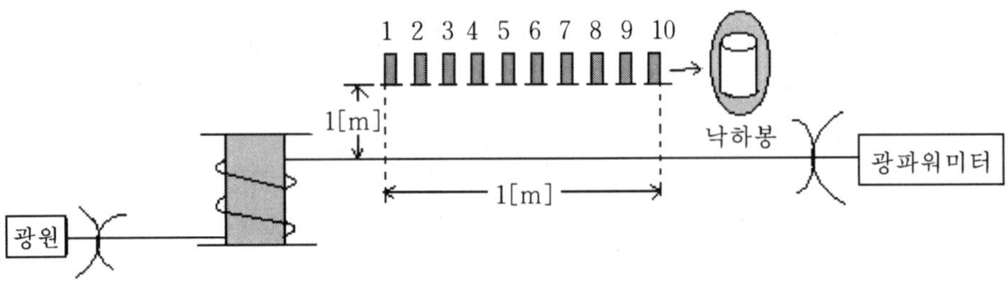

[그림 2-42] 낙하물 충격 특성시험

(7) 진동 특성시험

기차철도, 고속도로변 등 차량 등에 의한 심한 진동도 약 25년 간 충분히 견디어야 한다. 150[m] 이상의 광섬유 케이블을 드럼에 감은 상태에서 진동폭 ±5[mm], 진동수 10~55[Hz]로 2시간 진동시킬 때 광손실이 없어야 한다.

(8) 온도변화 특성시험

1[km]의 광섬유 케이블 드럼에 감은 상태에서 항온조 내에 넣고 온도를 24시간 단위로 +60° 또는 −30°로 변화시켰을 때 광손실이 0.1[dB] 이내이어야 한다.

2.4.2 광손실 산출법

1. 접속손실

<표 2-5> 접속손실

접속방법		단위개소 접속손실(A)	광섬유 심선 평균접속손실(B)
융착접속		0.4[dB] 이하	0.15[dB] 이하
커넥터 접속	바이코닉	1[dB] 이하	
	SC, SC2	0.4[dB] 이하	

2. 가입자 광섬유 케이블 광손실 계산법

(1) 굴절률 변화 광섬유

$$L = 0.94l + 0.15n + 0.2C + 0.5C' + 0.31\sqrt{1.7l + n + 4C} + 0.35$$

- 0.94 : 가입자 광섬유 1[km]당 손실
- l : 가입자 선로길이[km]
- 0.15 : 1개소당 융착접속손실
- n : 융착접속개소
- 0.2 : 1개소당 커넥터 접속손실
- C : 커넥터 접속개소
- 0.5 : 1개소당 정합제가 없는 커넥터 접속손실
- C' : 정합제가 없는 커넥터 접속개소
- 0.35 : 측정용 코드의 손실
- $0.31\sqrt{1.7l+n+4C}$: 통계적 보전항으로 손실을 99.9[%] 만족을 전제로 한다. 단, 선로길이가 0.2[km] 이하는 l 을 0.2[km]로 한다.

(2) 단일 모드 광섬유

$$L=0.5l+0.15n+0.35C'+\sqrt{0.02l+0.22n+0.86C}+0.25 \text{ 이하}$$

- 0.5 : 가입자 광섬유 1[km]당 손실
- l : 가입자 선로길이 [km]
- 0.15 : 1개소당 융착접속손실
- n : 융착접속개소
- 0.35 : 1개소당 정합제가 없는 커넥터 접속손실
- C' : 커넥터 접속개소
- $\sqrt{0.02l+0.22n+0.86C}$: 통계적 보전항으로 손실을 99.9[%] 만족을 전제로 한다. 단, 선로길이가 0.2[km] 이하는 l을 0.2[km]로 한다.

3. 중계 시외 광섬유 케이블 손실 계산법

(1) 굴절률 변화 광섬유

$$L = \underset{①}{\underline{0.94l}} + \underset{②}{\underline{0.15n}} + \underset{③}{\underline{0.402p}} + \underset{④}{\underline{0.592n}} + \underline{0.5} \text{ 이하}$$

(2) 단일 모드 광섬유

$$L = \underset{①}{\underline{0.5l}} + \underset{②}{\underline{0.15n}} + \underset{③}{\underline{0.185p}} + \underset{④}{\underline{6.25n}} + \underline{0.5}$$

여기서 l은 가입자 선로길이 [km], n은 융착접속개소, p는 케이블 조수이다.

① 광섬유 1[km]당 평균손실

② 1개소당 융착접속손실

③ 통계적 보전항

④ 1개소당 커넥터 접속손실

2.5 광측정 기기

2.5.1 OTDR

OTDR(Optical Time Domain Reflectometer)은 펄스를 피측정 광섬유에 입사시켜 파단점에의 프레넬 반사 또는 광섬유의 레일리히 산란을 검출하여 광섬유의 장애지점과 손실특성을 측정한다.

[그림 2-43]과 같이 OTDR에는 의사광섬유를 사용하는데 의사광섬유의 길이는 약 1[km]이며, 파장은 1.31[μm]이고, 코어의 지름은 10[μm] 또는 50[μm]로 1차 코팅은 실리콘으로 되어 있다.

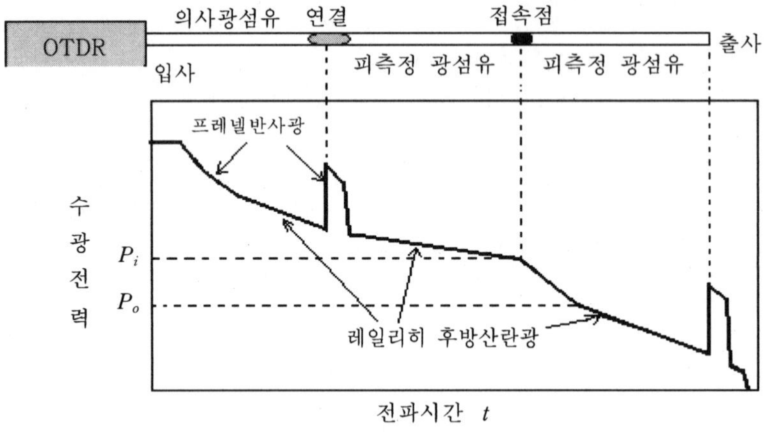

[그림 2-43] OTDR 접속손실 측정

입사단에 프레넬 반사에 의한 펄스 파형이 나타나고, 이어서 감소파형의 레일리히 후방산란광이 나타난다. 피측정 광섬유 케이블의 접속점이 있는 곳에는 P_i와 P_o의 차가 생긴다. 이때 접속손실 L_c는

$$L_c = -5\log\frac{P_o}{P_i}\ [\text{dB}]$$

로 나타난다.

광섬유 케이블에서 일어나는 반사광에는 심선이 절단된 경우 절단면과 공기의 굴절률 차이에 의하여 프레넬 반사광과 심선의 미세한 굴절률의 흔들림에 의한 레일리히 후방산란광이 생긴다.

굴절률 n_1인 A'광섬유 심선과 굴절률, n_2인 B광섬유 심선을 접속하고, 이 접속점에 광파워 P의 광선을 입사시키면 두 광섬유 심선의 접속점에서 반사되는 프레넬 반사광 F는

$$F = \left(\frac{n_1 - n_2}{n_1 + n_2}\right)^2 \times P$$

이고, 레일리히 산란광 중에서 송신측에 되돌아온 후방산란광 R은 다음과 같다.

$$R = \frac{T_o \cdot C \cdot \alpha \cdot \Delta}{4n}$$

여기서 T_o는 광펄스의 반치폭, C는 진공중의 광속도, α는 레일리히 산란에 의한 광파손실, Δ는 비굴절률차, n은 코어의 굴절률이다.

1. OTDR에 의한 광파손실 측정법

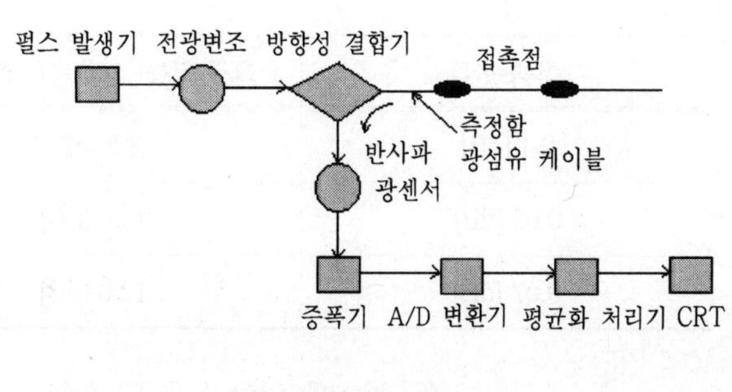

[그림 2-44] OTDR에 의한 광파손실 측정법

(1) 광섬유 상태와 추적표시

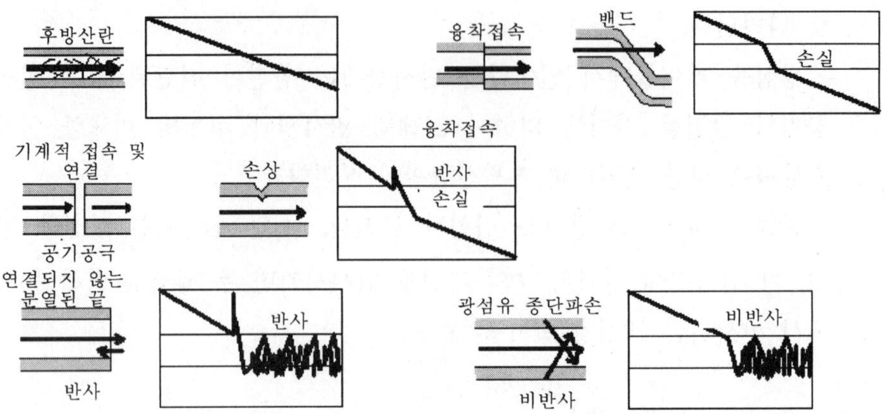

[그림 2-45] 광섬유 상태에 따른 OTDR 파형

(2) 넓은 동적 범위

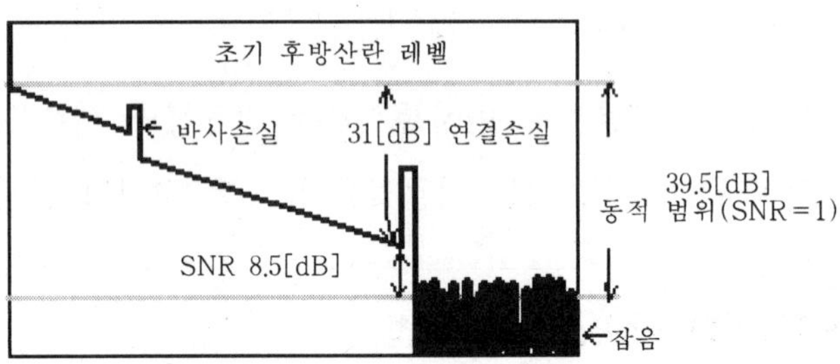

접속손실	요구되는 신호 대 잡음비
0.1 [dB]	8.5 [dB]
0.05 [dB]	10.0 [dB]
0.02 [dB]	12.0 [dB]

[그림 2-46] 손실에 의한 신호 대 잡음

(3) 측정거리

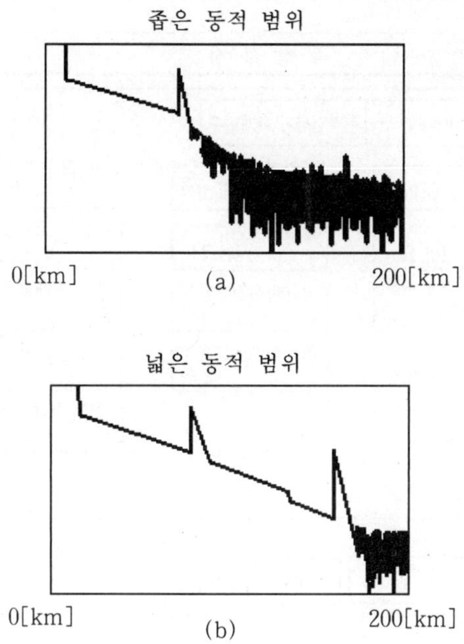

[그림 2-47] 측정거리 파형

2. Mini-OTDR(E6000B)

(1) OTDR 모드 메뉴 옵션

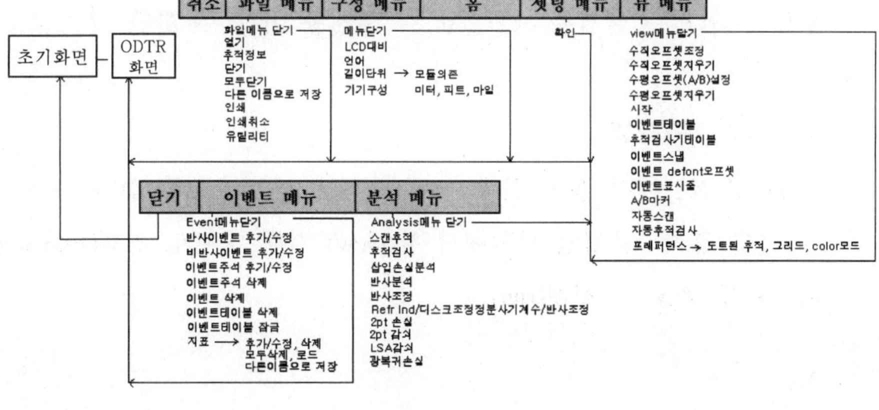

[그림 2-48] OTDR 팝업 메뉴

(2) 측정 모드

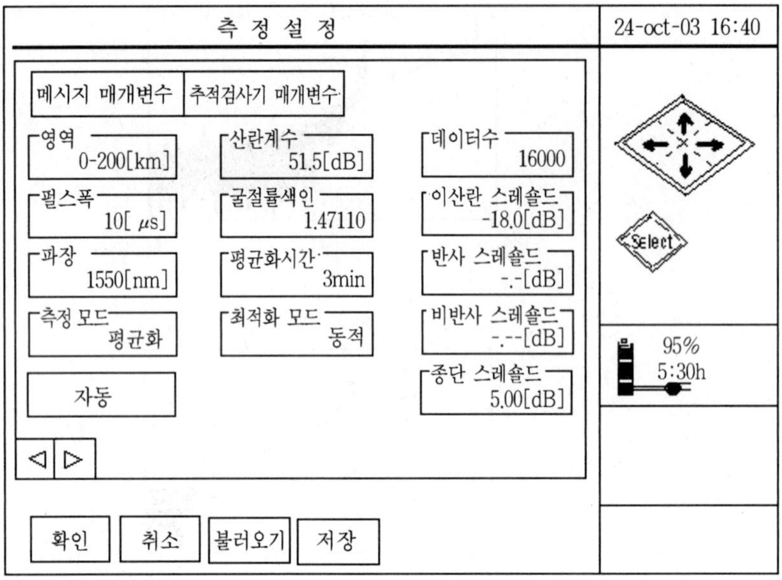

[그림 2-49] 측정 모드

(3) 측정내용 및 방법

1) 굴절률 설정변경

전원 ON → OTDR 모드 선택 → 셋팅(setting) 선택 → 측정 모드가 나오도록 한다 → 굴절률 색인선택 → 굴절률 변경 → 확인

2) 자동 계측방법

OTDR 모드에서 셋팅 선택 → 측정 모드가 나오도록 한다 → 자동설정 → 셋팅 종료 → 팝업 메뉴에서 뷰(view) 선택 → 오토 스캔(auto scan) 선택 → 뷰 종료 → 실행(run)

3) 수동 계측방법

- 계측간격 변경(셋팅 선택 → 측정 모드가 나오도록 한다 → 범위(range) 선정[시작 및 간격값 조절])
- 최적화 모드 변경(셋팅 선택 → 최적화 모드 → 다이나믹(dynamic) 선택 → 셋팅 종료)
- 계측 실행(run)
  - 이벤트 추적 스캔 방법(view → 오토 스캔 → 이벤트 테이블 선택)
  - 실시간 계측 변경(팝업 메뉴 → 분석(analysis) → 스캔 트레이스(scan trace) 선택)

4) 실시간 계측변경

팝업 메뉴 → 셋팅 → 측정 모드 → 실시간 → 실행(run) → 대화상자(실시간 변수변경) → 변수변경 → 평균화로 이동

5) 이벤트 테이블

팝업 메뉴 → 뷰 → 이벤트 테이블 → 뷰 → 스냅 투 이벤트(snap to event) → 팝업 메뉴 → 이벤트 → 이벤트 테이블 잠금

6) 추적검사기

- 추적검사기 변수설정 : 팝업 메뉴 → 셋팅 → 트레이스 체커 파라미터(trace checker parameter) 화면 → 설정 → 이벤트 마킹(event masking) 선택 → 커서 이동 → OK → 셋팅 종류
- 추적검사기 실행 : 실행 → 이벤트 잠그기 → 분석(analysis) → 트레이스 체커(trace checker) 선택

2.5.2 광파워미터

광전력을 [dBm], [mW], [dB] 등으로 표시한다. 광파워는 [그림 2-50]과 같이 광파워미터(OPM : Optical Power Meter)는 3원계 PIN 포토 다이오드 또는 애벌란치 포토다이오드 등의 광센서와 약 10[dB] 정도를 증폭시킬 수 있는 직류증폭기, 계수기, [dBm], [mW], [dB] 등을 지정하는 제어기 및 표시기로 구성되어 있다.

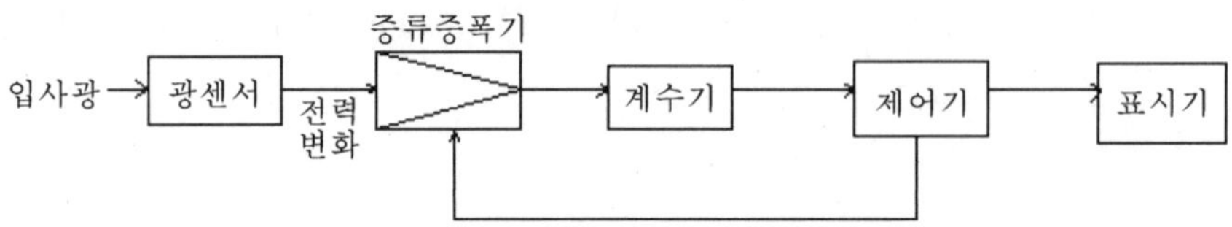

[그림 2-50] 광파워미터의 구성

수광소자에서 만들어진 전류는 입사되는 광전력에 정비례하므로 전류 i는 다음과 같다.

$$i = \frac{ne}{hf} \times P$$

여기서 n은 수광소자의 양자효율, e는 전자의 전하, h는 플랑크 상수, f는 수광소자의 입사광의 주파수, P는 입사광의 전력이다.

OPM를 사용하여 절단법에 의한 광파손실을 측정할 때는 여진용 광섬유와 피측정용 광섬유와의 접속개소에서 약 2[m] 지점의 피측정 광섬유를 절단하여 측정하는데 입사단 근처의 광전력 P_1과 출사단의 광전력 P_2의 손실 L_o는

$$L_o = 10 \log \frac{P_2}{P_1} \text{ [dB]}$$

이다.

1. 삽입법에 의한 손실전력 계산법

$P_1 = -6$[dBm], $P_2 = -15.7$[dBm], 2지점의 연결자의 손실이 0.5[dBm]일 때

$$총손실 = P_1 - P_2 = -6-(-15.7) = 9.7\,[\text{dBm}]$$

$$접속손실 \quad L = P_1 - P_2 - nLc = -6-(15.7)-2\times0.5 = 8.7\,[\text{dBm}]$$

이다.

2. 컷백법에 의한 손실전력 측정법

[그림 2-51]와 같이 No.3에 No.2 광전력계를 연결하고 출력량 P_2를 측정한 후 No.1과 No.2를 분리하고, No.1에 No.1 광전력계를 연결하여 입력광 P_1을 측정한다. 여기서 No.1과 No.2 사이의 어댑터 손실(L)을 1[dB]을 고려한다. 따라서 광전송로의 최종손실은 다음과 같다.

$$T_{(x)} = 10\log_{10}\frac{P_1}{P_2} - L\,[\text{dB}]$$

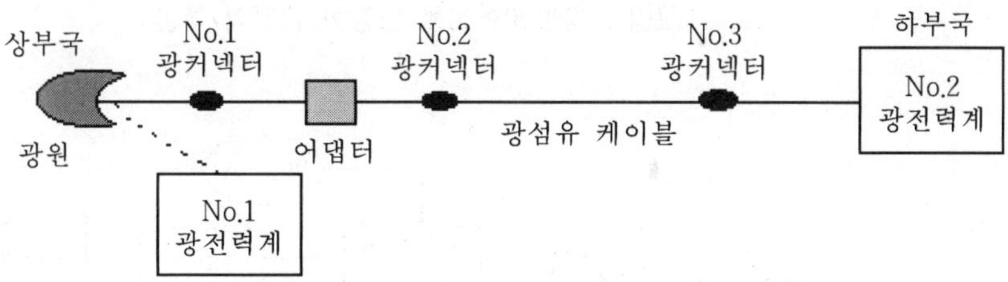

[그림 2-51] 컷백법에 의한 손실전력 측정법

2.5.3 안정화 광원

[그림 2-52]와 같이 구동전류에 대한 광출력의 직선성이 좋아서 전기에너지를 광에너지로 변화시키는 광원으로 LED와 LD가 사용된다. LD는 광출력이 높고, 스펙트럼폭이 좁아 고속통신, 장거리 전송로, 디지털 방식에 적합하다. LED는 광출력이 낮고 스펙트럼폭이 넓어 저속통신 단거리 전송로, 아날로그 방식에 적합하다. 안정화 광원의 구성은 [그림 2-53]과 같다.

광파장을 변화시키는 광원은 가변파장광원으로 짧은 파장에서 긴 파장의 범위를 갖는 할로겐 램프에 분광기를 조합하여 광대역 대역폭을 측정하고, 해저 광섬유 케이블은 길이가 매우 길어서 YAG(Yttrim Aluminium Garnet) 다이오드와 광파장 1.55[μm] 영역에서는 EDFA(Erbium Doped Fiber Amplifier)의 광원을 사용한다.

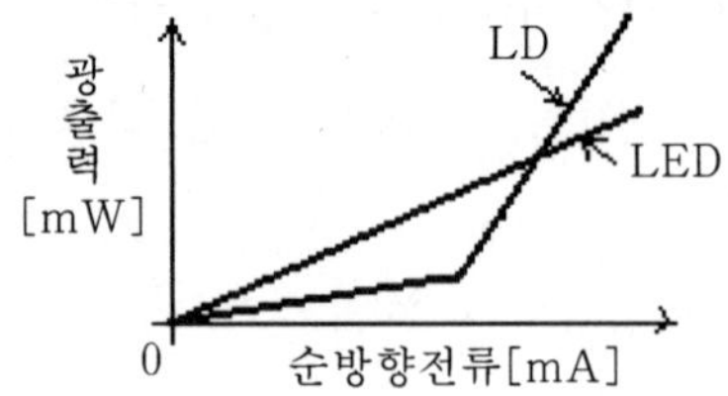

[그림 2-52] 광통신용 안정화 광원의 특성

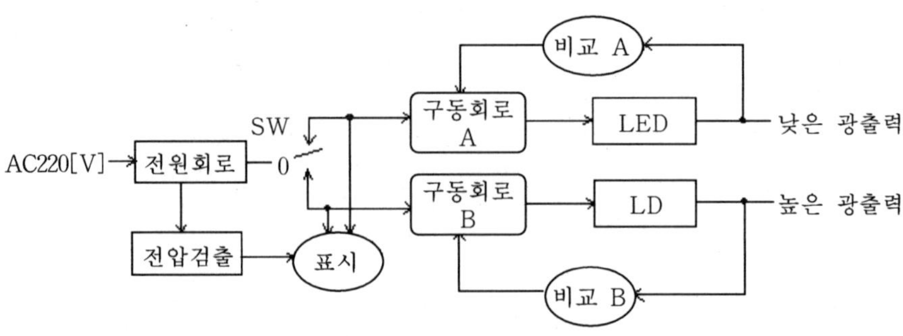

[그림 2-53] 안정화 광원의 구성

2.5.4 광가변 감쇠기

레이저광을 감쇠시키는 방법은 광의 일정량을 반사 또는 흡수시키거나 특정한 편광을 통과시키는 방법이 있다.

1. 반사에 의한 감쇠

[그림 2-54]와 같이 No.1 렌즈에 의하여 평행광으로 변화시켜 100[dB]용 반사판과 1[dB] 반사판을 통과시키고, 다시 No.2 렌즈에 의해 집광시켜서 광섬유 케이블에 입사시킨다.

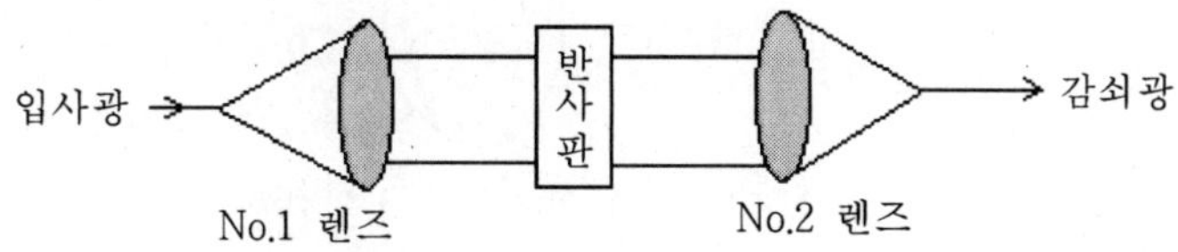

(a) 마이크로 광학렌즈

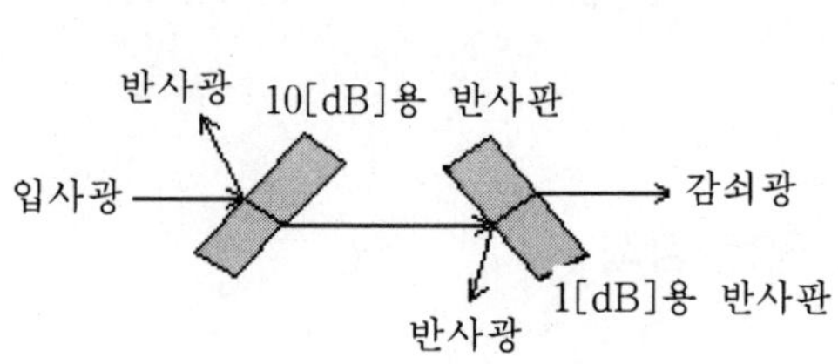

(b) 광반사판

[그림 2-54] 반사형 광가변 감쇠기의 원리

2. 흡수에 의한 감쇠

[그림 2-55]와 같이 반사판 대신에 2매 1조로 구성된 광흡수 회전판을 사용하여 2매 광흡수 회전판 중에서 A회전판은 회전각도에 의해 두께가

점차 증가하여 감쇠량이 0[dB]에서 2[dB]까지 연속적으로 증가되고, B회전판은 여러 개의 구멍을 0[dB]에서 1[dB]씩 증가하므로 A와 B를 합쳐서 적정감쇠량을 얻는다.

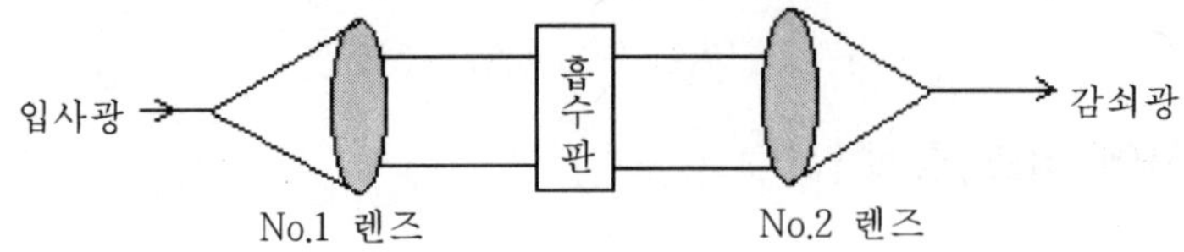

(a) 마이크로 광학렌즈

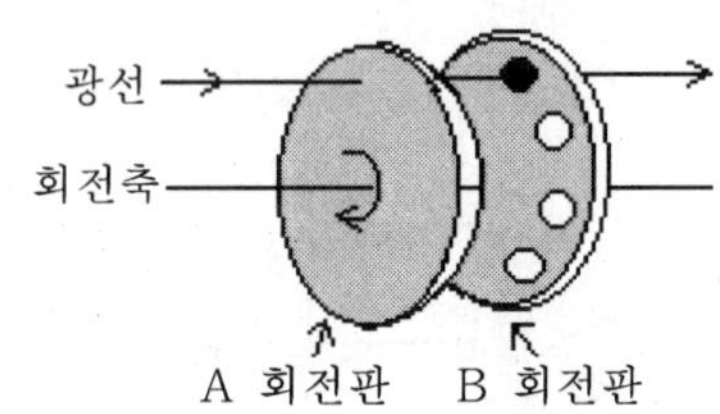

(b) 광흡수판

[그림 2-55] 흡수형 광가변 감쇠기의 원리

3. 편광기에 의한 감쇠

어느 특정방향으로 진동하는 광만을 통과시키고, 기타 방향으로 진동하는 광을 차단하는 광소자를 이용한다.

제2장

연습문제

1. 광섬유 케이블의 구조에 대하여 설명하시오.

2. 광섬유 케이블의 종류에 대하여 인터넷 또는 참고서적에서 찾아 정리하시오.

3. 기계적 광섬유 심선접속에 대하여 기술하시오.

4. 광섬유 심선 융착접속에 대하여 기술하시오.

5. 자동융착 접속기의 융착접속 과정 및 순서에 대하여 기술하시오.

6. 광섬유 케이블 심선의 보강법에 대하여 기술하시오.

7. 코어 반지름 60[μm], 코어 굴절률 1.4, 개구수 0.2, 공기갭이 아주 작을 때 광섬유가 12[μm]의 수평 오정렬로 접속되었을 때 다음을 계산하시오.
① 수평 오정렬 손실
② 굴절률 정합이 없을 때 프레넬 손실
③ 커넥터가 5°의 각 오정렬되었을 때 굴절률 정합 시와 비정합 시의 손실

8. 코어 지름이 50[μm], 코어의 굴절률이 1.46, NA가 0.2[%]인 송신 광섬유가 코어 지름이 42[μm], 코어의 굴절률이 1.46, NA가 0.25[%]인 다른 광섬유에

연결할 때 면적 부정합 시 손실과 NA부정합 시 손실을 구하시오.

9. 광접속 함체의 종류를 기술하시오.

10. 광접속 여장 수납법에 대하여 기술하시오.

11. 광섬유 케이블의 환경시험 요구특성에 대하여 기술하시오.

12. 광섬유 케이블의 환경특성 시험법에 대하여 기술하시오.

13. OTDR의 원리 및 측정에 대하여 인터넷 또는 참고서적에서 찾아 기술하시오.

14. 미니 OTDR(E6000B)의 사양서를 인터넷 또는 참고서적에서 찾아 작성하시오.

15. 광파워미터의 원리 및 손실전력 계산법에 대하여 기술하시오.

제 3 장 광섬유 부품

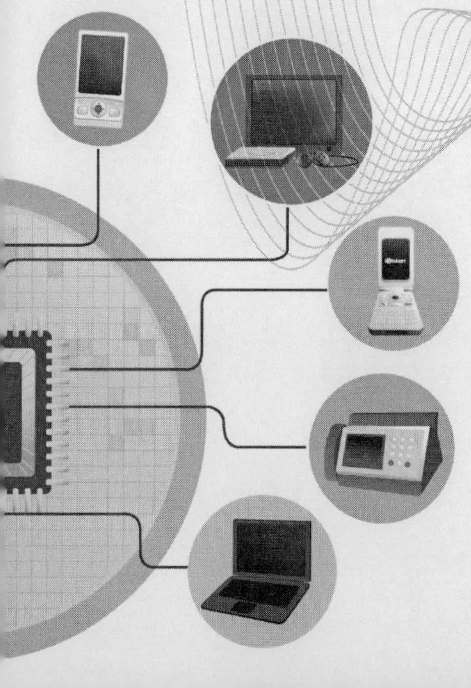

3.1 광접속 부품

3.1.1 광커넥터

광섬유의 코어 지름은 매우 가늘므로 커넥터 접속 시 매우 정밀하게 접속해야 한다.

1. 광커넥터의 종류

SC(Subscriber Connector), ST(Straigh Ttip connector), FC(Fibere transmission system Connector), LC(Lusent Connector), BIK(key biconic connector), MU(Mniature Unit connector), SB(Subscriber Blank connector), SD-F(flat SC fiber channel duplex connector), SD-H(horizontal SC duplex connector), SF(SC fiber channel duplex connector), SFI(IBM SC fiber channel duplex connector), SI(IBM SC horizontal duplex connector), S5(SMA 905), S6(SMA 906) 등이 있다.

대표적인 광커넥터의 종류는 [그림 3-1]과 같다.

[그림 3-1] 광커넥터의 종류

(1) 광섬유 연마(polish) 방법

- FL : Falt(standard for biconic, SMA)
- PC : Physical Contact
- SPC : Super Physical Contact
- APC : Angled Polish Contact

(2) 페룰(ferrule)의 종류

- ZR : Zirconia(standerd for SC, FC, D4)
- CR : Alumina Ceramic

- CS : Ceramie in Stainless Steel(standard for SAM)
- PL : Plastic(standard for biconic)

2. 광커넥터의 구조

[그림 3-2]와 같이 단면을 약 8° 정도 경사를 두어 빛의 반사손실이 적게 한 APC 방식을 사용한다.

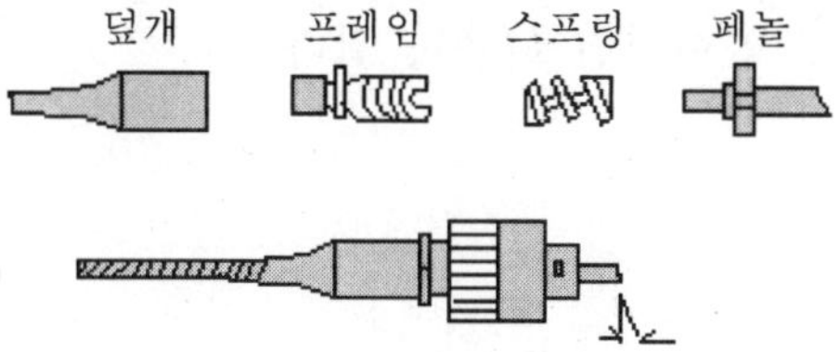

(a) FC-APC

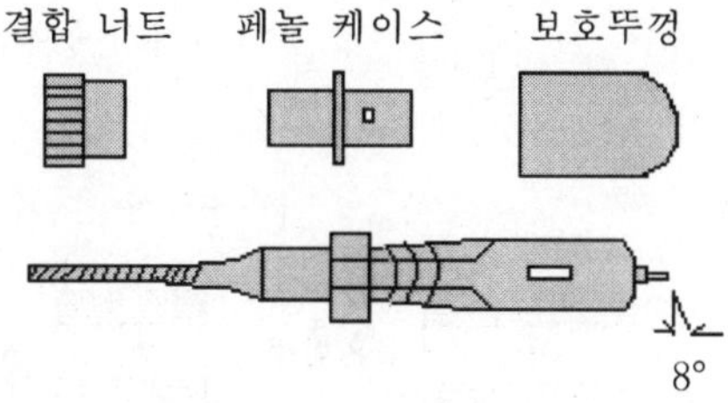

(b) SC-APC

[그림 3-2] 광커넥터의 구조

3.1.2 광섬유 커플러

한 개 또는 여러 개의 입력 광섬유와 한 개 또는 여러 개의 출력 광섬유를 갖는 장치이다.

1. 성형 커플러

[그림 3-3]과 같이 전송형은 임의의 단일 입력으로부터 혼합부로 보내지는 광신호가 모든 출력섬유에서 수용한다. 보통 입력섬유 수와 출력섬유 수는 같다. 전력은 균등하게 배분되고 $N \times N$ 성형 커플러에서 각 출력섬유의 전력은 입력섬유의 $1/N$이다.

$$P_o = \frac{P_i}{N}$$

분배전력을 dB로 표현하면 다음과 같다.

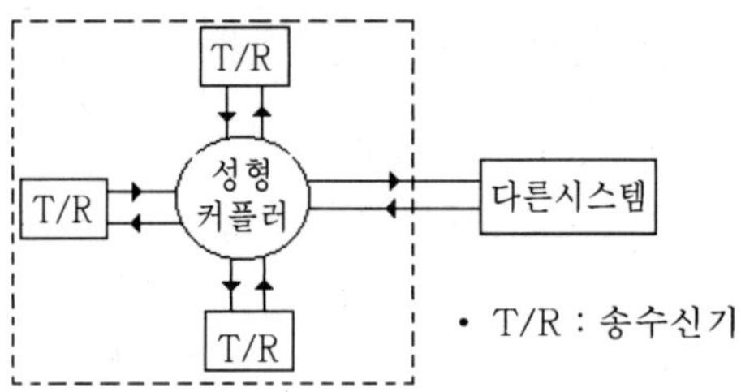

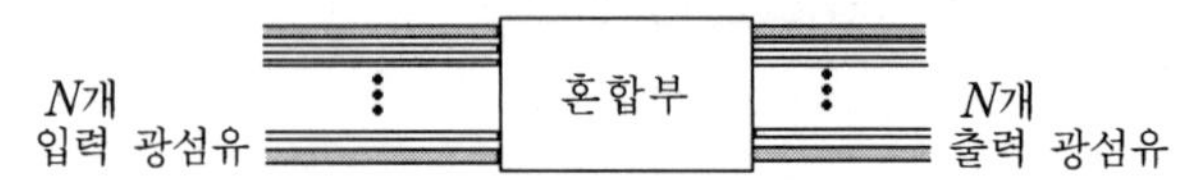

[그림 3-3] 성형 커플러

$$\mathrm{PD_{ST}} = -10\log_{10}\left(\frac{1}{N}\right)[\mathrm{dB}]$$

$$\text{전력손실 : } \mathrm{Loss} = \frac{P_o}{P_i}, \quad \mathrm{Lossit}\,[\mathrm{dB}] = -10\log_{10}\left(\frac{P_o}{P_i}\right)$$

$$\text{출력전력 : } P_{out} = \mathrm{PD_{ST}} - \mathrm{Loss}$$

예제 1

8×8 성형 커플러의 입력전력이 80[mW]일 때 각 출력단의 전력을 구하고, 분배된 전력을 [dB]로 계산하시오.

풀이 ....

입력전력이 80[mW]가 8개의 광섬유에 분배되므로 각 출력단의 전력은 80[mW]÷8=10[mW]이고, 분배전력은 다음과 같다.

$$PD_{ST} = -10\log\left(\frac{1}{N}\right) = -10\log\left(\frac{1}{8}\right) = -10\log 0.125$$

$$= -10\times(-0.903) = 9.03\,[\mathrm{dB}]$$

예제 2

8개의 광섬유에 LD의 3[dBm] 전력을 분배하기 위하여 8×8 성형 커플러를 사용하였다. 커플러의 과도손실은 1[dB]일 때 각 출력 광섬유에서의 전력을 [dBm]과 [μW]를 구하시오.

풀이 ....

분배전력은

$$PD_{ST} = -10\log\left(\frac{1}{N}\right) = -10\log\left(\frac{1}{8}\right) = -10\log 0.125 = -10\times(-0.903)$$

$$= 9.03\,[\mathrm{dB}]$$

이고, 각 섬유에 대한 출력은

$$P_o = P_i - \mathrm{PD_{ST}} - \mathrm{Loss} = 3 - 9.03 - 1 = -7.03 \,[\mathrm{dBm}]$$

이다. 출력을 전력으로 환산하면 다음과 같다.

$$-7.03 = 10 \log_{10}\left(\frac{P_o}{1 \times 10^{-3}}\right)$$

$$-0.703 = \log_{10}\left(\frac{P_o}{1 \times 10^{-3}}\right)$$

$$10^{-0.703} = \frac{P_o}{1 \times 10^{-3}}$$

$$P_o = \frac{1 \times 10^{-3}}{10^{0.703}} = \frac{1 \times 10^{-3}}{5.047} = 0.19814 \times 10^{-3} = 198.14 \times 10^{-6}$$

$$= 198.14 \,[\mu\mathrm{W}]$$

---

2. T 커플러

[그림 3-4]에서 포트 1에 유입되는 전력은 포트 2와 3으로 분할되는데 전력분할은 동등하지 않고 커플러 구조에 의하여 전력배분이 된다.

양방향 커플러 TC3~TC4의 응용은 [그림 3-5]와 같다.

또한 T커플러 중 용융 커플러와 확장빔 커플러는 [그림 3-6]과 같다.

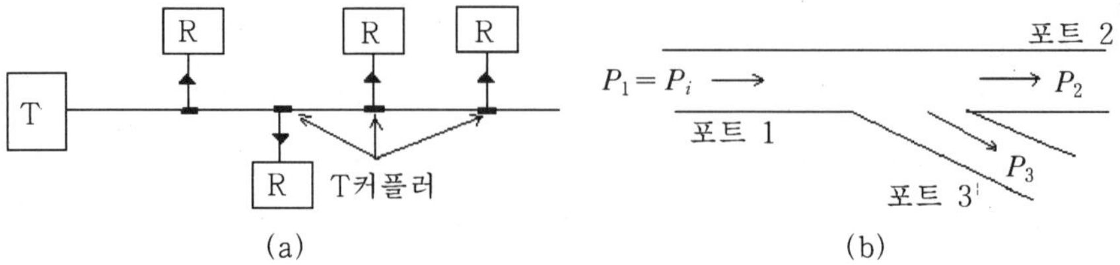

[그림 3-4] T커플러

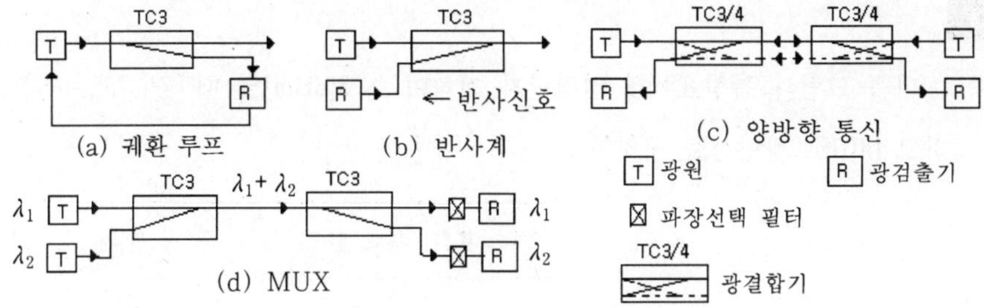

[그림 3-5] 양방향 T커플러

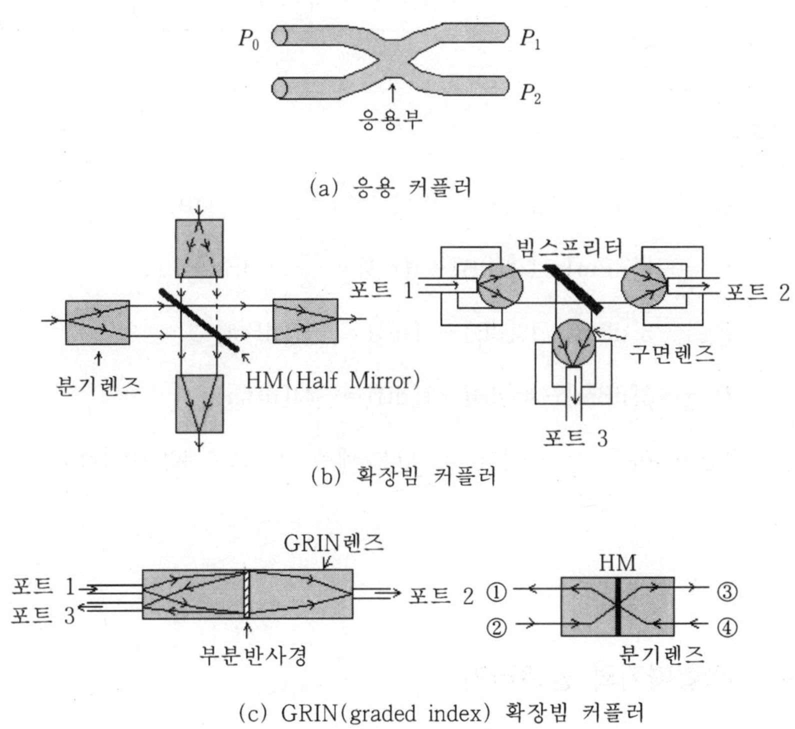

[그림 3-6] 융용 T커플러와 확장빔 T커플러

예제 3

다음 그림과 특성표에서 입력단자 전력이 −3[dBm]일 때 P_2, P_3, P_4를 구하고 [dB]로 방향성을 구하시오.

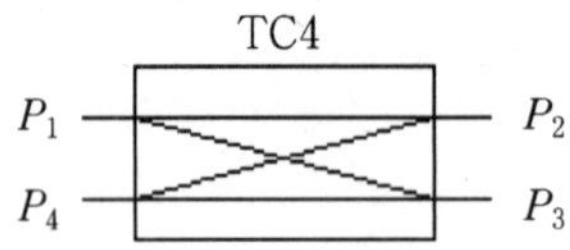

입력 포트	출력 포트	모 델	단위
		A	
P_1	P_2	75	[%]
		1.2	[dB]
	P_3	5	[%]
		13	[dB]
	P_4	0.01	[%]
		40	[dB]

풀이 ············

과도손실은 1[dB]이고, P_2는 P_1의 75[%] 또는 1.2[dB] 낮으므로

$$P_2 = -3[\text{dBm}] - 1.2[\text{dB}] - 1[\text{dB}] = -5.2[\text{dBm}]$$

$$P_3 = -3[\text{dBm}] - 13[\text{dB}] - 1[\text{dB}] = -17[\text{dBm}]$$

$$P_4 = -3[\text{dBm}] - 40[\text{dB}] - 1[\text{dB}] = -44[\text{dBm}]$$

방향성은 P_1과 P_4 사이의 커플링은 매우 작으므로 40[dB]이다.

3.1.3 광합파기와 광분파기

파장다중 전송방식으로 할 때 여러 개의 상이한 파장에 해당하는 레이저광선을 하나의 광섬유에 입사시켜 전송하기 위하여 광합파기(optical mutiplexer)와 광분파기(optical demultiplexer)가 필요하다.

1. 파장 다중 시스템

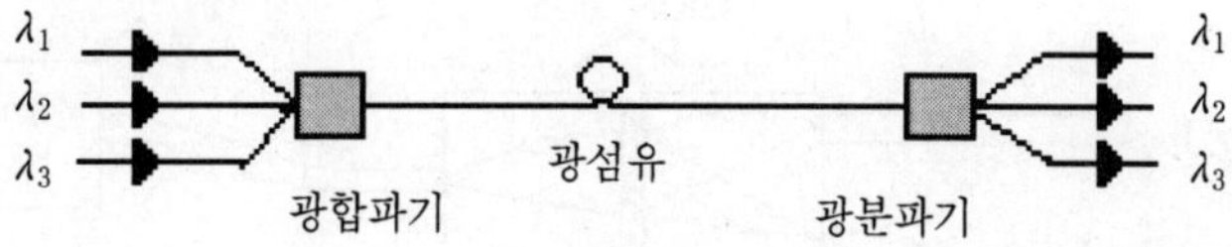

[그림 3-7] 파장 다중 시스템(WDM)

2. 광합파기

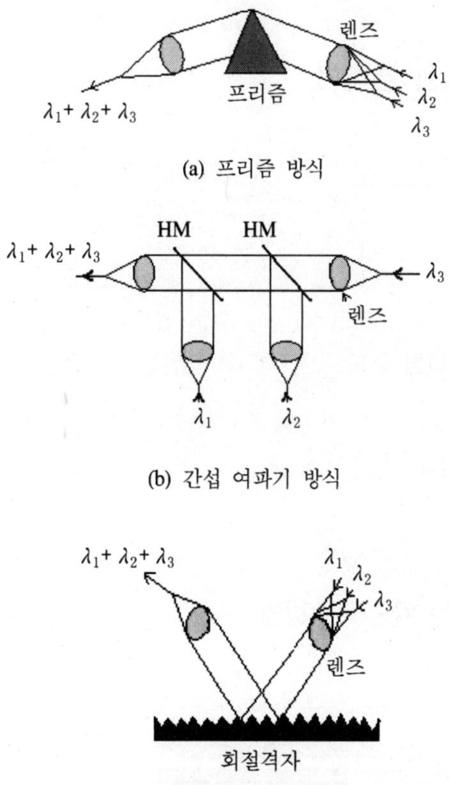

[그림 3-8] 광합파기

3. 광분파기

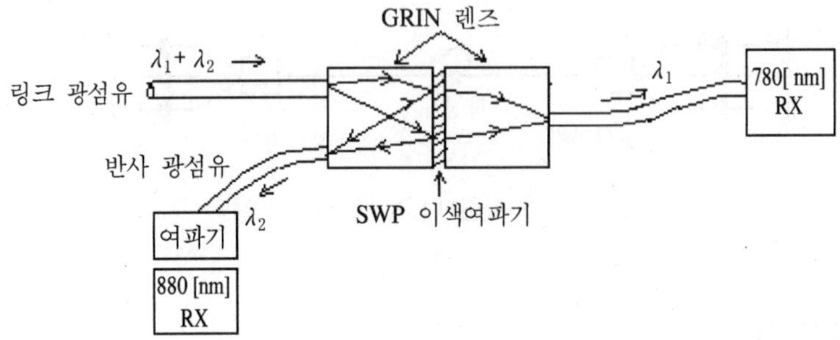

[그림 3-9] 광분파기

4. 반사격자를 이용한 분파기

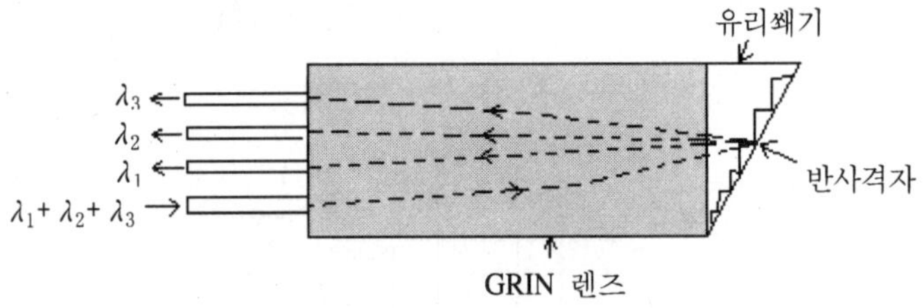

[그림 3-10] 반사격자를 이용한 분파기

3.1.4 광섬유 스위치

1. 기계식 스위치

(1) 광회로를 연결 또는 차단하는 방법

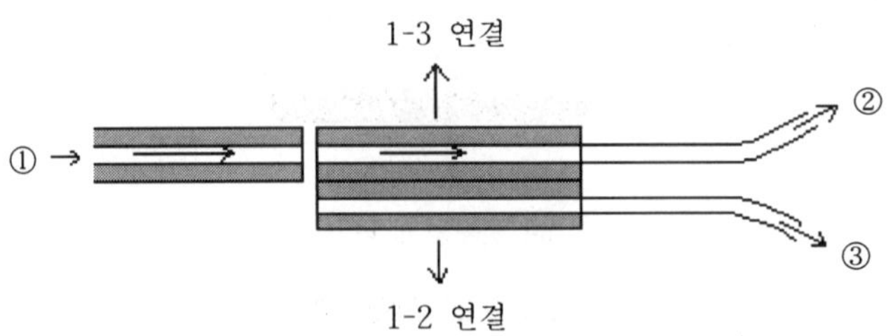

[그림 3-11] 광스위치

(2) 프리즘을 이동하는 방법

[그림 3-12]에서 가변 프리즘을 점선 위치에 놓으면 ②-①이 연결되고, 실선위치에 놓으면 ②-③이 연결된다.

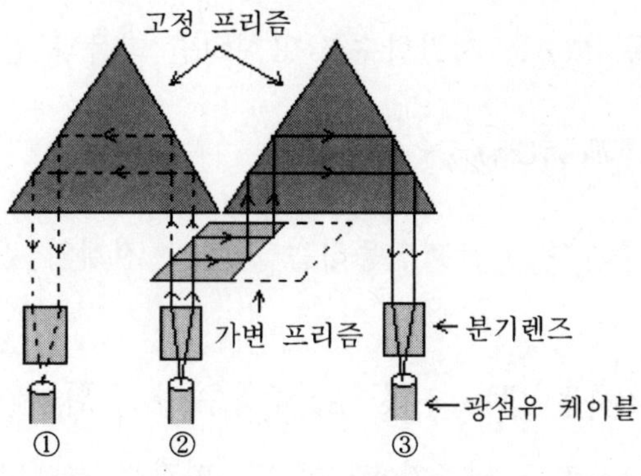

[그림 3-12] 프리즘 이동형 광스위치

2. 직접 광스위치

[그림 3-13]과 같이 수정의 굴절률은 인가전압에 따라 변하므로 수정에서 다른 각으로 유도할 수 있다. 인가전압이 없으면 입력은 출력 1에 연결되고, 전압이 인가되면 입력은 출력 2에 연결되므로 스위칭 시간을 수 [ns]로 할 수 있다.

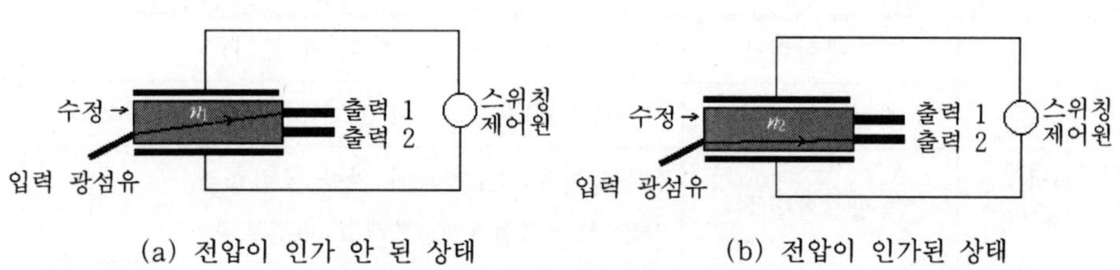

[그림 3-13] 직접 광스위치

3.2 광변조 부품

광파의 진폭 $E(t)$를 시간함수로 표현하면 다음과 같다.

$$E(t) = E\cos(2\pi f_{(t)} + \phi_{(t)})$$

단, E는 주파수 $f_{(t)}$로 진동하는 광파의 전계의 진폭이며 $\phi_{(t)}$는 위상이다.

광파를 변조하는 데는 진폭 E, 주파수 $f_{(t)}$, 위상 $\phi_{(t)}$ 또는 전계의 편광상태를 변화시켜도 변조가 가능하다. 따라서 광에너지의 흡수를 수반하지 않는 전기광학효과, 자기광학효과, 음향광학효과 등이 있으며, 흡수를 수반하는 것은 반도체의 프란츠-켈디시(Frantz-Keldysh) 효과, 자유 캐리어에 의한 흡수 등이 있으며, 반도체 LD나 LED처럼 주입전류를 변조하는 직접변조방식이 있다.

〈표 3-1〉은 레이저광의 각종 변조방식과 변조법이다.

〈표 3-1〉 레이저광의 변조방식과 변조법

변조방식	변 조 법	이 용 효 과
외부, 내부 변조	전기광학변조	전기광학효과(포켈스 효과, 카 효과)
	자기광학변조	자기광학효과(패러데이 효과, 전자계변위 효과)
	음향광학변조	음향광학효과(초음파에 의한 굴절효과, 라만너스 회절효과, 브래그 회절효과)
	기타 변조	프란츠-켈디시 효과, 자유 캐리어의 흡수효과, 공구 흡수효과, 기계적 진동 및 회전
직접변조	전류변조	주입전류의 변조에 의한 출력의 변화

3.2.1 전기광학 변조

1. 굴절률 타원체

결정에 전계를 가하면 결정의 굴절률 변화를 이용한 것으로 이를 이용하여 물질 내를 통과하는 빛의 위상에 직접변화를 주어 이 위상변화를 복굴절성을 가진 검광자로 꺼내어서 빛을 진폭변조한다.

전속밀도는

$$D = \varepsilon E = \varepsilon_o \varepsilon_s E \, [\mathrm{Wb/m^2}]$$

이고, 유전체 해석은

$$\begin{vmatrix} \varepsilon_{11} & 0 & 0 \\ 0 & \varepsilon_{22} & 0 \\ 0 & 0 & \varepsilon_{33} \end{vmatrix}$$

즉 $\varepsilon_s = n^2$이다.

물질 내에 축적되는 전기 에너지 W_e는 다음과 같다.

$$W_e = \frac{1}{2} ED = \frac{1}{2\varepsilon_o} \left(\frac{D_x^2}{n_x^2} + \frac{D_y^2}{n_y^2} + \frac{D_z^2}{n_z^2} \right)$$

$$\begin{vmatrix} D_x \\ D_y \\ D_z \end{vmatrix} = \sqrt{2\varepsilon_o W_e} \begin{vmatrix} x \\ y \\ z \end{vmatrix}$$

굴절률 타원체는

$$\frac{x^2}{n_x^2} + \frac{y^2}{n_y^2} + \frac{z^2}{n_z^2} = 1$$

로 $LiNbO_3$에서는 $n_x = n_y = n_o$, $n_z = n_e$로 복굴절 타원체를 형성한다.

n_e는 진행광의 전계가 e축에 평행하게 편광되어 있을 때 굴절률이고, n_o는 O축에 평행하게 편광될 때의 굴절률이다.

θ가 0일 때 D는 x, y 면상에 있고 $n=n_o$이므로 z 축을 광축이라 한다.

예제 4

전계의 세기가 $E=10^4$[V/m]이고, 유리의 비유전율이 1.3일 때 물질 내에 축적되는 에너지를 구하시오.

풀이 · · · · · · · · · · · ·

축적되는 에너지 W_e는 다음과 같다.

$$W_e=\frac{1}{2}ED=\frac{1}{2}\varepsilon_o\varepsilon_s E^2=\frac{1}{2}\times 8.855\times 10^{-12}\times 1.3\times(10^4)^2$$

$$=5.765\times 10^{-4}\,[\mathrm{W/m^2}]$$

---

2. 포켈스(Pockels) 효과

외부의 전계에 의해 굴절률의 변화가 선형적으로 변화하는 효과로 굴절률의 변화율은 인가전계의 방향에 따라 달라지며, 전계의 방향이 바뀌면 변화율의 부호로 바뀐다. 외부 전계가 가해질 때 굴절률 타원체는 다음과 같다.

$$B_{11}x^2+B_{22}y^{2+B_{33}}z^2+2B_{21}yz+2B_{31}zx+2B_{12}xy=1$$

6×3 전기광학 해석

$$\begin{vmatrix} B_{11}-\frac{1}{n_x^2} \\ B_{11}-\frac{1}{n_y^2} \\ B_{33}-\frac{1}{n_z^2} \\ B_{23} \\ B_{31} \\ B_{12} \end{vmatrix} = \begin{vmatrix} r_{11} & r_{12} & r_{13} \\ r_{21} & r_{22} & r_{23} \\ r_{31} & r_{32} & r_{33} \\ r_{41} & r_{42} & r_{43} \\ r_{51} & r_{52} & r_{53} \\ r_{61} & r_{62} & r_{63} \end{vmatrix} \begin{vmatrix} E_x \\ E_y \\ E_z \end{vmatrix} \text{로}$$

$LiNbO_3$는

$$\begin{vmatrix} 0 & -r_{22} & r_{13} \\ 0 & r_{22} & r_{13} \\ 0 & 0 & r_{33} \\ 0 & r_{51} & 0 \\ r_{51} & 0 & 0 \\ -r_{22} & 0 & 0 \end{vmatrix} = \begin{vmatrix} 0 & -3.4 & 8.6 \\ 0 & 3.4 & 8.6 \\ 0 & 0 & 30.8 \\ 0 & 28 & 0 \\ 28 & 0 & 0 \\ -3.4 & 0 & 0 \end{vmatrix} \times 10^{-6}\,[\mu\text{m/V}]$$

따라서 $LiNbO_3$의 굴절타원체이다.

$$\left(\frac{1}{n_o^2}-r_{22}E_y-r_{13}E_z\right)x^2+\left(\frac{1}{n_o^2}+r_{22}E_y-r_{13}E_z\right)y^2+\left(\frac{1}{n_e^2}+r_{33}E_z\right)z^2$$

$$+2r_{51}E_yyz++2r_{51}E_xzx-2r_{22}E_xxy=1$$

즉 전계가 가해지지 않으면 x와 y축의 굴절률은 n_o, z축의 굴절률 n_e인 복굴절 타원체를 형성한다.

(1) E_z가 인가된 경우

[그림 3-14]와 같이 z축 방향으로 전계가 가해지면

$$\left(\frac{1}{n_o^2}+r_{13}E_z\right)x^2+\left(\frac{1}{n_o^2}+r_{13}E_z\right)y^2+\left(\frac{1}{n_e^2}+r_{33}E_z\right)z^2=1$$

각 축이 고정되어 있어 $\frac{1}{n^2} \gg rE$ 를 고려하면

$$n_x = n_o - \frac{1}{2} n_o^3 r_{13} E_z, \quad n_y = n_o - \frac{1}{2} n_o^3 r_{13} E_z, \quad n_z = n_e - \frac{1}{2} n_e^3 r_{33} E_z$$

따라서

$$r_{13} = 8.6 \times 10^{-6} [\mu m/V], \ r_{33} = 30.8 \times 10^{-6} [\mu m/V], \ E_z = 10 \ [V/\mu m]$$

이면

$$\frac{n_o^3 r_{13} E_z}{2} = 4.8 \times 10^{-4}, \quad \frac{n_e^3 r_{33} E_z}{2} = 15.3 \times 10^{-4}$$

$$n_z = n_e$$

의 변화가

$$\Delta n_e = -\frac{1}{2} n_e^3 r_{33} E_z$$

이므로 전계가 유기되고, 두 도파로에 $\pm E_z$가 걸리면 입사광은 수직편극으로 입사되어 도파광은 도파로에서 $\pm \Delta n_e$만큼 굴절률이 변하는 Z-cut $LiNbO_3$ 기판을 이용한다.

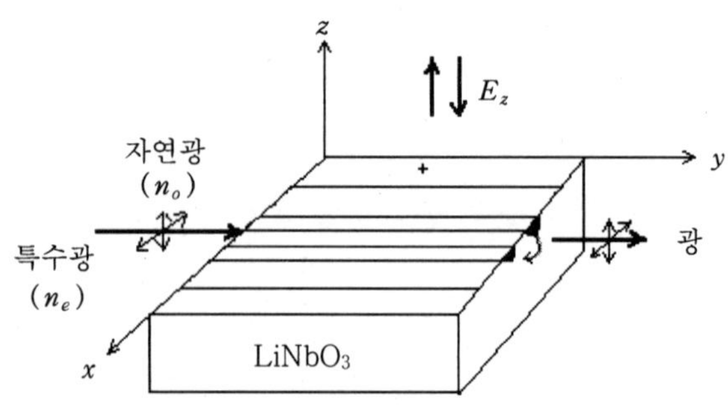

[그림 3-14] z축 방향으로 전계가 가해진 경우

(2) E_y가 인가된 경우

[그림 3-15]와 같이 y방향으로 전계가 가해지면

$$\left(\frac{1}{n_o^2} - r_{22}E_y\right)x^2 + \left(\frac{1}{n_o^2} + r_{22}E_y\right)y^2 + \frac{1}{n_e^2}z^2 + 2r_{51}E_y yz = 0$$

으로 $y-z$축은 회전한다.

$$\theta_{z-y} = -\frac{1}{2}\tan^{-1}[2r_{51}E_y(n_e^{-2} - n_o^{-2})^{-1}] = -r_{51}E_y(n_e^{-2} - n_o^{-2})^{-1}$$

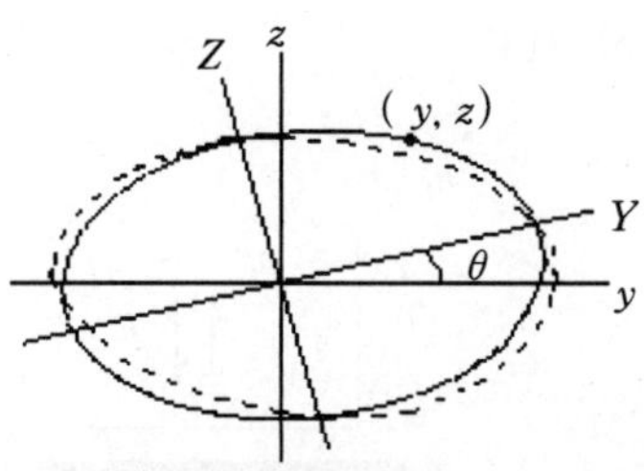

[그림 3-15] E_y가 인가된 경우 타원의 회전

또한 축의 반지름은 다음과 같다 $\left(\frac{1}{n^2} \gg rE\right)$.

$$n_x = n_o + \frac{1}{2}n_o^3 r_{22}E_y = n_o$$

$$n_y = n_o - \frac{1}{2}n_o^3 r_{22}E_y + \frac{1}{2}n_o^3(r_{51}E_y)^2(n_e^{-2} - n_o^{-2})^{-1} = n_o$$

$$n_z = n_e + \frac{1}{2}n_o^3(r_{51}E_y)^2(n_e^{-2} - n_o^{-2})^{-1} = n_e$$

외부전계 $E_y = 10\ [\mathrm{V}/\mu\mathrm{m}]$을 인가하면 각 축들의 굴절률의 변화는 1.9×10^{-4} 이하로 무시되나 $y-z$축이 1.05° 회전되어 도파광 전계 E_y, E_z간에 TE-TM 모드 변환기(transverse electric field-transverse magnetic field mode converter)로 사용된다.

$$\begin{vmatrix} D_y \\ D_z \end{vmatrix} = |T|^t \begin{vmatrix} D_y \\ D_z \end{vmatrix} = |T|^t \begin{vmatrix} n_o^2 & 0 \\ 0 & n_e^2 \end{vmatrix} \begin{vmatrix} E_y \\ E_z \end{vmatrix} = |T|^t \begin{vmatrix} n_o^2 & 0 \\ 0 & n_e^2 \end{vmatrix} |T| \begin{vmatrix} E_y \\ E_z \end{vmatrix}$$

$$= \begin{vmatrix} \varepsilon_y & \Delta\varepsilon_{yz} \\ \Delta\varepsilon_{yz} & \varepsilon_z \end{vmatrix} \begin{vmatrix} E_y \\ E_z \end{vmatrix}$$

$$\Delta\varepsilon_{yz} = \frac{1}{2}(n_o^2 - n_e^2)\sin 2\theta = -n_e^2 n_o^2 r_{51} E_y$$

[그림 3-16]과 같이 y축 방향으로 교번전계가 가해져 외부전계 E_y가 인가되면 주축 z가 회전하여 $\Delta\varepsilon_{yz}$는 생성되고, $\delta P_z = \varepsilon_o \Delta\varepsilon E_y$만큼 생성되면 P_z로부터 E_z가 만들어진다.

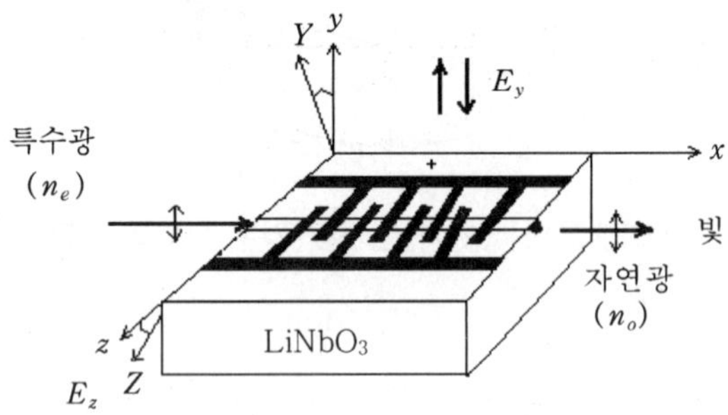

[그림 3-16] y축 방향으로 교번전계가 가해진 경우

(3) E_x가 인가될 경우

[그림 3-17]과 같이 x축 방향으로 전계가 가해지면

$$\frac{x^2}{n_o^2} + \frac{y^2}{n_o^2} + \frac{z^2}{n_e^2} + 2r_{51}E_x xz - 2r_{22}E_x xy = 1$$

이므로 축회전은 다음과 같다.

x축 : $\theta_{x-y}=45^\circ$

y축 : $\theta_{y-z}=45^\circ$

z축 : $\theta_{z-x}=\frac{1}{2}\tan^{-1}[2r_{51}E_x(n_e^{-2}-n_o^{-2})^{-1}]=r_{51}E_x(n_e^{-2}-n_o^{-2})^{-1}$

또한 축 반지름은 다음과 같다.

$$n_x=n_o+\frac{1}{2}n_o^3r_{22}E_x+\frac{1}{2}n_o^3(r_{51}E_x)^2(n_e^{-2}-n_o^{-2})^{-1}=n_o$$

$$n_y=n_o-\frac{1}{2}n_o^3r_{22}E_x=n_o,$$

$$n_z=n_e-\frac{1}{2}n_o^3(r_{51}E_x)^2(n_e^{-2}-n_o^{-2})^{-1}=n_e$$

n_x, n_y는 축이 45° 회전하나 굴절률이 n_o이어서 $x-y$면상에는 변화가 없다.

$$\Delta\varepsilon_{yz}=\frac{1}{2}(n_o^2-n_e^2)\sin 2\theta=n_e^2n_o^2r_{51}E_x$$

로 TE-TM 모드 간 결합이 일어난다.

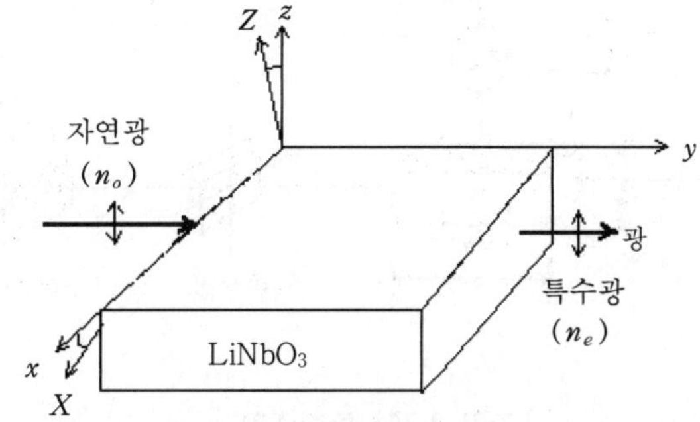

[그림 3-17] x축 방향으로 전계가 가해진 경우

3.2.2 광변조기

[그림 3-18]과 같이 입사광으로서 x축 방향에 진행해 결정에서의 입사면에서 y와 z축의 방향인 직선편향만을 생각하면 결정의 출력면에서 y와 z축 방향의 광전계성분 사이의 위상차 ϕ는

$$\phi = \frac{2\pi}{\lambda}(n_z - n_y)l$$

여기서 λ는 파장, l은 결정의 길이이고, 변조강도는 위상차를 π만큼 변화시키는데 요하는 전압 V_π는

$$V_\pi = \frac{\lambda}{n_e^3 r_{33} - n_o^3 r_{13}}\left(\frac{d}{l}\right)$$

여기서 d는 전극 간의 거리이다.

변조강도를 높이려면 d를 짧게 하고 l을 길게 한다. 변조대역은 소자간 전극 간 용량, 전극 간에 삽입하는 부하저항, 리드선 등의 부유용량이나 인덕턴스 등으로 구성되는 주파수 특성으로 결정된다. 그러므로 약 100[MHz] 정도의 대역폭을 얻을 수 있다.

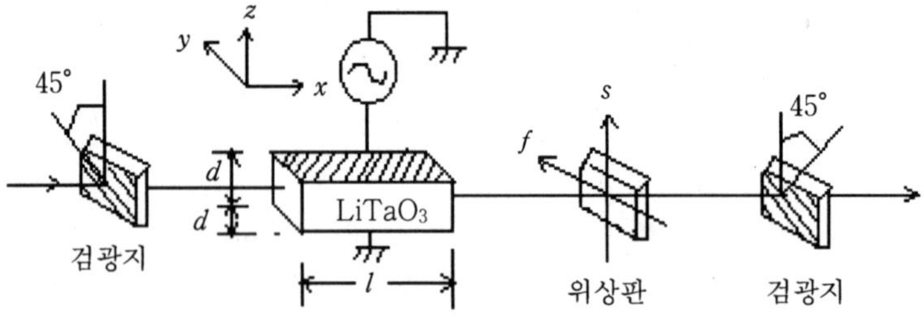

[그림 3-18] 광변조기

3.2.3 음향광학 변조

[그림 3-19]와 같이 음파(탄성파)가 광매질을 통과하면 응답에 의하여 매질 내에 밀도변화가 일어나 굴절률의 주기적인 변화는 빛에 대하여 위상 격자의 역할을 하고, 입사한 빛을 회절하는 현상으로 광빔의 강도는 압전 변환소자들의 트랜스듀서를 사용하여 매질 중에 여기된 음파의 강도에 따라 변하고 회절각은 음파의 파장에 따라서 변한다.

트랜스듀서에 인가하는 신호의 진폭이나 주파수를 변화시키면 특정 방향에 회절되는 광빔의 강도를 변조시킬 수 있다. 음파는 표면탄성파(SAW : Surifrace Acoustic Wave)를 이용한다.

SAW 진행에 따른 굴절률 변위는 다음과 같다.

$$\Delta n(x, t) = \Delta n_o \, e^{j(2\pi ft - kx)}$$

$$k = \frac{2\pi}{\lambda} = \frac{2\pi f}{v} = \frac{\omega}{v}, \quad \Lambda = \frac{c}{f}$$

여기서 f는 주파수, v는 속도, Λ는 격자주기, k는 격자상수이다.

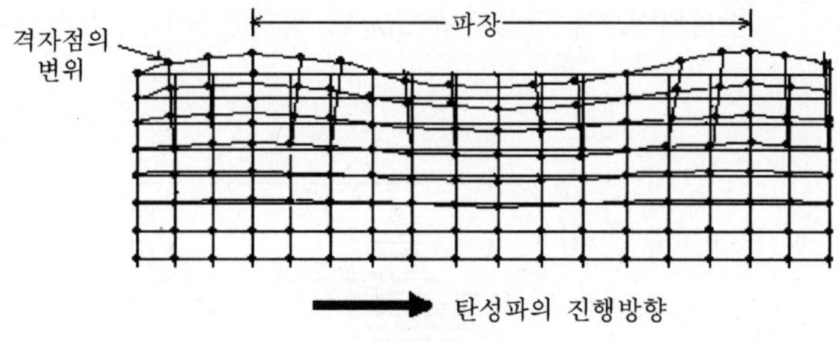

[그림 3-19] SAW 진행파에 의한 격자점들의 순간 변위

예제 5

SAW에서 주파수가 200[MHz]일 때 브래그(bragg) 격자를 구하시오.

풀이 …………

파장은

$$\lambda = \frac{c_o}{f} = \frac{3\times10^8}{200\times10^6} = 1.5\ [\mathrm{m}]$$

이고, 격자상수는

$$k = \frac{2\pi}{\lambda} = \frac{2\times3.14}{1.5} = 4.187$$

이다.

[그림 3-20]과 같이 음향광학 브래그 격자의 회절현상으로 트랜스듀서는 압전박막 위에 손가락 전극을 성장시켜 구성하고, RF 신호가 전극에 인가되면 음파가 발생하며, 이 탄성파로 Δn_0의 크기는 10^{-3} 이하이다.

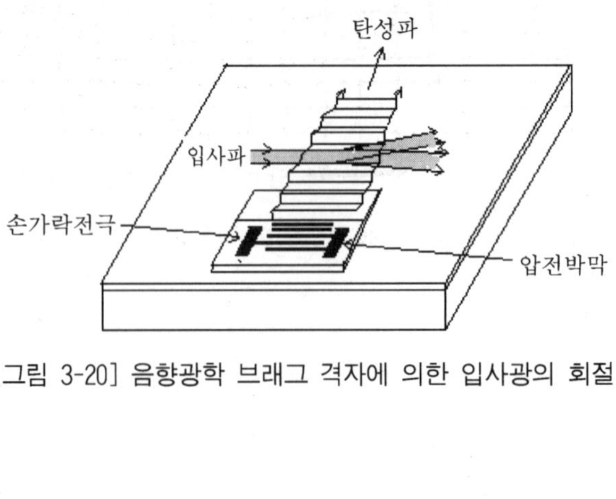

[그림 3-20] 음향광학 브래그 격자에 의한 입사광의 회절

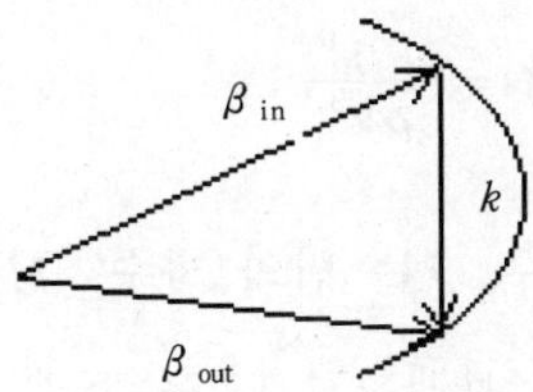

(a) 회절각 변화

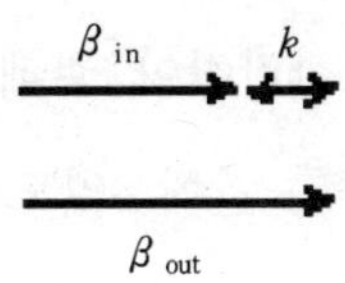

(b) 모드 변환

[그림 3-21] 브래그 조건 ($\beta_{out}=\beta_{in}\pm\alpha$)

또한 [그림 3-21]에서 생성격자의 주기 Λ가 광파장 λ보다 크므로 격자 상수 k는 도파광의 β보다 작다.

출사광 β_{out}이 입사광 β_{in}과 역방향으로 생성되기 위해서는 $k=2\beta_{in}$ 정도 커야 된다. 입사광 β_{in}과 SAW의 k에 의한 출사광 β_{out}을 생성한다.

그러므로 회절광의 강도는 k와 관계되고 k의 크기는 Λ에 관계되므로 k는 생성격자의 Δn_0에 비례한다. 따라서 $\beta_{out}=\beta_{in}\pm k$의 브래그 조건에 의한 TE－TM 모드 결합이 가능하다.

트랜스듀서는 인가된 고주파 전기신호를 초음파로 변환해서 초음파 광학 매체 내를 진행시킨다. 광빔의 입사각이 초음파 파면에 더하여 브래그 조건을 만족시키고 회절광이 브래그 반사영역에 있을 때 광변조효율은

$$\eta=\sin^2\left(\frac{\xi}{2}\right)$$

이다. 단,

$$\xi = \frac{k^2 M_2 P_a L}{2H\cos\theta_\beta}, \quad M_2 = \frac{P^6 n^6}{\rho V^3}$$

여기서 ξ는 브래그 상수, k는 빔의 파수, M_2는 음파매체 피겨오브메릿, P_a는 초음파 전력, θ_β는 브래그각, L은 트랜스듀서의 폭, H는 높이, P는 탄성상수, n은 굴절률, ρ는 밀도, V는 음속이다.

따라서 광변조효율은 트랜스듀서의 폭과 높이를 크게 하여 개선하고 공진주파수 f_o를 크게 한다. 산란광이 브래그 영역에 있으므로 f_o를 높게 설정하고 L은 브래그 영역 안에 있도록 작게 한다. 그러므로 f_o= 200[MHz], Δf=100[MHz] 정도로 한다.

1. 초음파 광변조기

[그림 3-22]는 음이 공기 중으로 전해질 때 공기의 소밀을 만드는 종파를 발생하는 초음파를 사용하는데 광학 결정 내에 생긴 음파의 파면에 비스듬히 빛을 조사하면 음파의 파면이 마치 거울의 역할을 하여 회절을 일으키고, 굴절률을 변화시킨 위상 회절격자의 역할을 한다.

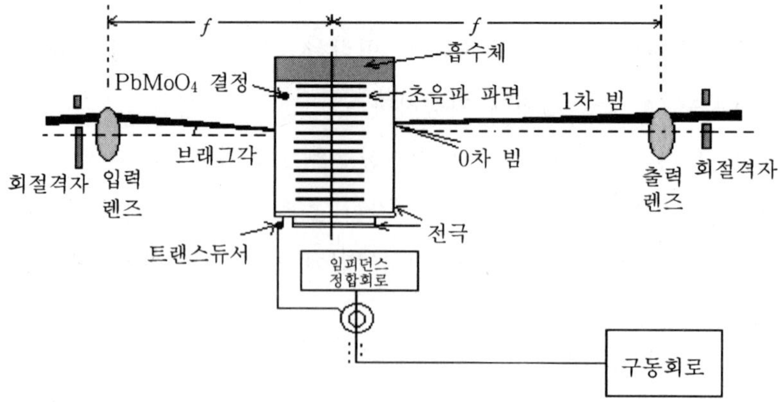

[그림 3-22] 초음파 광변조기

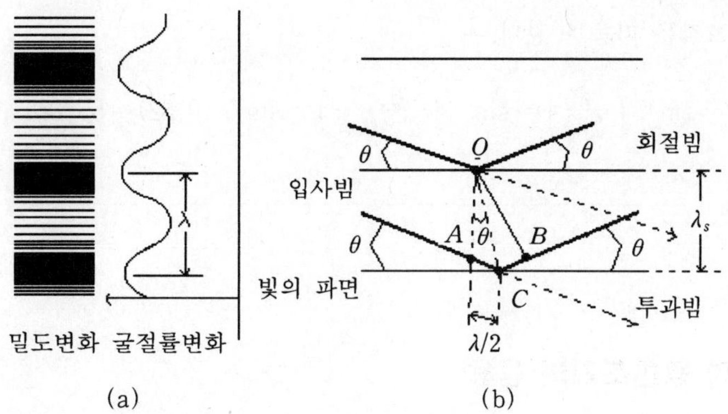

[그림 3-23] 초음파 광편광기

[그림 3-23]과 같이 레이저빔이 θ로 입사하면 회전빔은 음파의 파면에 대해 θ의 반사각으로 회절한다. OA와 CB를 더한 $2\lambda_s \sin\theta$는 레이저의 파장 λ와 같아진다.

$$2\lambda_s \sin\theta = \lambda$$

초음파 광편광기는 음파의 파면에 대해 θ의 각도로 반사하는 회절광은 광편광기에서의 입사각에 대하여 결국 2θ만큼 편향한다.

예제 6

초음파 변조기에서 음속이 5[km/s]이고, 주파수가 100[MHz]이며, 레이저의 파장이 0.82 [μm]일 때 브래그 회절각을 구하시오.

풀이 ············

$2\lambda_s \sin\theta = \lambda$로

$$\lambda_s = \frac{\nu_s}{f} = \frac{5\times10^3}{100\times10^6} = 0.5\times10^{-6} = 0.5\ [\mu\text{m}]$$

브래그각은 다음과 같다.

$$\theta = \sin^{-1}\left(\frac{\lambda}{2\lambda_s}\right) = \sin^{-1}\left(\frac{0.82}{2\times 0.5}\right) = \sin^{-1}(0.82) = 55.084°$$

---

2. 초음파 광변조기의 응용

[그림 3-24]와 같이 고주파 전압을 가한 시간을 라인프린터 출력의 1도트에 대응시키면 고주파의 고속 스위칭으로 레이저빔의 펄스 변조가 일어난다. 따라서 한번에 한 문자분을 도트로 노광하지 않고 문자의 제일 위의 도트열부터 가로로 스캔한다. 즉 매질의 소밀파에 의한 굴절률의 변화에 의해 빛이 회절하는데 에너지 $h\nu$의 광자와 에너지 hf_s의 음의 입자(phonon)의 상호작용으로 구부러진 빛의 진동수는 다음과 같다.

$$h\nu_d = h\nu + hf_s$$

입사하는 광자와 입자가 충돌하여 소멸하고, 새로 ν_d의 진동수를 가진 빛이 생긴다. 음속 ν_s로 움직이는 미러(회절격자면)에 광빔이 닿아서 도플러 시프트를 받으므로 반사파는 $\frac{2\nu\nu_s \sin\theta}{c}$만큼 진동수가 높아진다. 반사파의 진동수는

$$\nu_d = \nu + \frac{\nu\nu_s}{c}\frac{\lambda}{\lambda_s} = \nu + f_s \left(c = \nu\lambda,\ \ \frac{\nu_s}{\lambda_s} = f_s\right)$$

가 된다.

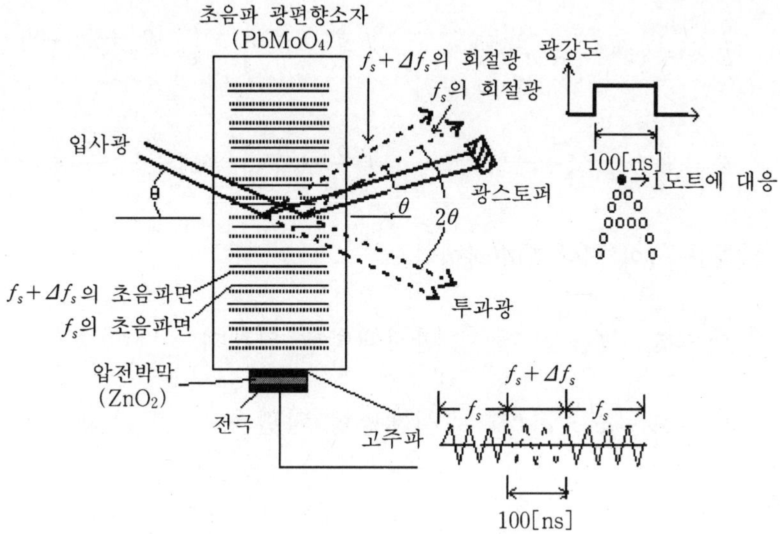

[그림 3-24] 라인프린터의 초음파 광변조기

3.2.4 자기광학 효과

1. 자화된 매질 내에서 광전자

$$H = zH_o\,,\quad \varepsilon_r = \begin{vmatrix} \varepsilon_L & j\Delta\varepsilon & 0 \\ -j\Delta\varepsilon & \varepsilon_L & 0 \\ 0 & 0 & \varepsilon_z \end{vmatrix},\quad \varepsilon \gg \Delta\varepsilon$$

H가 역방향으로 걸리면 $\Delta\varepsilon$의 부호가 바뀌고 $\Delta\varepsilon$의 크기는 H_o의 세기에 비례한다. 광이 xE_o로 입사되어 자화 벡터 zH_o와 동일한 z축을 따라 전파하면 광은 두 개의 원편파로 나뉘어 진행하게 된다.

$\nabla^2 E + \omega^2 \mu\varepsilon E = 0$이면 $E = (xE_x + yE_y)e^{-j(\beta z)}$ 이므로 $E_x(0) = 1$, $E_y(0) = 0$인 입사조건에서 $E_x(z)$, $E_y(z)$는 다음과 같다.

$$E_x = \frac{1}{2}(e^{j(\beta)+z} + e^{-j(\beta)-z}) = e^{-j\left(\frac{\beta_+ + \beta_-}{2}\right)^z} \cos\left(\frac{\beta_+ + \beta_-}{2}\right)z$$

$$E_y = \frac{1}{2}(e^{j(\beta)+z} - e^{-j(\beta)-z}) = e^{-j\left(\frac{\beta_+ + \beta_-}{2}\right)^z} \sin\left(\frac{\beta_+ + \beta_-}{2}\right)z$$

$|E_x|^2 + |E_y|^2 = 1$이 되어 원편파이다.

$$E_+ = E_x - jE_y = e^{-j(\beta)+z} \text{ : 반시계방향 원편파}$$

$$E_- = E_x - jE_y = e^{-j(\beta)-z} \text{ : 시계방향 원편파}$$

2. 패러데이 효과

[그림 3-25]에서 E_x로 입사한 광이 z축을 따라 E_y로 서서히 편극회전하는 효과로 패러데이(Faraday) 각 θ_F는 다음과 같다.

$$\theta_F = \frac{1}{2}(\beta_- - \beta_+)l = \frac{k_o \Delta\varepsilon}{2\sqrt{\varepsilon_L}} l = \frac{\pi}{\lambda} \frac{\Delta\varepsilon}{\sqrt{\varepsilon_L}} l$$

$\Delta\varepsilon$이 인가자계 H에 비례하므로 θ_F는 H, l에 비례한다.

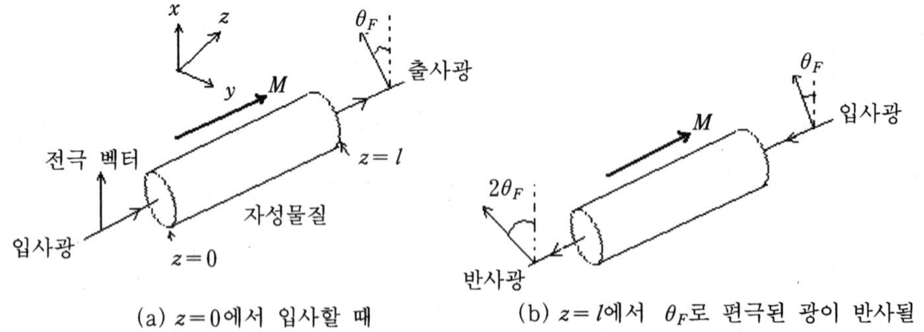

(a) $z=0$에서 입사할 때 (b) $z=l$에서 θ_F로 편극된 광이 반사될 때

[그림 3-25] 자계에 의한 자성체에서 패러데이 회전

$$\theta_F = \begin{vmatrix} V\int H\cdot dl = VHl & :\text{상자성체} \\ F(M/M_s)l & :\text{강자성체} \end{vmatrix}$$

여기서 V는 Verdet 상수, H_s는 포화자계, F는 패러데이 회전상수, M은 자계이다.

3. 자기광학 효과를 이용한 광변조기

[그림 3-26]과 같이 YIG 결정을 사용하여 직류 바이어스로 포화할 때까지 직류자화를 한 후 변조신호를 가하여 빛의 진행방향에 미소자계를 걸어서 패러데이 회전을 일으켜 빛의 진폭변조를 하도록 한다. 근적외 영역에서 높은 변조효율을 갖는다.

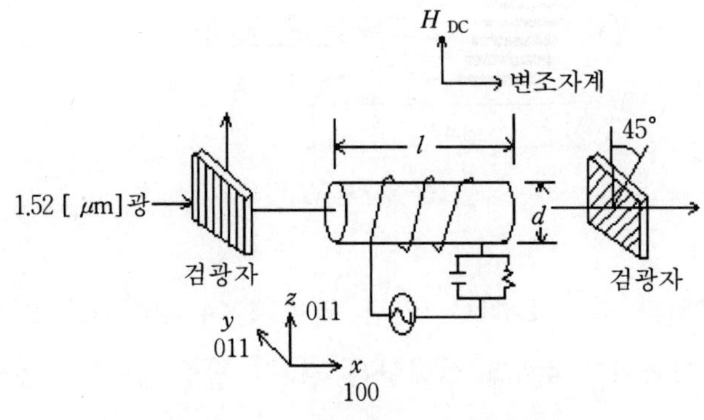

[그림 3-26] 자기광학에 의한 광변조기

3.3 광집적화 소자

3.3.1 광집적화

[그림 3-27]과 같이 격자주기의 적절한 간격을 통한 6개의 서로 다른 파장은 가진 레이저가 각각 2[mm]의 간격을 가진 구조로 동조되어 있다. 레이저의 출력은 공동의 단일 모드 도파관으로 합쳐진다. 이것을 WMS(Wavelength Multiplexing System)라 한다.

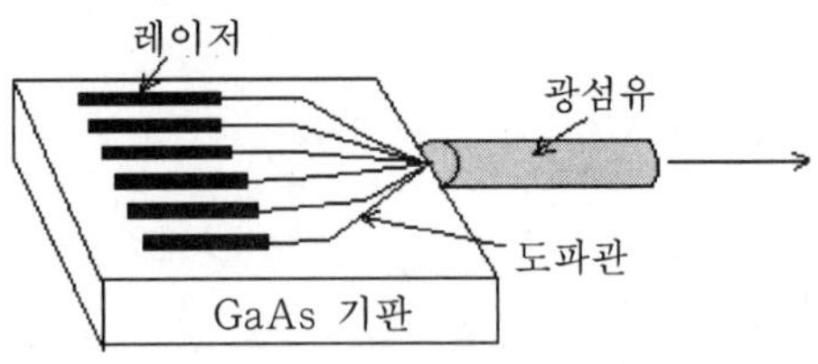

[그림 3-27] WMS

[그림 3-28]과 같이 $LiNbO_3$ 기판 위에 4×4 광학회로 매트릭스 형태로 5개의 조준결합기로 4개의 입력광은 전기 · 광학 영향을 통하여 4개의 출력으로 연결되어 있다. 레이저, 도파관, 수광소자의 결합을 나타낸 구조로 동일한 층구조를 나타내는 레이저와 수광소자는 식각공정을 통하여 나타낸다.

여기서 레이저 거울의 기울기는 활성층으로부터 도파관으로 레이저 빛의 결합으로 수광소자에서 빛을 흡수층으로 다시 통과시켜 전자와 정공의 쌍을 생성시킨다.

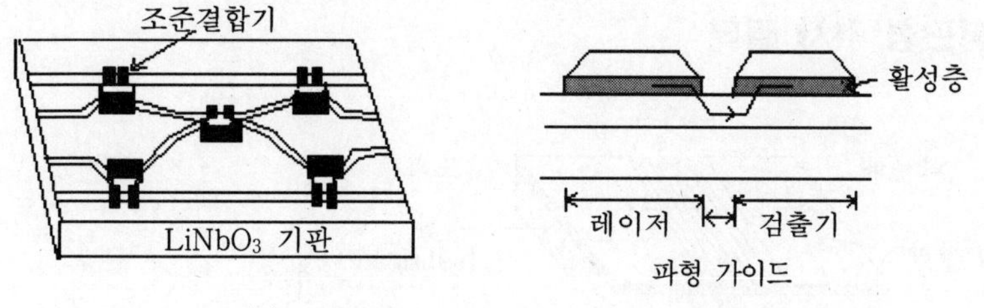

(a) (b)

[그림 3-28] 광집적화 소자

3.3.2 광필터

1. 평탄형 격자 필터의 격자이론

[그림 3-29]에서 입사파 벡터 K_1, 반사파 벡터 K_2라 하고, 격자 벡터 $K=\frac{2\pi}{\Lambda}$라면 $K_2=K_1+nK$로

$$2\Lambda\sin\theta=n\lambda$$

이다. 반사율 $n=1$일 때 가장 높고, 격자골이 깊고 L이 클수록 커진다.

$\theta_B=90°$일 때 격자주기 $\Lambda=\frac{\lambda}{2}$로 $\lambda=2\Lambda$인 파장을 갖는 광에 대해서 선택적인 반사를 하는 필터 역할을 한다.

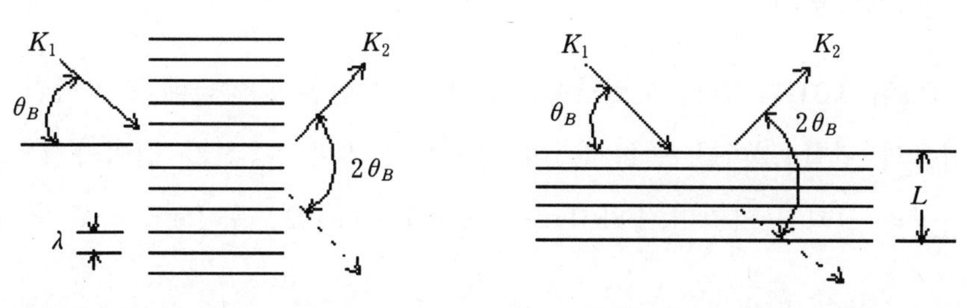

(a) (b)

[그림 3-29] 반사형 격자소자

2. 평판형 격자 필터

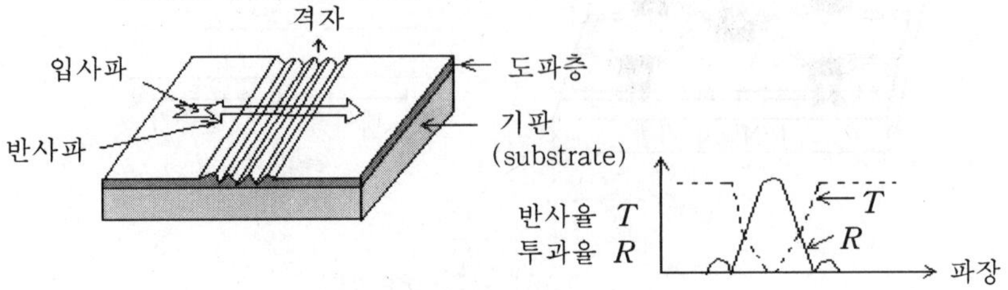

(a) 파장 필터

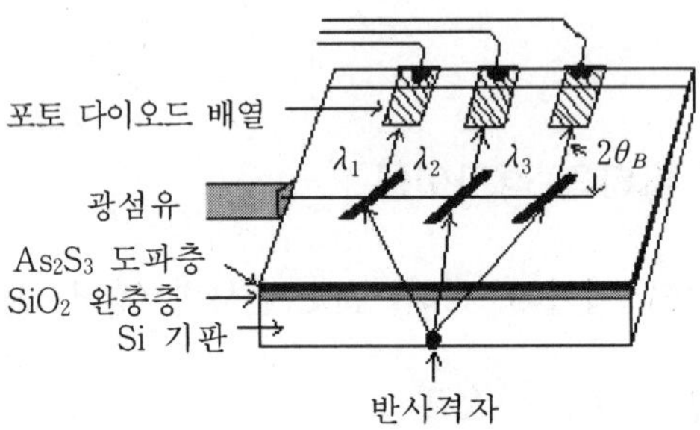

(b) WDM용 변복조기

[그림 3-30] 격자형 파장 필터와 WDM용 변복조기

3.3.3 광섬유 필터

1. 공진형 필터

[그림 3-31]과 같이 고반사율의 거울을 광섬유의 양끝에 위치시킨 후 광섬유의 광학 길이를 변화시키며 튜닝한다. 이는 공진기 길이가 1～2[cm] 이상의 크기를 가지며, FSR(Free Spectral Range)도 수 [nm] 정도 좁다.

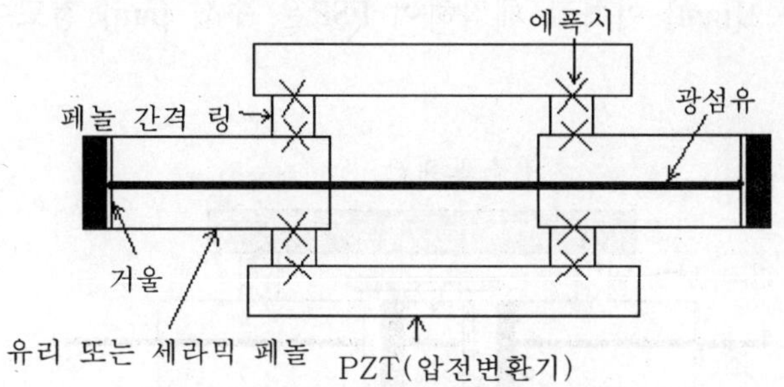

[그림 3-31] 공진형 광섬유 필터

2. 갭 공진기형

[그림 3-32]와 같이 광섬유 끝에 거울 코팅을 하여 서로 마주보게 하고 공진기는 100[μm] 이하의 길이를 가지며, FSR은 수백 [nm] 이상의 매우 큰 값을 갖는다. 갭 구조는 공진기의 길이가 매우 짧다.

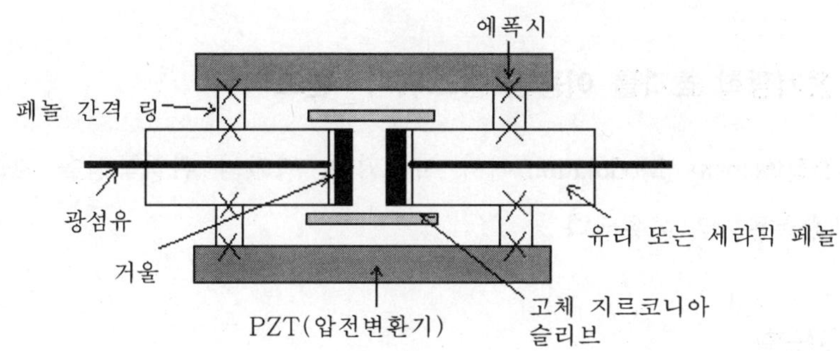

[그림 3-32] 갭 공진형 광섬유 필터

3. 도파로 공진기형

[그림 3-33]과 같이 외부 광섬유의 한쪽 끝과 내부 도파관의 반대쪽 면에 고반사율의 거울 코팅을 하여 안정된 동작을 위해 내부 도파관의 다른 면은 인덱스 매칭(index matching) 코팅이나 무반사 코팅하고, 내부 도파관

의 길이는 1[mm] 이하로 제작하여 FSR은 수십 [nm] 정도이다.

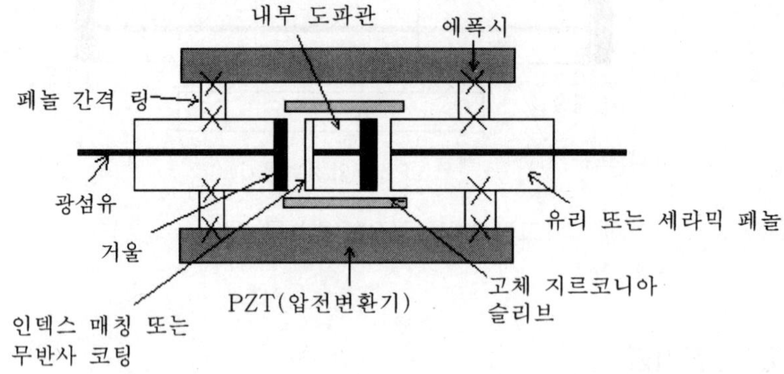

[그림 3-33] 도파로 공진기형 광섬유 필터

3.3.4 광스위치 · 변조기

1. 전기광학 효과를 이용한 광스위치 · 변조기

IM(Intensity Modulation)에서 사용되며, 광파의 위상특성을 고려하여 정밀계측용으로 이용된다.

(1) 차단형

[그림 3-34]에서 전극이 있는 도파로의 허리 부분은 차단상태로 전계가 인가되면 도파로의 영역 굴절률이 감소되어 차단상태가 된다. 즉 전기신호가 광신호의 온/오프(on/off) 변화로 스위칭이 일어난다.

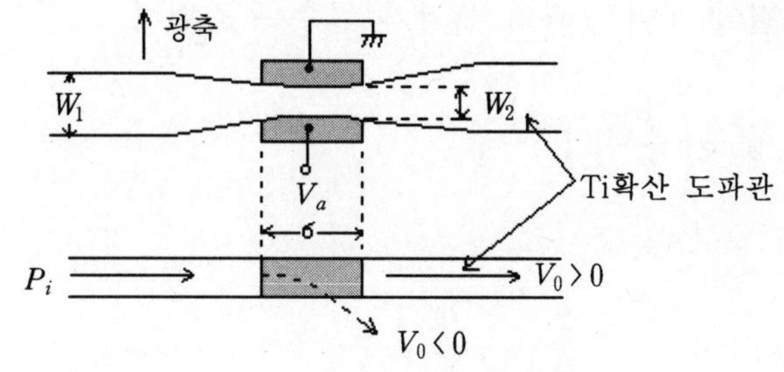

[그림 3-34] 차단형

(2) Mach-Zehnder형

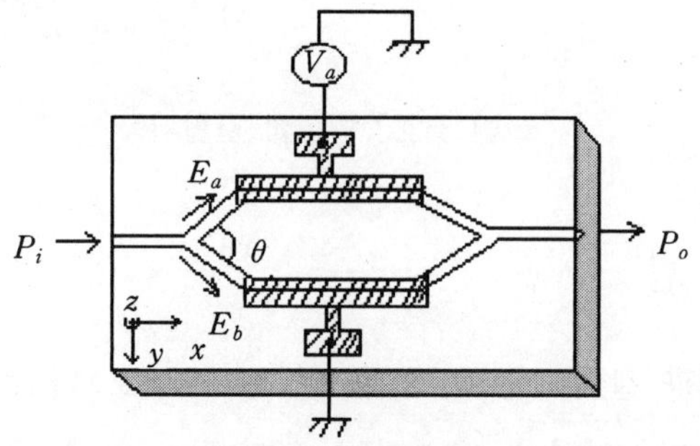

[그림 3-35] Mach-Zehnder형

[그림 3-35]에서 전기신호가 없으면 Y분기 입력단에서 나뉘어진 광은 Y 분기 출력단에서 원래의 파형을 복구한다. 전기신호가 걸리면 위 도파로의 굴절률은 증가하고, 아래쪽은 감소하여 $n_1 \neq n_2$가 되어 출력이 나온다. 전기 신호에 대하여 Y분기 출력단의 두 파의 위상차가 π이면 광출력은 0이다.

(3) 방향성 결합기형

[그림 3-36]과 같이 방향성 결합기의 광결합 길이 $l = \frac{\pi}{2k}$로

$$\Delta\beta = |\beta_1 - \beta_2| = \frac{\sqrt{3}\pi}{l}$$

이다. 광결합 길이 L이 l과의 오차가 클수록 소멸비

$$\mathrm{dB} = 10\log\left(\frac{P_{\min}}{P_{\max}}\right)$$

가 좋지 않다.

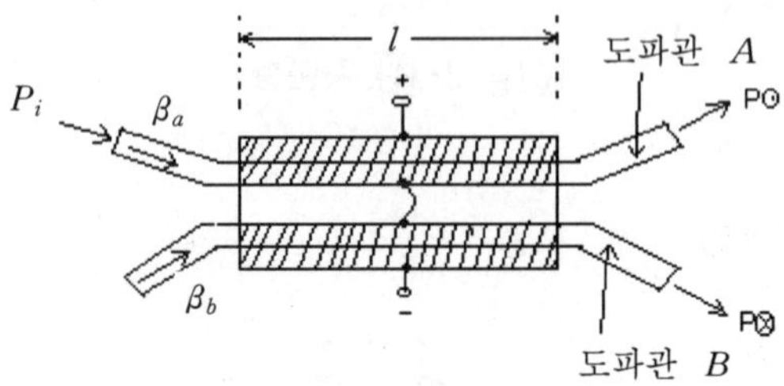

[그림 3-36] 방향성 결합기형

(4) 교번 $\Delta\beta$ DC형

[그림 3-37]과 같이 $\Delta\beta$ DC형은 전극이 2개로 나뉘며, 두 전극의 극성을 반대로 하여 광스위칭을 일으키는 조건에 있어서 유연성이 있도록 하고, 소자길이가 길어지고 인가전압도 커야 한다.

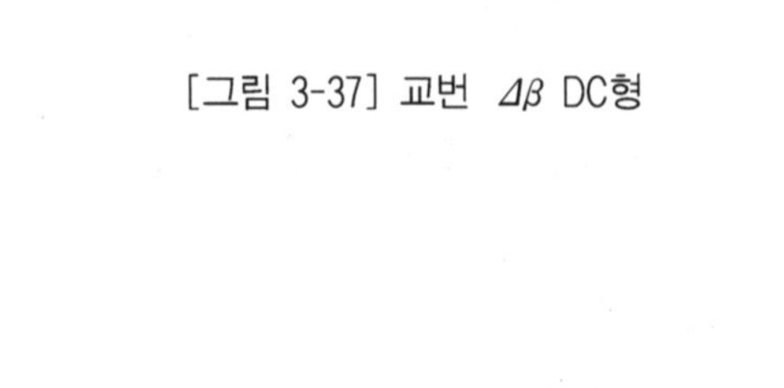

[그림 3-37] 교번 $\Delta\beta$ DC형

(5) Y분기형

[그림 3-38]과 같이 입력단에 전계를 인가하여 광이 굴절률이 높은 곳으로 회전하는 현상을 이용하고, 40[V] 이상의 인가전압이 요구되며, 소멸비가 25[dB] 정도로 나쁘다.

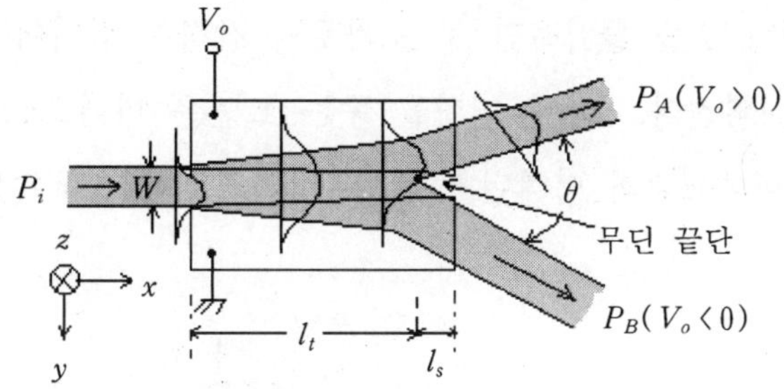

[그림 3-38] Y분기형

(6) Y분기 DC형

[그림 3-39]에서 전극이 있는 부분은 광결합 현상을 일으킨다. 결합길이는 $l_y = \frac{l_c}{\sqrt{2}}$ 로 DC형에 비해 $\frac{1}{\sqrt{2}}$ 에 불과하고, 인가전압은 ±스위칭을 고려해야 하며 DC형에 비해 $\frac{2}{\sqrt{3}}$ 배이다.

$$l_y = \frac{l_c}{\sqrt{2}} = \frac{\pi}{2\sqrt{2}k}$$

$$\beta_1 - \beta_2 = \pm \frac{\pi}{l_c}$$

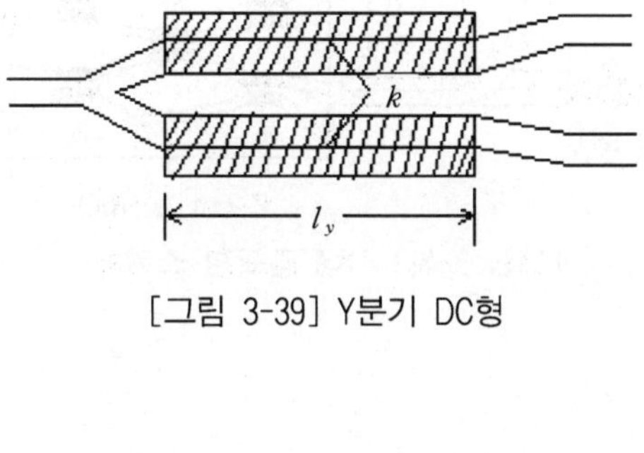

[그림 3-39] Y분기 DC형

2. 진행파 변조기

[그림 3-40]과 같이 진행파 전극을 사용하여 40[GHz] 이상의 광대역 변조를 얻을 수 있고, 고속변조 또는 광대역 변조을 위한 $LiNbO_3$ 기판을 사용할 경우 $\Delta f \cdot l = 6.5$[GHz]까지 가능하며 Δf를 얻을 수 있다.

그러나 l을 줄이려면 두 도파로의 간격이 좁아야 하며, 이로 인해 소멸비가 나빠진다. Δf에 영향을 주는 요인은 마이크로파와 도파광과의 전파속도, 마이크로파 임피던스 정합, 마이크로파 전극손실이 있다.

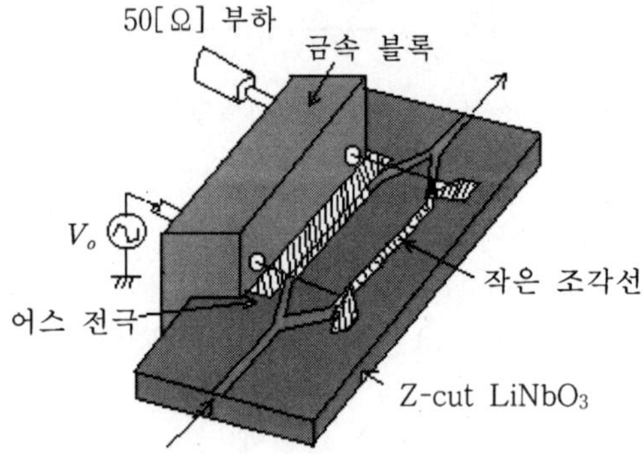

[그림 3-40] 진행파 변조기

3. $LiNbO_3$ 광교환 스위치

(1) 방향성 결합기(DC)형 광교환 스위치

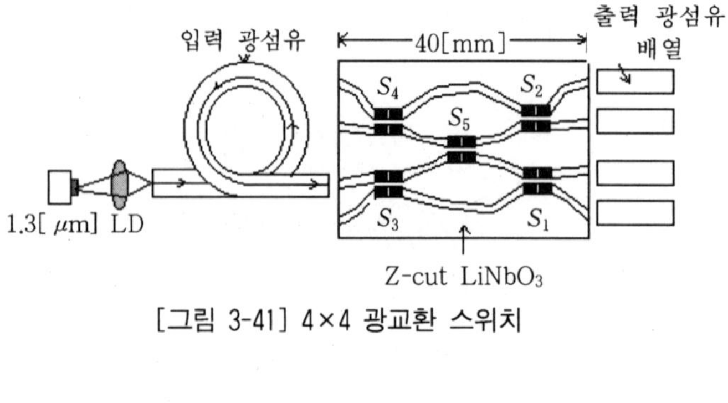

[그림 3-41] 4×4 광교환 스위치

[그림 3-41]은 교번 $\Delta\beta$ DC 광스위치를 이용한 4×4 광스위치로 임의의 단자로 들어온 광은 전극을 통한 전기신호의 제어에 따라 원하는 단자로 나간다.

(2) 분기형 광교환 스위치

[그림 3-42]와 같이 Y분기 도파로를 이용한 광스위치 3개를 포함해 1×4 광교환 스위치이다.

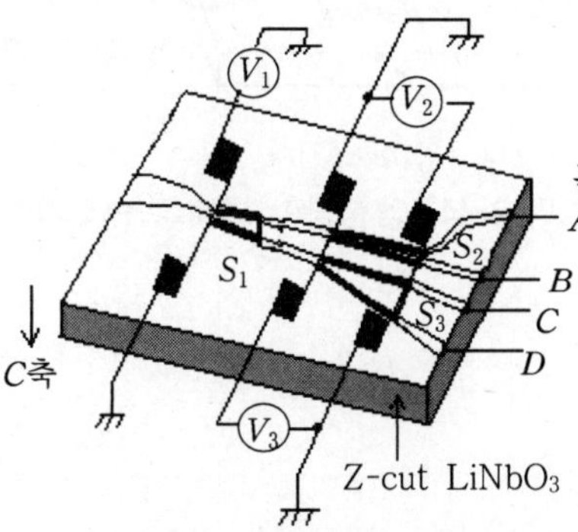

[그림 3-42] 1×4 분기형 광교환 스위치

4. 음향광학 효과를 이용한 광스위치 · 변조기

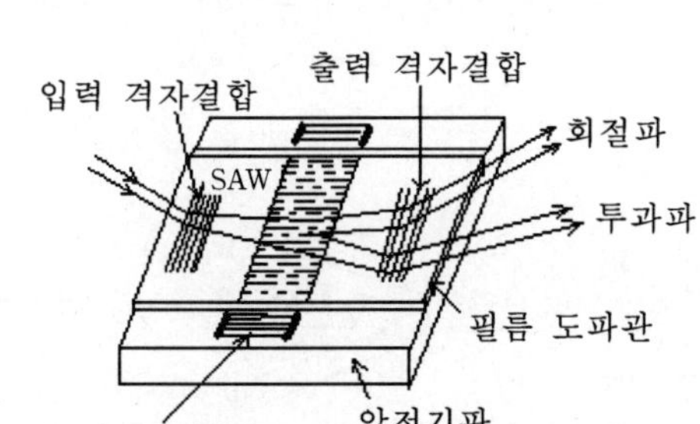

[그림 3-43] 음향광학 변조기

[그림 3-43]은 음향광학 효과와 브래그 격자원리를 이용한 음향광학 변조기로서 SAW는 $LiNbO_3$와 같은 압전현상과 음향광학 효과를 갖는 기판 위에 제작된 인터디지털(interdigital) 전극에 RF 신호를 인가하면 SAW로 바뀌어 앞으로 진행한다. 매질 표면에서 진행 SAW의 강도는 음향광학 효과로 굴절률 변화를 일으킨다.

[그림 3-44]는 SAW 광스위치 · 변조기이다.

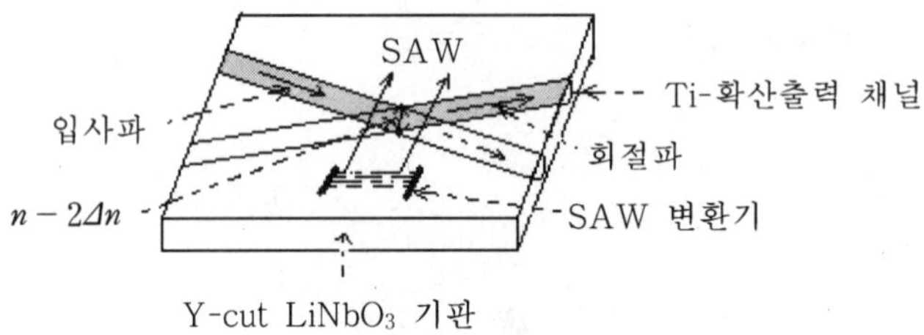

[그림 3-44] 음향광학 브래그 변조기

3.3.5 광기능 소자

1. 수동소자

(1) 광분파기 · 광결합기

[그림 3-45]와 같이 Y분기를 이용한 광분파기 · 결합기는 1×2, 1×3, 1×4 Y분기 등이 있다.

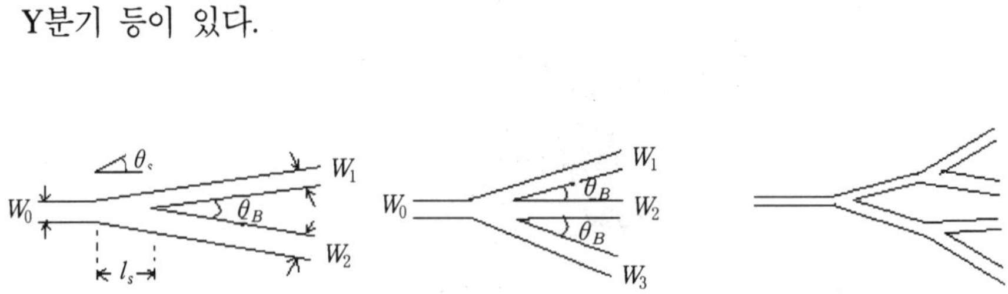

[그림 3-45] Y분기 광분파기 · 결합기

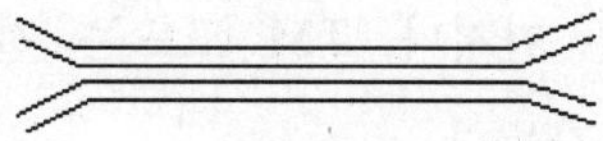

[그림 3-46] 두 도파로 DC

[그림 3-46]은 방향성 결합기(DC)로 두 도파로 DC는 각 도파로가 단일 모드일 때 두 개의 전파정수 β_e(even mode), β_o(odd mode)만을 허용하므로 l_s는

$$l_s = \frac{\pi}{(\beta_e - \beta_o)} = \frac{\pi}{2k}$$

여기서 k는 결합상수이다.

결합선로의 길이 l_s로 하면 한 도파로에 입사된 파는 다른 도파로에서 출력되며, $\frac{l_s}{2}$로 하면 입사광은 반으로 갈라진다. 또한 세 도파로의 경우 입사파가 바깥 도파로에 입사되면

$$l_s = \frac{\pi}{\sqrt{2}k}$$

이고, 가운데로 입사되면

$$l_s = \frac{\pi}{2\sqrt{2}k}$$

가 된다.

(2) 편광기와 모드 분리기

1) 편광기

[그림 3-47]과 같이 메탈-로디드(metal-loaded) 광도파로는 Ti-$LiNbO_3$로 형성되며, 그 위에 5[mm] 길이를 갖는 Al을 중착시킨다. TE 모드는

3[dB] 정도 전파손실을 가지나, TM 모드는 전계가 Al 에 수직인 관계로 30[dB] 정도의 감쇠를 갖는다.

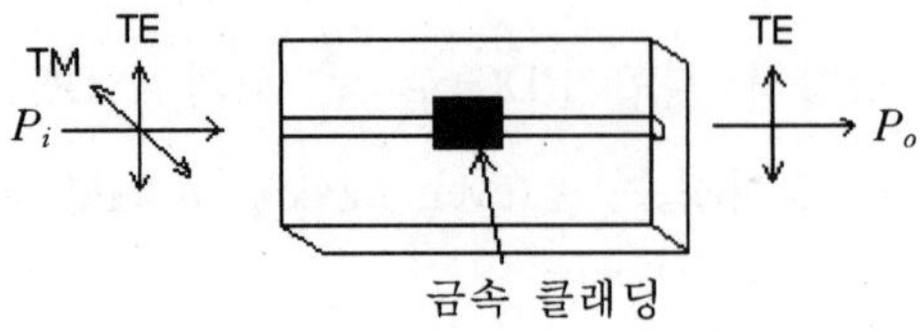

[그림 3-47] 메탈-로디드 광도파로

2) 모드 분리기

[그림 3-48]과 같이 Z-cut $LiNbO_3$에 의한 도파로 1, 2가 있고 중간층의 굴절률과 두께를 조정하여 TE 모드의 β_1과 β_2가 갖게 한다. 또한 TM 모드는 미등방성을 이용하여 $\Delta\beta \gg k$가 되도록 설계한다.

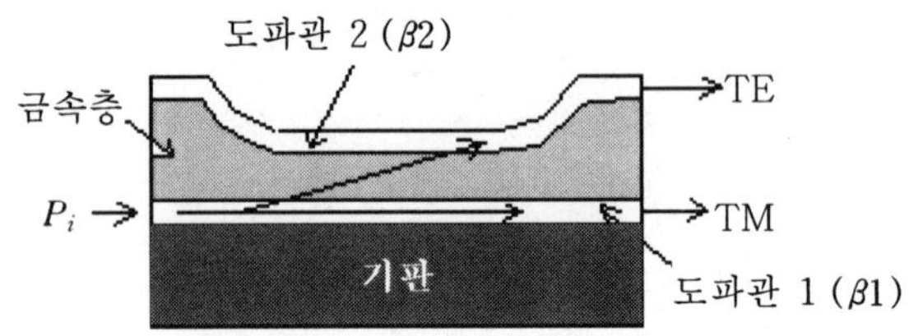

[그림 3-48] 모드 분리기

(3) 파장분할 변조 · 복조기

파장분할기는 여러 파장이 혼합된 신호를 파장별로 공간적으로 분리하기도 하고, 역으로 복조기를 구성할 수 있다. 따라서 WDM 광통신에서 송신 · 수신기의 필수적인 소자이다. [그림 3-49]에서 세 개의 격자는 각각 λ_1, λ_2, λ_3에 대해 브래그 반사를 일으키는 WDM용 변조 · 복조기이다.

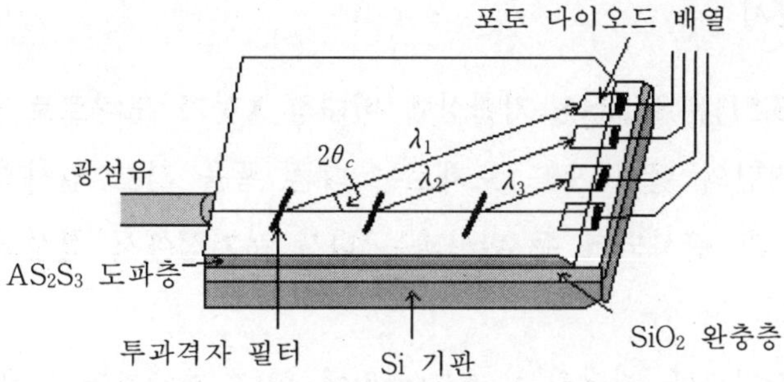

[그림 3-49] 격자구조 WDM용 변조 · 복조기

2. 기능소자

(1) RF 스펙트럼 분석기

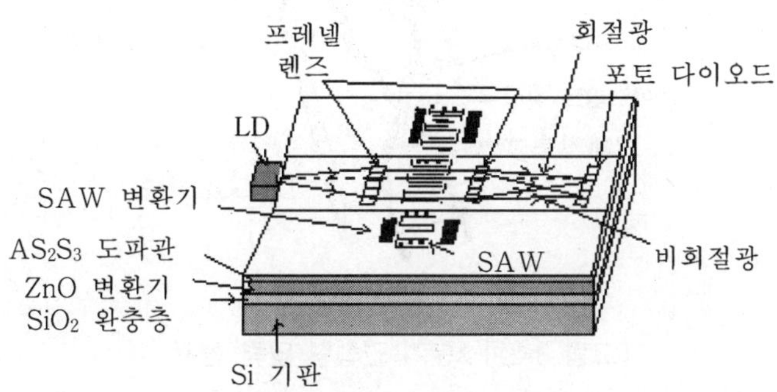

[그림 3-50] 스펙트럼 분석기

집적광학 스펙트럼 분석기(IOSA : Integrated Optic Spectrum Analyzer)은 강한 분해능을 갖는 렌즈에 있다. 프레넬(Fresnel)을 이용한 스펙트럼 분석기는 SAW 변환기를 통하여 분석하고자 하는 전기신호가 인가되어 푸리에 성분으로 나누고, 각 성분에 해당하는 회절격자를 형성하여 고유한 회절각으로 입사광을 회절시킨다. 각 전기신호 푸리에 성분의 세기는 해당하는 회절각의 위치에 놓여진 PD에 의하여 검파된다.

(2) 압력 센서

[그림 3-51]은 $LiNbO_3$ 기판상에 비대칭 X분기 도파로로 구성된 압력 센서로 입력단의 단일 모드 도파로는 다른 폭을 갖고 입사광은 분기점에서 나뉘어진 후 반사되어 두 반사파는 다시 분기점에서 합성되어 출력단으로 나온다.

이때 감지부에 해당하는 패드(pad)에 힘이 가해지면 $LiNbO_3$ 기판은 굴절률 변화를 일으키며, 통과하는 광의 위상을 변화시킨다. 두 반사파의 합성파는 왼쪽 도파로를 왕복한 광의 위상을 변화시켜 다른 출력을 얻는다.

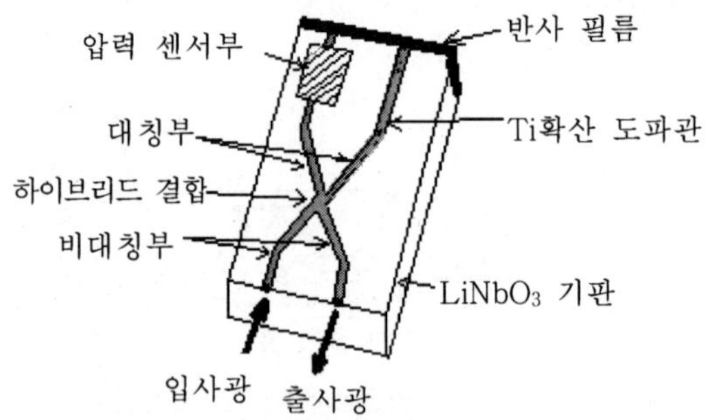

[그림 3-51] X분기 간섭형 압력 센서

(3) 광섬유 자이로스코프

[그림 3-52]와 같이 입사광은 수십[cm]에서 수백[m]에 이르는 반지름을 갖는 드럼에 여러 번 감긴 단일 모드 광섬유 코일의 두 입력단에 나뉘어 들어간다. 시계방향 또는 반시계방향으로 광섬유 코일을 따라 돌아나온 두 파의 위상차는 출력단의 간섭결과에 의하여 감지된다.

Z-cut $LiNbO_3$ 기판의 경우 3[dB] 결합기는 입사광을 두 출력단에 반씩 분배하는 것이고, 편광자(polarizer)는 TM 모드를 제거하고 TE 모드만 선택하며, $\Delta\phi_1$, $\Delta\phi_2$는 위상보정을 통하여 감지 시스템의 예민도를 높인다.

광섬유 코일의 회전은 사그낙(Sagnac) 효과에 의한 각속도의 변화는 시간당 10^{-3}라디안의 변화까지도 감지할 수 있는 정밀도를 갖는다.

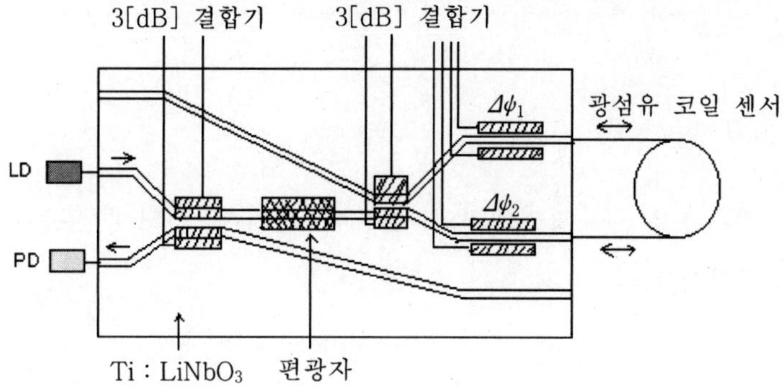

[그림 3-52] 광섬유 자이로스코프

제3장

연습문제

1. 광섬유 접속부품 중 광커넥터의 종류에 대하여 인터넷 또는 참고서적에서 찾아 정리하시오.

2. 입력전력이 100 [μW]인 성형결합기가 16개의 입력 광섬유 케이블과 8개의 출력 광섬유 케이블을 갖고 있을 때 성형결합기의 전력분배를 구하시오.

3. 광섬유의 입력이 −10 [dB]인 성형결합기가 있다. 커플러 과도손실이 2 [dB]일 때 12개의 광섬유에 대한 전력을 [dBm]로 계산하시오.

4. T커플러가 −1 [dB]에서 −10 [dB]의 전력분배가 된다. 과도손실을 무시할 때 입력전력이 100 [μW]라면 두 출력 광섬유의 전력을 구하고, 출력전력률을 %로 계산하시오.

5. 광합파기와 광분파기에 대하여 기술하시오.

6. 광섬유 스위치에 대하여 인터넷 또는 참고서적에서 찾아 정리하시오.

7. 전기광학변조에 대하여 기술하시오.

8. 광변조기에 대하여 기술하시오.

9. 음향광학변조에 대하여 기술하시오.

10. 초음파 광변조기의 원리를 기술하고, 응용분야에 대하여 기술하시오.

11. 자기광학변조에 대하여 기술하시오.

12. 광필터에 대하여 인터넷 또는 참고서적에서 찾아 정리하시오.

13. 광교환 스위치에 대하여 기술하시오.

14. 광기능소자로 편광기와 모드 분리기에 대하여 기술하시오.

15. 파장분할 변조 · 복조기에 대해 인터넷 또는 참고서적에서 찾아 정리하시오.

16. 광집적회로에 대하여 기술하시오.

제 4 장 변조 · 복조와 다중화

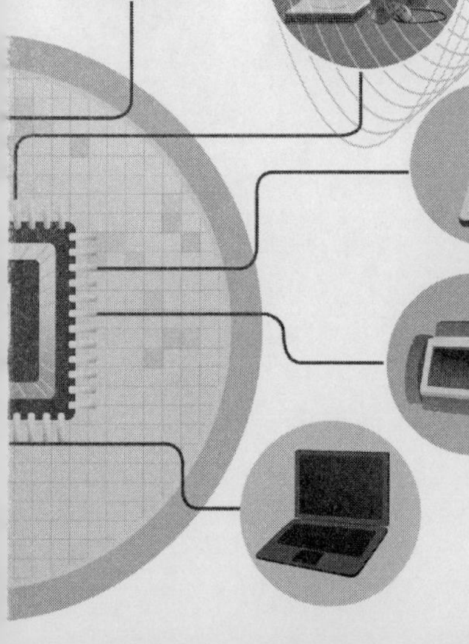

4.1 아날로그 변조와 복조

4.1.1 진폭변조와 복조

진폭변조(AM : Amplitude Modulation)는 신호파와 반송파를 합하여 피변조파신호를 얻고 진폭의 크기를 변화시킨다.

신호파 $v_m(t) = V_m \cos 2\pi f_m t$

반송파 $v_c(t) = V_c \cos 2\pi f_c t$

피변조파

$$v_{AM}(t) = (V_c + v_m(t))\cos 2\pi f_c t = (V_c + v_m \cos 2\pi f_m t)\cos 2\pi f_c t$$

$$= V_c\left(1 + \frac{V_m}{V_c}\cos 2\pi f_m t\right)\cos 2\pi f_c t = V_c(1 + m\cos 2\pi f_m t)\cos 2\pi f_c t$$

$$= V_c \cos 2\pi f_c t + mV_c \cos 2\pi f_m t \cos 2\pi f_c t$$

$$= V_c \cos 2\pi f_c t + \frac{mV_c}{2}[\cos 2\pi(f_c + f_m)t + \cos 2\pi(f_c - f_m)t]$$

$$= V_c \cos 2\pi f_c t + \frac{mV_c}{2}\cos 2\pi(f_c + f_m)t + \frac{mV_c}{2}\cos 2\pi(f_c - f_m)t$$

AM 변조도 $m = \frac{V_m}{V_c}$ 이고, $f_c + f_m$은 상측파대, $f_c - f_m$는 하측파대이다.

예제 1

$V_c = 25\cos\omega_c t$[V]의 반송파를 $V_s = 20\cos\omega_m t$의 신호파로 진폭변조할 때 변조도를 구하시오.

풀이 · · · · · · · · · · · ·

$$\text{변조도}\quad m = \frac{V_m}{V_c} \times 100 = \frac{20}{25} \times 100 = 80[\%]$$

[그림 4-1]은 진폭변조 및 측파대를 나타낸다.

AM파의 전력은 송신기의 부하, 즉 공중선의 실효저항을 R_a라면 반송파 전력 P_c와 신호파 전력 P_s는 다음과 같다.

$$P_c = \left(\frac{V_c}{\sqrt{2}}\right)^2 \times \frac{1}{R_a} = \frac{V_c^2}{2R_a}$$

$$P_s = \left(\frac{V_c m}{2\sqrt{2}}\right)^2 \times \frac{1}{R_a} = \frac{V_c^2 m^2}{8R_a}$$

$$P_{\text{AM}} = P_c + 2P_s = \frac{V_c^2}{2R_a} + \frac{V_c^2 m^2}{4R_a} = \frac{V_c^2}{2R_a}\left(1 + \frac{m^2}{2}\right) = P_c\left(1 + \frac{m^2}{2}\right)[\text{W}]$$

따라서

$$P_{\text{DSB-SC}} = \frac{P_c m^2}{2}, \quad P_{\text{USB}} = \frac{P_c m^2}{4}, \quad P_{\text{LSB}} = \frac{P_c m^2}{4}$$

가 된다.

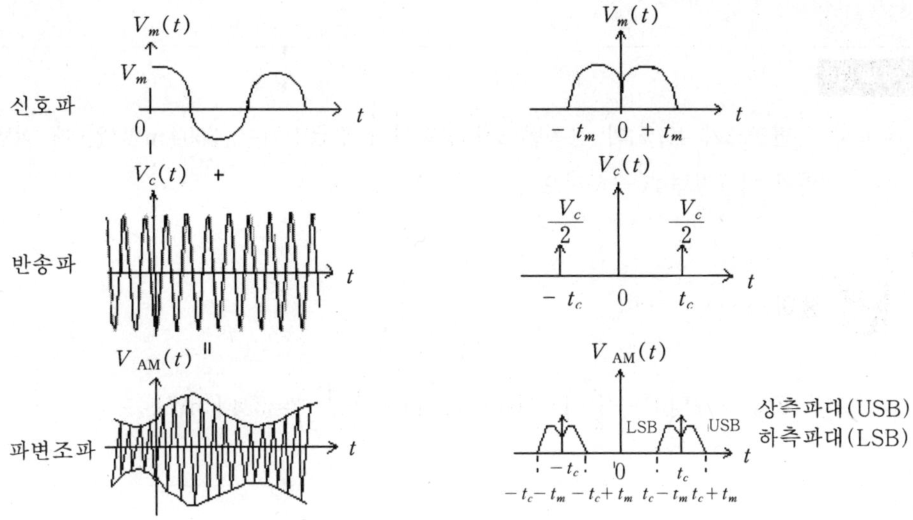

[그림 4-1] AM 변조파와 측파대

예제 2

진폭변조파가 $v=(100+40\cos 600\pi t)\cos 10^6\pi t$ 일 때 피변조파의 각 전력성분을 구하시오.

풀이 ············

$P_{AM}=P_c\left(1+\frac{m^2}{2}\right)$에서 $m=\frac{V_s}{V_c}=\frac{40}{100}=0.4$로 피변조파 전력비는 다음과 같다.

$$1:\frac{m^2}{4}:\frac{m^2}{4}=1:\frac{0.4^2}{4}:\frac{0.4^2}{4}=1:0.04:0.04$$

예제 3

변조도가 40[%]의 진폭변조에 반송파의 평균전력이 300 [mW]일 때 피변조파의 평균전력을 구하시오.

풀이 ············

$$P_{AM} = P_c\left(1 + \frac{m^2}{2}\right) = 300 \times 10^{-3}\left(1 + \frac{0.4^2}{2}\right) = 324\ [\text{mW}]$$

복조는 [그림 4-2]와 같이 일반적으로 포락선 검파방식을 채용한다.

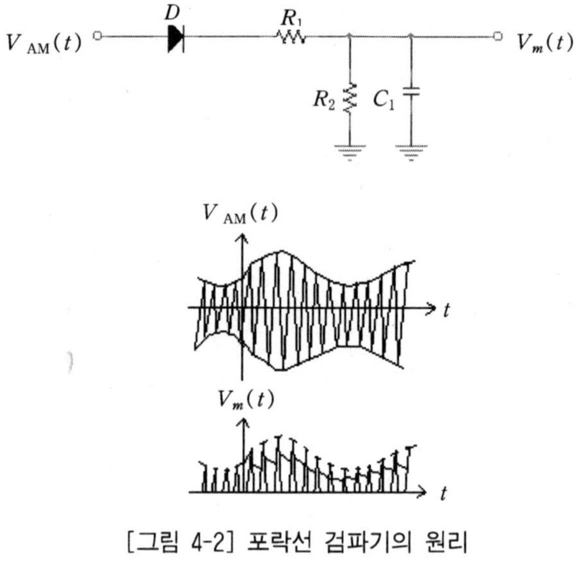

[그림 4-2] 포락선 검파기의 원리

1. 양측파대 반송파 억압방식

(1) 변 조

양측대역 반송파 억압(DSB-SC : Double Side Band-Suppressed Carrier) 방식도 AM 변조파에서 반송파 주파수 성분을 제거하여 변조하는 방식이다.

신호파 $v_m(t) = V_m \sin 2\pi f_m t$

반송파 $v_c(t) = V_c \sin 2\pi f_c t$

피변조파 $v_{\text{DSB-SC}}(t) = v_m(t) \cdot v_c(t) = V_m \sin 2\pi f_m t \cdot V_c \sin 2\pi f_c t$

$$= V_m \cdot V_c \sin 2\pi f_m t \cdot \sin 2\pi f_c t$$

$$= \frac{V_m V_c}{2} [\cos 2\pi(f_c - f_m)t - \cos 2\pi(f_c + f_m)t]$$

$$= \frac{V_m V_c}{2} \cos 2\pi(f_c - f_m)t - \frac{V_m V_c}{2} \cos 2\pi(f_c + f_m)t$$

따라서 양측파대로 구성되어 정보신호의 주파수 대역폭이 2배가 된다. [그림 4-3]은 DSB-SC의 구성도이다.

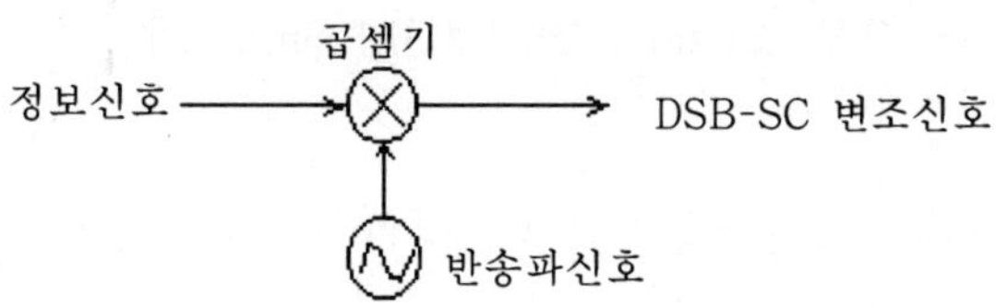

[그림 4-3] DSB-SC의 구성

(2) 복 조

복조는 [그림 4-4]와 같이 호모다인(homodyne) 동기검파 방식을 사용하여 DSB-SC 변조신호를 국부발진기 신호를 곱하여 $v_A(t)$ 신호를 출력하고, 저역 필터에서 반송파신호를 제거하여 정보신호 $v_B(t)$만을 검출한다.

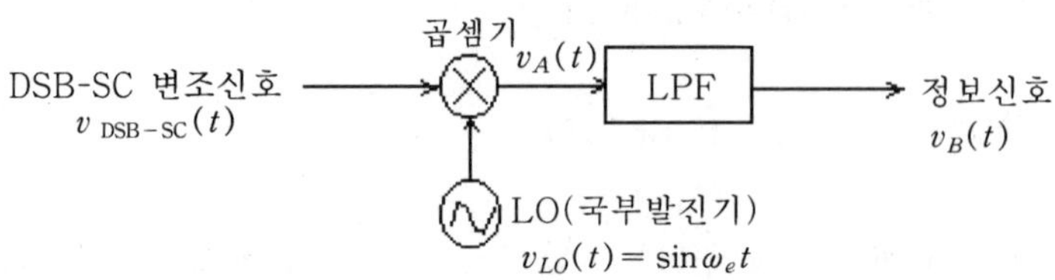

[그림 4-4] 호모다인 동기검파 방식의 구성도

$$v_A(t) = \frac{V_m V_c}{2}\,[\cos 2\pi(f_c - f_m)t - \cos 2\pi(f_c + f_m)t]\sin 2\pi f_c t$$

$$= \frac{V_m V_c}{2}\cos 2\pi(f_c - f_m)t \cdot \sin 2\pi f_c t - \frac{V_m V_c}{2}\cos 2\pi(f_c + f_m)t \cdot \sin 2\pi f_c t$$

$$= \frac{V_m V_c}{2}\,\frac{1}{2}[\sin 2\pi(2f_c - f_m)t + \sin 2\pi f_m t]$$

$$- \frac{V_m V_c}{2}\,\frac{1}{2}[\sin 2\pi(2f_c + f_m)t + \sin 2\pi f_m t]$$

$$= \frac{V_m V_c}{2}\sin 2\pi f_m t + \frac{1}{4}V_m V_c[\sin 2\pi(2f_c - f_m)t + \sin 2\pi(2f_c + f_m)t]$$

$$v_B(t) = \frac{V_m V_c}{2}\sin 2\pi f_m t$$

2. 단측파대 방식

단측파대(SSB : Single Side Band)는 [그림 4-5]와 같이 영상이나 데이터와 같은 임의의 정보신호에 대하여 필터의 특성을 감안하여 DC 근방의 저주파 영역 정보의 손실을 피할 수 없으므로 DSB 신호에서 한쪽 대역을 잘라내는 방식이다.

$$v_{\text{SSB}}(t) = V_s \cos(\omega_c - \omega_m)t$$

또는

$$v_{\text{SSB}}(t) = V_s \cos(\omega_c + \omega_m)t$$

단, $V_s = \dfrac{V_m V_c}{2}$ 이다.

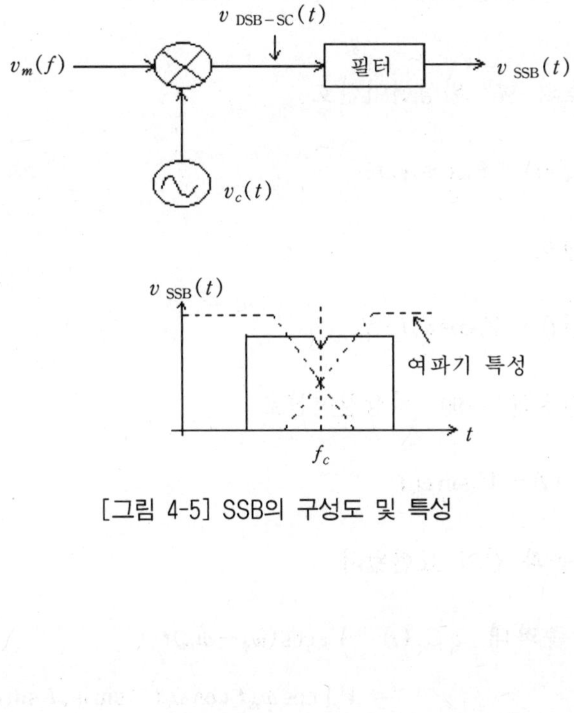

[그림 4-5] SSB의 구성도 및 특성

(1) 위상천이 방식에 의한 SSB 변조

[그림 4-6]과 같이 정보신호

$$v_m(t) = V_m \cos \omega_m t$$

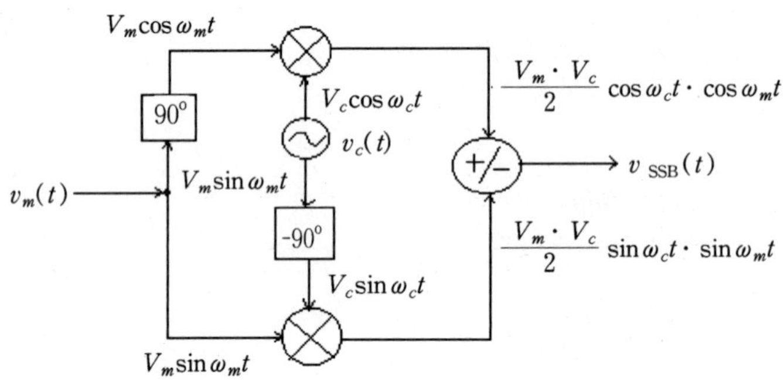

[그림 4-6] 위상천이에 의한 SSB 변조의 구성도

정보신호의 90° 위상천이신호

$$v_m'(t) = V_m \cos \omega_m t$$

반송파신호

$$v_c(t) = V_c \cos \omega_c t$$

반송파신호의 $-90°$ 위상천이신호

$$v_c'(t) = V_c \sin \omega_c t$$

라면 다음과 같이 표현된다.

상측파대 $v_{SSB}(t) = V_S \cos(\omega_c - \omega_m)t$

$$= V_s[\cos \omega_m t \cos \omega_c t - \sin \omega_m t \sin \omega_c t]$$

하측파대 $v_{\text{SSB}}(t) = V_S \cos(\omega_c - \omega_m)t$

$$= V_s[\cos\omega_m t \cos\omega_m t + \sin\omega_c t \sin\omega_c t]$$

주파수 천이함수 $f(t)e^{j\omega t} = F(\omega - \omega_o)$이고, $sgn(\omega) = \frac{j}{\pi t}$이다.

$$f(t)\cos\omega_m t = \frac{1}{2}[F(\omega + \omega_m) + F(\omega - \omega_m)] \cdots ①$$

$$f(t)\sin\omega_c t = \frac{1}{2j}[F(\omega - \omega_c) - F(\omega + \omega_m)]$$

$$= -\frac{1}{2}[F(\omega - \omega_c)sgn(\omega - \omega_c) - F(\omega + \omega_c)sgn(\omega + \omega_c)] \cdots ②$$

따라서 상측파대 SSB 신호는 ①－②이므로

$$v_{\text{USB}}(\omega) = \frac{1}{2}[F(\omega - \omega_c) + F(\omega + \omega_c)]$$

$$+ \frac{1}{2}[F(\omega - \omega_c)sgn(\omega - \omega_c) - F(\omega + \omega_c)sgn(\omega + \omega_c)]$$

$$= F(\omega - \omega_c) \cdot \frac{1}{2}[1 + sgn(\omega - \omega_c)] + F(\omega + \omega_c) \cdot$$

$$\frac{1}{2}[1 - sgn(\omega + \omega_c)]$$

이고, 하측파대 SSB 신호는 ①＋②이므로

$$v_{\text{LSB}}(\omega) = F(\omega - \omega_c) \cdot \frac{1}{2}[1 - sgn(\omega - \omega_c)] + F(\omega + \omega_c) \cdot$$

$$\frac{1}{2}[1 + sgn(\omega + \omega_c)]$$

이다. [그림 4-7]은 위상천이에 의한 상측파대 SSB 변조방법이다.

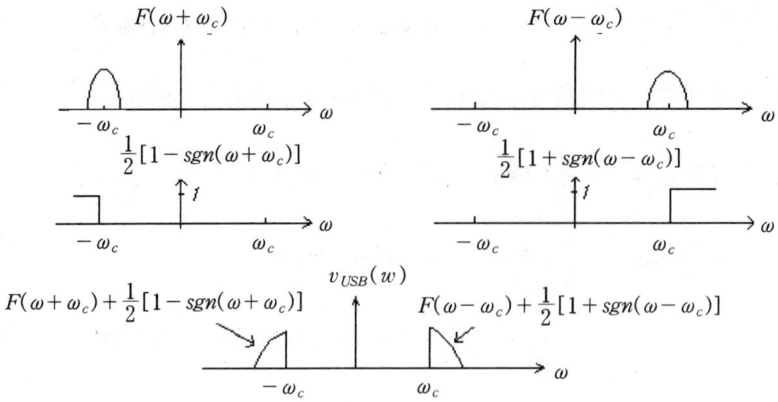

[그림 4-7] 위상천이에 의한 SSB 변조방법

(2) 위상천이 방식에 의한 SSB 복조

[그림 4-8]과 같이 SSB 복조는 다음과 같다.

$$V_A(t) = v_{SSB}(t) \cdot \cos\omega_c t$$

$$= V_s[\cos\omega_m t \cos\omega_c t \mp \sin\omega_m t \sin\omega_c t] \cdot V_c \cos\omega_c t$$

$$= S(t)[\cos\omega_c t \mp \overline{S}(t) \sin\omega_c t] \cdot V_c \cos\omega_c t$$

$$= S(t)\cos^2\omega_c t \mp \overline{S}(t)\sin\omega_c t \cos\omega_c t$$

$$= \frac{1}{2}S(t) + \frac{1}{2}[S(t)\cos 2\omega_c t \mp \overline{S}(t)\sin 2\omega_c t]$$

여기서 $S(t) = 2\cos\omega_m t$ 는 정보신호이고, $\cos^2\omega_c t = \frac{1}{2}(1+\cos 2\omega_c t)$이며, $\sin 2\omega_c t = 2\sin\omega_c t \cos\omega_c t$ 이다. 따라서 LPF로 반송파성분을 제거하여 원신호를 재생할 수 있다.

$$V_m(t) = \frac{1}{2}S(t)$$

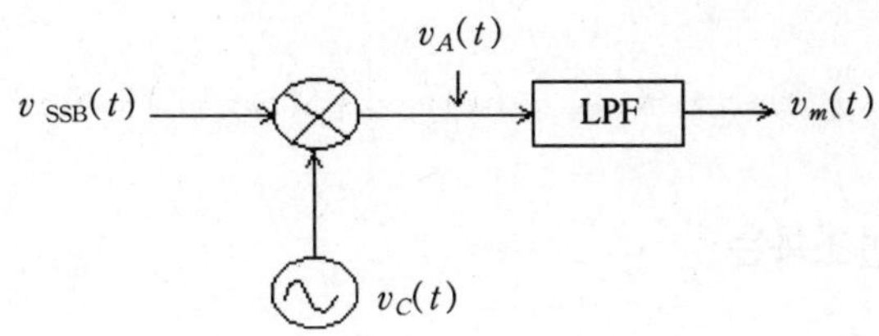

[그림 4-8] SSB 복조

3. 잔류측파대 방식

[그림 4-9]와 같이 잔류측파대(VSB : Vestigial Side Band)는 SSB와 DSB-SC 방식의 절충형으로 SSB 방식의 신호를 발생함과 동시에 DSB-SC 신호를 발생시켜 필터를 사용하면 저주파 영역에서 정보의 손실이 있다. 따라서 VSB 방식은 정보신호의 대역폭의 1.25배 정도로 잘라 잔류측파대에서 정보를 가지고 있다가 복조 시 복원시킨다.

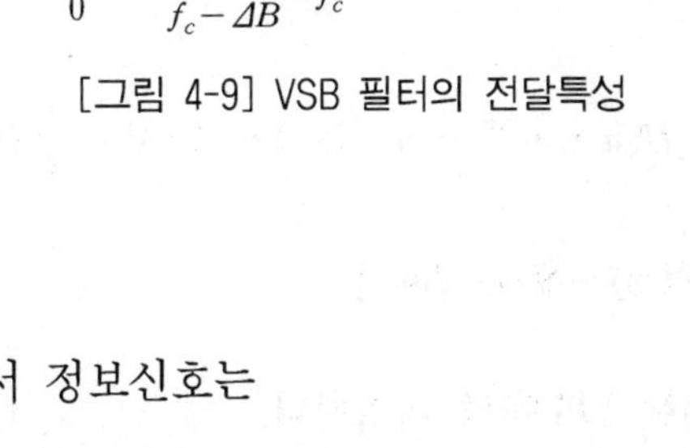

[그림 4-9] VSB 필터의 전달특성

(1) VSB 변조

[그림 4-10]에서 정보신호는

$$S(t) \Leftrightarrow S(\omega)$$

억압반송 변조파는

$$v_{\text{DSB-SC}}(t) \;\Leftrightarrow\; v_{\text{DSB-SC}}(\omega) = \frac{1}{2}[S(\omega+\omega_c) + S(\omega-\omega_c)]$$

잔류측파대 변조파는

$$v_{\text{VSB}}(t) \;\Leftrightarrow\; v_{\text{VSB}}(\omega) = v_{\text{DSB-SC}}(\omega)\cdot H(\omega)$$

$$= \frac{1}{2}H(\omega)[S(\omega+\omega_c) + S(\omega-\omega_c)]$$

이다.

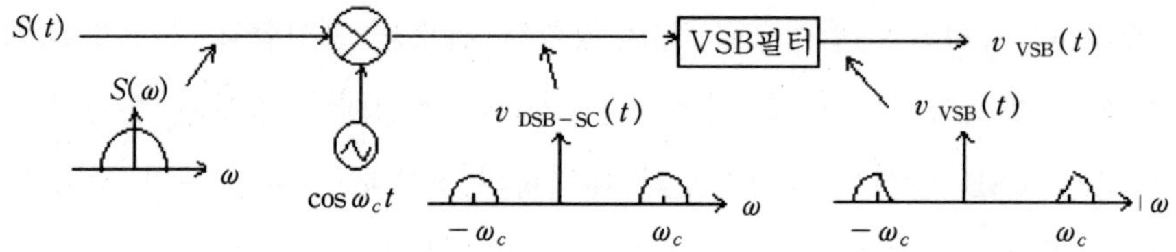

[그림 4-10] VSB 변조

(2) VSB 복조

[그림 4-11]에서

$$v_A(t) = v_{\text{VSB}}(t)\cdot\cos\omega_c t \Leftrightarrow \frac{1}{2}[v_{\text{VSB}}(\omega+\omega_c) + v_{\text{VSB}}(\omega-\omega_c)]$$

$$= \frac{1}{4}H(\omega+\omega_c)[S(\omega+2\omega_c) + S(\omega)] + \frac{1}{4}H(\omega-\omega_c)$$

$$[S(\omega) + S(\omega-2\omega_c)]$$

여기서 $S(\omega\pm2\omega_c)$는 LPF에서 제거된다.

$$v_m(t) \Leftrightarrow v_m(\omega) = \frac{1}{4}H(\omega+\omega_c)H(\omega-\omega_c)]S(\omega)$$

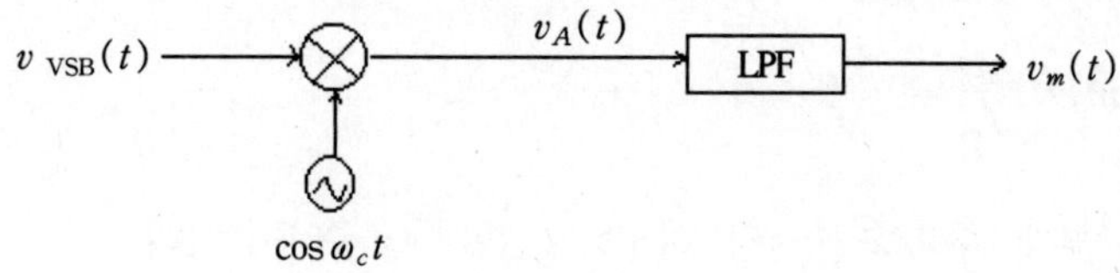

[그림 4-11] VSB 복조

4.1.2 주파수 변조와 복조

주파수 변조(FM : Frequency Modulation)는 정보신호에 비례하여 주파수의 소밀파를 얻는다. 즉 FM 신호의 위상이 정보신호인 변조신호의 적분값에 비례하도록 한다.

정보신호는

$$v_m(t) = V_m \cos 2\pi f_m t$$

반송파는

$$v_c(t) = V_c \cos(\omega_c t + \theta(t))$$

$$\theta(t) = 2\pi f_d \int_0^t v_m(\tau) d\tau$$

로 f_d는 주파수편이 상수이다.

FM 변조파는

$$\begin{aligned} v_{FM}(t) &= V_c \cos\ (\omega_c t + 2\pi f_d \int_0^t v_m(\tau) d\tau) \\ &= V_c \cos\left(\omega_c t + \frac{2\pi V_m f_d}{2\pi f_m} \sin\omega_m t\right) = V_c \cos\left(\omega_c t + \frac{\Delta f}{f_m} \sin\omega_m t\right) \\ &= V_c \cos(\omega_c t + m_f \sin\omega_m t) \end{aligned}$$

FM 변조지수는

$$m_f = \frac{\Delta f}{f_m} = \frac{V_m f_d}{f_m}$$

로 Δf는 최대 주파수편이라 하고, f_m은 신호주파수이다.

예제 4

FM 신호가 $v_{\mathrm{FM}}(t) = 100\cos[(2\times 93.1\times 10^6\pi)t + 20\sin(4\times 10^3\pi)t$ 일 때 $t = 0.5\times 10^{-3}$에서 순시주파수와 반송파 주파수, 최대 주파수편이, 변조지수, 대역폭을 구하시오.

풀이 · · · · · · · · · · ·

순시주파수는

$$f_i(t) = \frac{1}{2\pi}\omega_i(t) = \frac{1}{2\pi}\frac{d\theta(t)}{dt} \text{ 로}$$

$$f_i(t) = \frac{1}{2\pi}[2\times 93.1\times 10^6\pi + 20\times 4\times 10^3\pi\cos(4\times 10^3\pi t)$$

$$= 93.1\times 10^6 + 40\times 10^3\pi\cos(4\times 10^3\pi t)$$

$$f_i(0.5\times 10^{-3}) = 93.1\times 10^6 + 40\times 10^3\cos(2\pi) = 93.1\times 10^6 + 40\times 10^3$$

$$= 93.14\ [\mathrm{MHz}]$$

$$f = f_c \pm \Delta f = 93.1\times 10^6 \pm 40\times 10^3\ [\mathrm{Hz}]$$

에서 반송파주파수

$$f_c = 93.1\ [\mathrm{MHz}]$$

이고, 최대 주파수편이

$$\Delta f = 40\ [\mathrm{kHz}]$$

이다. 또한 변조지수는

$$m_f = \frac{\Delta f}{f_m} = \frac{40\times10^3}{2\times10^3} = 20$$

으로 대역폭은

$$B_m = 2(\Delta f + f_m) = 2 \cdot (40+2) = 84\,[\mathrm{kHz}]$$

가 된다.

예제 5

주파수 변조에서 변조지수가 4이고, 신호의 최고 주파수가 20[kHz]일 때의 소요 대역폭을 구하시오.

풀이 · · · · · · · · · · ·

변조지수는

$$m_f = \frac{\Delta f}{f_m}$$

이고, 대역폭은 다음과 같다.

$$B_m = 2(m_f + 1)f_m = 2(4+1)20 = 200\ [\mathrm{kHz}]$$

[그림 4-12]는 FM의 파형이다. 따라서 $v_{FM}(t)$를 주파수 스펙트럼으로 표현하면 다음과 같다.

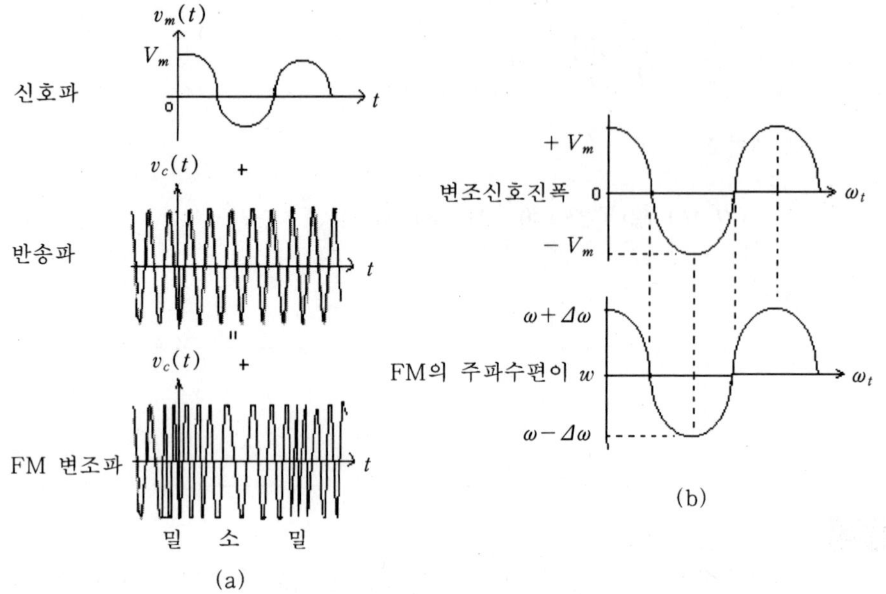

[그림 4-12] FM 파형

$$
\begin{aligned}
v_{\mathrm{FM}}(t) &= V_c \cos\,(\omega_c t + m_f \sin \omega_m t) = R_e[\,V_c e^{j(\omega_c t + m_f \sin \omega_m t)}] \\
&= R_e[\,V_c e^{j2\pi f_c t} e^{j\,m_f \sin \omega_m t}] = R_e\left[\,V_c e^{j2\pi f_c t} \sum_{n\to-\infty}^{\infty} c_n e^{j2\pi n f_m t}\right] \\
&= R_e\left[\,V_c \sum_{n\to-\infty}^{\infty} J_n(m_f) e^{j2\pi(f_c + n f_m)t}\right] \\
&= V_c\{J_0(m_f)\cos 2\pi f_c t + J_1(m_f)[\cos 2\pi(f_c + f_m)t - \cos 2\pi(f_c - f_m)t] \\
&\quad + J_2(m_f)[\cos 2\pi(f_c + 2f_m)t - \cos 2\pi(f_c - 2f_m)t] \\
&\quad + J_3(m_f)[\cos 2\pi(f_c + 3f_m)t - \cos 2\pi(f_c - 3f_m)t] + \cdots\}
\end{aligned}
$$

n	0	1	2	3	4	5	6	7	8	9
$J_n(2)\times 1$	0.2239	0.5767	0.3528	0.1289	0.0340	0.0070	0.0012	0.0002	0	0

R_e는 실수부분의 함수로

$$e^{j\theta} = \cos\theta + j\sin\theta$$

이고, $e^{j\, m_f \sin 2\pi f_m t}$는 주기함수로

$$e^{j\, m_f \sin 2\pi f_m t} = \sum_{n \to \infty}^{\infty} C_n e^{j\, 2\pi n\, f_m t}$$

이다.

$$C_n = \frac{1}{T} \int_{-\frac{T}{2}}^{\frac{T}{2}} e^{j\, m_f \sin 2\pi f_m t} \cdot e^{j\, 2\pi n\, f_m t} dt = \frac{1}{2\pi} \int_{-\pi}^{\pi} e^{j\,(m_f \sin\lambda - n\lambda} d\lambda = J_n(m_f)$$

여기서 제1종 베셀 함수

$$J_{-n}(m_f) = (-1)^n J_n(m_f)$$

로 FM의 주파수 스펙트럼과 베셀 함수 크기와 위상은 [그림 4-13]과 같다. $m_f = 2$일 때 반송파와 각 측파대값은 다음과 같이 n이 클수록 측파대값은 적어진다.

또한 대역폭 BW는 다음과 같다.

$$\mathrm{BW} = 2(m_f + 1) f_m = 2(f_m + \Delta f)$$

$m_f = 0.2$ [radian] 이하일 때를 협대역변조(narrowband modulation)라 하여 진폭변조와 같은 측파대를 갖는다.

$$v_{\,\mathrm{FM}}(t) = V_c \cos(\omega_c t + m_f \sin\omega_m t) = V_c \cos\ \omega_c t\ \cos(m_f \sin\omega_m t)$$

$$- V_c \sin\omega_c t \sin(m_f \sin\omega_m t) = V_c \cos\omega_c t - V_c m_f \sin\omega_c t \sin\omega_m t)$$

$$= V_c \cos\ 2\pi f_c t - \frac{V_c m_f}{2} [\cos 2\pi(f_c - f_m)t - \cos 2\pi(f_c + f_m)t]$$

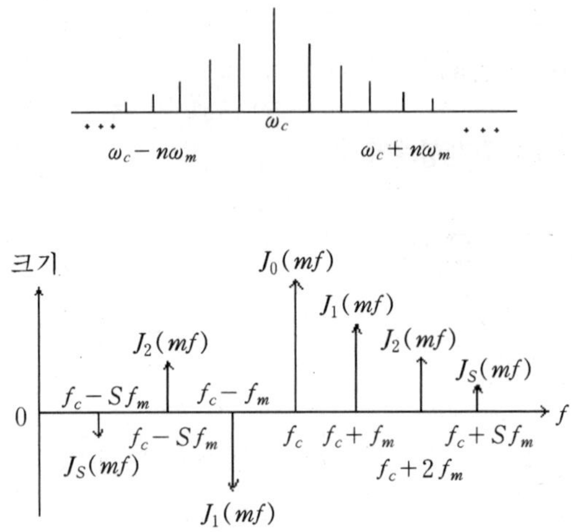

[그림 4-13] FM의 주파수 스펙트럼과 베셀 함수 크기와 위상

1. 간접 주파수 변조

[그림 4-14]와 같이 간접 FM 신호발생은 정보신호를 VCO에서 60[MHz]±60[kHz]를 만들어 3체배한 후 1620[MHz]의 국부발진 주파수와 혼합하여 필터를 거쳐 1800[MHz]±180[kHz]로 주파수편이가 넓어진다.

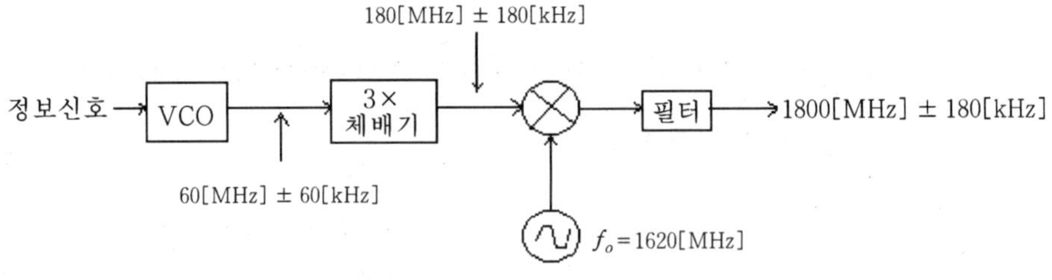

[그림 4-14] 간접 FM 신호 발생도

2. 주파수 변조신호의 복조

FM 복조에서 많이 활용하는 PLL을 이용하여 복조는 다음 [그림 4-15]와 같다.

$$v_{FM}(t) = a_1 \cos\left[\omega_c t + K_f \int_0^t s(\tau) d_\tau\right]$$

$$v_A(t) = a_2 \cos\left[\omega_c t + K_0 \int_0^t v_o(\tau) d_\tau\right]$$

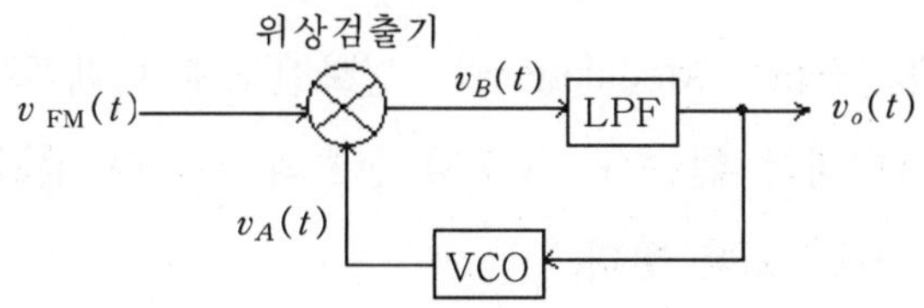

[그림 4-15] PLL을 이용한 복조 블록도

위상차 $v_B(t)$는 다음과 같고,

$$v_B(t) = a_1 a_2 \cos\left[\omega_c t + K_f \int_0^t s(\tau) d_\tau\right] \cos\left[\omega_c t + K_0 \int_0^t v_o(\tau) d_\tau\right]$$

$$= \frac{a_1 a_2}{2} \cos\left[K_f \int_0^t s(\tau) d_\tau - K_0 \int_0^t v_o(\tau) d_\tau\right]$$

$$+ \frac{a_1 a_2}{2} \cos\left[2\omega_c t + K_f \int_0^t s(\tau) d_\tau - K_0 \int_0^t v_o(\tau) d_\tau\right]$$

$v_B(t)$ 신호에서 LPF에 의하여 DC 레벨로 바꾸면 다음과 같다.

$$v_o(t) = \frac{a_1 a_2}{2} \cos\left[K_f \int_0^t s(\tau) d_\tau - K_0 \int_0^t v_o(\tau) d_\tau\right] \fallingdotseq 0$$

$$K_f \int_0^t s(\tau) d_\tau - K_0 \int_0^t v_o(\tau) d_\tau \fallingdotseq \frac{\pi}{2}$$

이므로 양변을 미분하면 $v_o(t)$는 정보신호 $s(t)$를 포함하여 **FM** 신호에서 정보신호를 복조할 수 있다.

$$K_f s(t) - K_o v_o(t) = 0$$

$$v_o(t) = \frac{K_f}{K_o} s(t)$$

4.1.3 위상변조

위상변조(PM : Phase Modulation)는 정보신호에 비례하여 주파수에 의한 위상변화의 소밀파를 얻는다. 즉 **PM** 신호의 위상이 정보신호인 변조신호의 미분값에 비례하도록 한다.

정보신호는

$$v_m(t) = V_m \cos 2\pi f_m t$$

반송파는

$$v_c(t) = V_c \sin(\omega_c t + \theta(t))$$

$$\theta(t) = 2\pi\theta \frac{d}{d_\tau} v_m(\tau) d\tau$$

로 θ는 위상편이 상수이다. **PM** 변조파는

$$v_{\text{PM}}(t) = V_c \sin\left(\omega_c t + 2\pi\theta \frac{d}{d_\tau} v_m(\tau) d\tau\right)$$

$$= V_c \sin\left(\omega_c t + \frac{2\pi V_m \theta}{2\pi f_m} \cos\omega_m t\right) = V_c \sin\left(\omega_c t + \theta_0 + \frac{\Delta\theta}{f_m} \cos\omega_m t\right)$$

$$= V_c \sin(\omega_c t + \theta_0 + \Delta\theta \cos\omega_m t) = V_c \sin(\omega_c t + m_p \cos\omega_m t)$$

위상변조지수는

$$m_p = \theta_p [\mathrm{rad}]$$

로 $\Delta\theta$는 최대 위상편이라 한다.

변조지수 m_θ가 0.5 이하이고, 협대역 위상변조로 제1측파대만 고려하면 베셀 함수에 의한 $v_{\mathrm{PM}}(t)$를 위상 스펙트럼으로 표현하면 다음과 같다.

$$\begin{aligned}
v_{PM}(t) &= V_c \sin(\omega_c t + m_p \cos\omega_m t) \\
&= V_c [\sin(\omega_c t \cos(m_p \cos\omega_m t) + \cos\omega_c t \cos(m_p \cos\omega_m t)] \\
&= V_c \{\sin(\omega_c t\, [J_0(mp) + 2(-1)J_2(mp)\cos 2\omega_m t + 2(-1)^2 J_4(mp)\cos 4\omega_m t \\
&\quad + \cdots] + \cos\omega_c t [2(-1)^0 J_1(mp)\cos\omega_m t + 2(-1)J_3(mp)\cos 3\omega_m t \\
&\quad + \cdots]\} \\
&= V_c \{J_0(mp)\sin(\omega_c t + 2J_1(mp)\cos\omega_c t \cos\omega_m t - 2J_2(mp)\sin\omega_c t \cos 2\omega_m t \\
&\quad - 2J_3(mp)\cos\omega_c t \cos 3\omega_m t + 2J_4(mp)\sin\omega_c t \cos 4\omega_m t + \cdots\} \\
&= V_c \{J_0(mp)\sin(\omega_c t + J_1(mp)[\cos(\omega_c - \omega_m)t + \cos(\omega_c + \omega_m)t] \\
&\quad - J_2(mp)[\sin(\omega_c - 2\omega_m)t + \sin(\omega_c + 2\omega_m)t] \\
&\quad - J_3(mp)[\cos(\omega_c - 3\omega_m)t + \cos(\omega_c + 3\omega_m)t] \\
&\quad + J_4(mp)[\sin(\omega_c - 4\omega_m)t + \sin(\omega_c + 4\omega_m)t] \cdots\}
\end{aligned}$$

$m_p \ll 1$, $\cos(m_p \cos\omega_m t) = 1$, $\sin(m_p \cos\omega_m t) = m_p \cos\omega_s t$ 라면 협대역 변조(narrowband modulation)라 하여 진폭변조와 같은 측파대를 갖는다.

$$\begin{aligned}
v_{\mathrm{PM}}(t) &= V_c \sin\omega_c t + V_c (m_p \cos\omega_c t \cos\omega_s t) \\
&= V_c \sin\omega_c t + \frac{V_c m_p}{2}\cos(\omega_c - \omega_s)t + \frac{V_c m_p}{2}\cos(\omega_c + \omega_s)t
\end{aligned}$$

$$= V_c \sin \omega_c t + \frac{V_c m_p}{2} \sin\left[\frac{\pi}{2} + (\omega_c - \omega_s)t\right] + \frac{V_c m_p}{2} \sin\left[\frac{\pi}{2} + (\omega_c + \omega_s)t\right]$$

따라서 대역폭은

$$\mathrm{BW} = 2f_s(m_p + 1)$$

이다.

4.2 디지털 변조와 복조

4.2.1 펄스 변조

1. 펄스 부호변조

펄스 부호변조(PCM : Pulse Code Modulation)는 아날로그 입력정보를 표본화, 양자화, 부호화하여 디지털 정보신호로 변환한다.

(1) 표본화

정현파를 표본화(sampling)하는 경우 1주기에 몇 개의 진폭치는 정현파를 대표한 그 진폭치가 되므로 표본수가 많을수록 원래의 신호가 충실히 재현된다. 표본화 주파수 f_s는 신호파형의 대역폭 B_m 또는 최고 주파수 f_m의 2배 이상이어야 한다.

$f_s \geq 2B_m$ 또는 $f_s \geq 2f_m$, 표본의 시간간격을 T라면

$$f_s \geq \frac{2}{T}$$

이다. 따라서 표본화 주파수는 최고 주파수의 2.5배 정도로 선택한다. 즉 아날로그 신호에 대한 일정한 시간간격마다 진폭의 크기를 펄스 진폭변조한 펄스열이 된다.

(2) 양자화

양자화(quantization)는 표본화에서 추출한 개개의 펄스를 반올림으로 표본화 구간을 구분하여 표현한다. 반올림으로 진폭의 불연속 또는 오차에 기인한 양자화 잡음이 있어 잡음을 저감하여야 한다.

(3) 부호화

부호화(encoding)는 양자화에 의해 추출된 각 진폭치를 2진 부호(2^n)로 치환하여 부호화한다. 만약 전화회선에서 사용하는 음성파형은 128레벨(2^7)로 양자화하고 8비트의 2진 부호화로 표현한다.

[그림 4-16]은 PCM의 블록도이다.

[그림 4-16] PCM 블록도

또한 [그림 4-17]은 PCM의 신호처리이다.

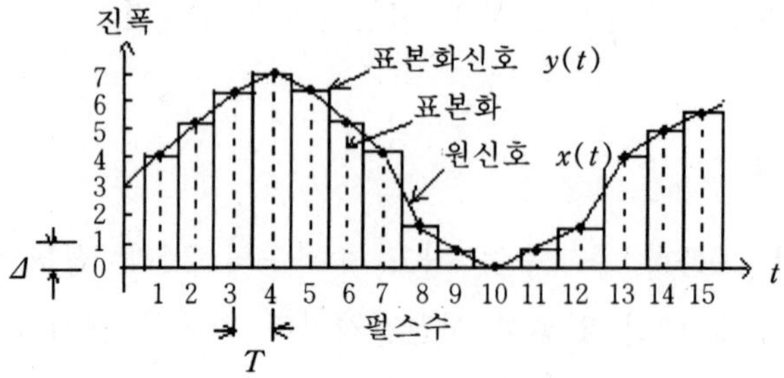

(a) 표본화와 양자화

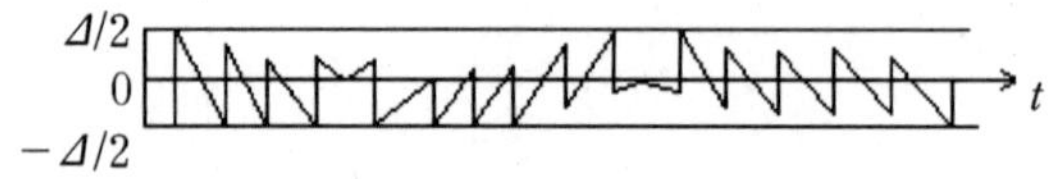

(b) 양자화에 의한 오차

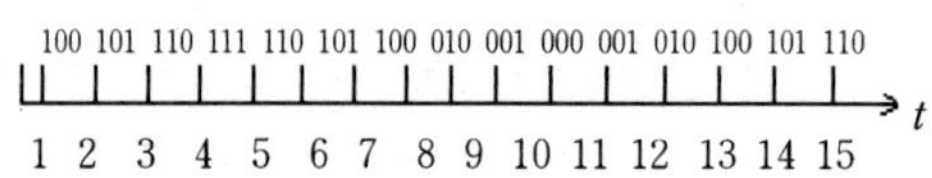

(c) 부호화

[그림 4-17] PCM의 신호처리

(4) 양자화 잡음

스텝 크기(1어당 비트 수) Δ로 오차의 스텝 구간($\pm\Delta/2$) 내에 분포하므로 오차 ε[V]의 제곱평균 오차인 잡음 N[W]는 다음과 같다.

$$N=\overline{\varepsilon^2}=\frac{1}{\Delta}\int_{-\frac{\Delta}{2}}^{+\frac{\Delta}{2}}\varepsilon^2 d\varepsilon=\frac{\Delta^2}{12}$$

최대 진폭의 **PCM**에서 전 스텝 중 L레벨에 있고, 정현파가 양자화되어 정현파의 진폭은 $L\Delta/2$로 신호 S의 제곱평균값 S[W]는 다음과 같다.

$$S=\overline{s^2}=\frac{1}{T}\int_0^T\left(\frac{L\Delta}{2}\right)^2\sin^2 t dt=\frac{L^2\Delta^2}{8}$$

따라서 **S/N**비의 실효값은

$$(S/N)_{\text{rms}} = \frac{L^2 \Delta^2/8}{\Delta^2/12} = \frac{3}{2}L^2$$

이고, L개의 양자화 레벨에 대응하는 1어당 비트 수 $m = \log L$이므로 전송 대역폭 $B = 2mW_m$으로

$$(S/N)_{\text{rms}} = \frac{3}{2}L^2 = \frac{3}{2} \times 2^{B/W_m}$$

이다. 그러므로 양자화 신호 대 잡음비는 다음과 같다.

$$(S/N)_{\text{dB}} = 10 \log_{10}\left(\frac{3}{2} \times 2^{B/W_m}\right) = 1.76 + 6.02m\,[\text{dB}]$$

예제 6

$-12.8 \sim 12.8$[V] 범위의 아날로그 신호를 디지털 신호로 바꾸려고 한다. 각 스텝의 레벨이 0.1[V]일 때 필요한 비트 수를 구하시오.

풀이 ....

레벨 $L = \frac{V_{pp}}{M} = \frac{12.8 \times 2}{2^n} = 0.1$에서 $2^n = 256$이 되므로 양변에 $\log_2$를 하면 $n = \log_2 256 = 8$이다. 따라서 8비트가 필요하다.

---

(5) PCM 통신 시스템의 구성

1) 송신기

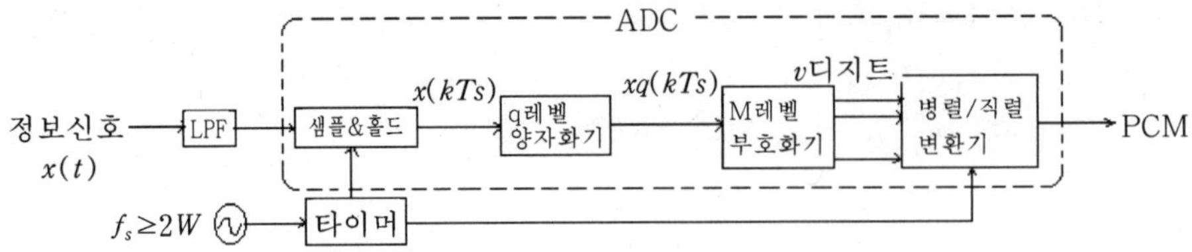

[그림 4-18] PCM 송신기

2) 수신기

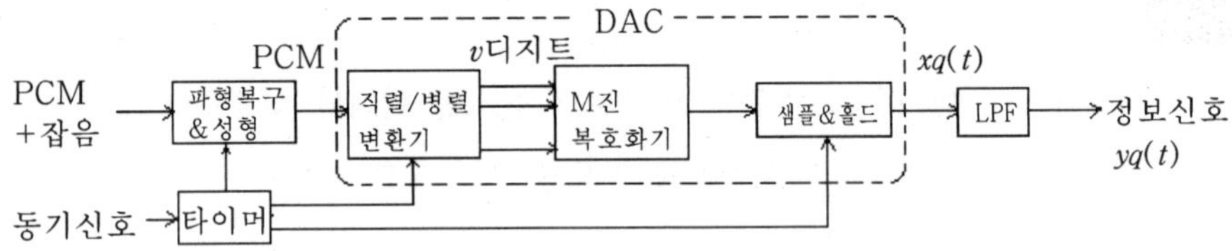

[그림 4-19] PCM 수신기

2. 펄스 진폭변조

펄스 진폭변조(PAM : Pulse Amplitude Modulation)은 변조파를 정현파 대신 반송파로서 펄스열을 이용한다. [그림 4-20]에서 PAM은 무한대의 주파수 성분을 가지고 있으므로 전송할 때에 무한의 대역폭을 갖는 전송로가 필요하며, 펄스의 크기만 가지고 있으므로 펄스 파형이 일그러지나 크기만 있으면 수신측에서는 신호파를 복원할 수 있다.

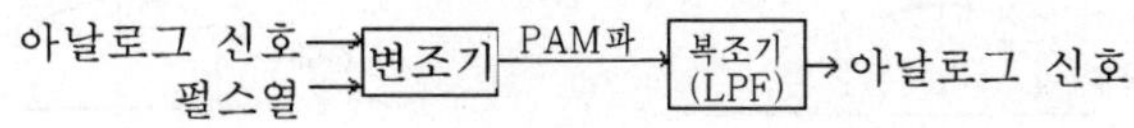

(a)

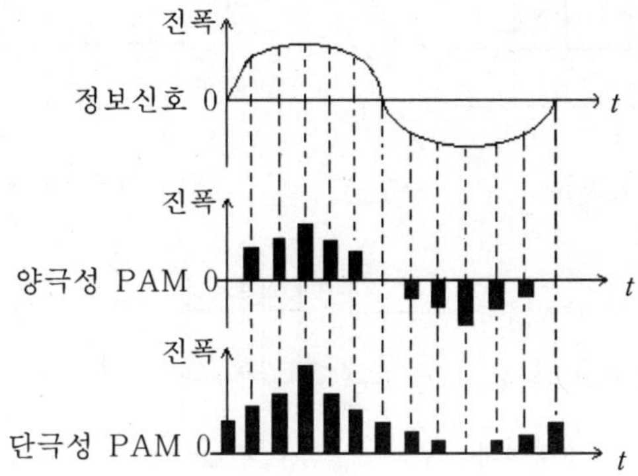

(b)

[그림 4-20] PAM의 원리

3. 펄스 폭변조

펄스 폭변조(PWM : Pulse Width Modulation)은 펄스 열에서 반송파의 각 펄스의 폭을 신호파의 진폭에 비례하여 변화시킨다. 신호파의 샘플링 주파수와 같은 톱니파를 가하여 적당한 레벨로 잘라 PWM파를 얻는다. [그림 4-21]은 PWM 변조와 복조의 원리이다.

4. 펄스 위치변조

펄스 위치변조(PPM : Pulse Position Modulation)는 펄스 열 반송파의 각 펄스의 위치를 신호파의 진폭에 비례시켜 기준위치를 밀어서 옮김에 따라 정보를 전달한다. [그림 4-22]는 PPM의 변조와 복조의 원리이다.

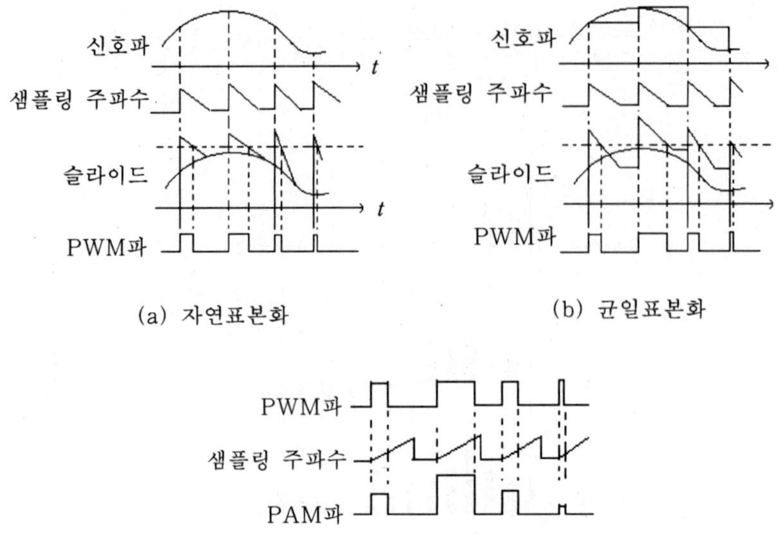

(c) PWM 복조

[그림 4-21] PWM 변조와 복조원리

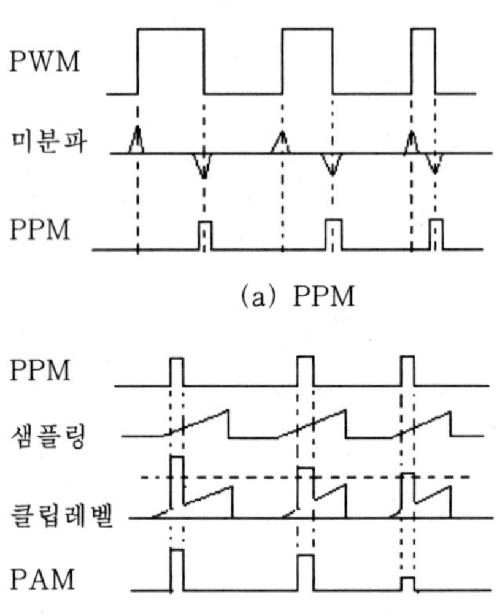

(b) PPM 복조

[그림 4-22] PPM의 변조와 복조

5. 델타 변조

델타 변조(DM : Delta Modulation)는 PCM을 정밀화하여 복조 시 정밀도를 높이기 위하여 양자화 레벨 수와 비트 수를 증가시켜 채널 대역폭을 증가시킨다. DM은 ADM(Adaptive DM), DPCM(Differential PCM), ADPCM 등이 있다.

DM 송신 · 수신기의 원리는 [그림 4-23]과 같다.

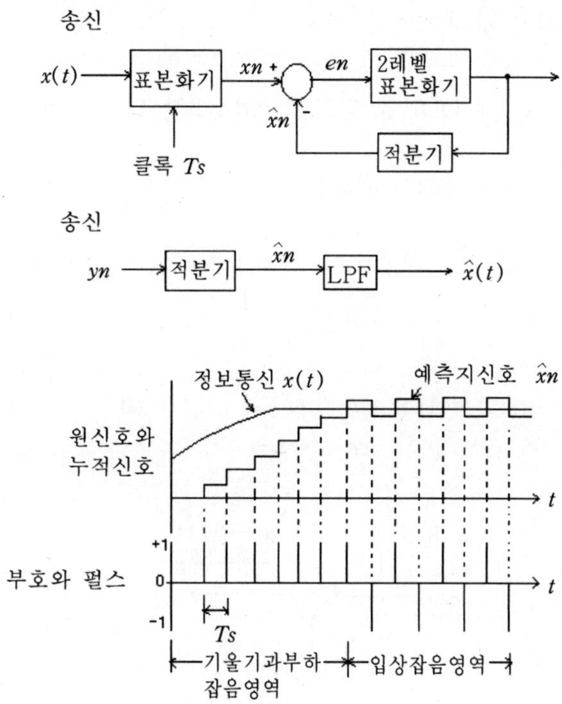

[그림 4-23] DM 송신 · 수신기의 원리

4.2.2 디지털 신호의 변조와 복조

1. 진폭편이 변조

진폭편이 변조(ASK : Amplitude Shift Keying)는 스위칭에 의한 반송파를 단속하는 OOK(On-Off Keying)이다. 2진 신호를 전송하는 속도는 데이터 전송속도 또는 변조속도로 나타낸다. [그림 4-24]에서

$$m_{\mathrm{AM}}(t) = \frac{A}{2}[1 + m(t)\cos\omega_c t]$$

에서 $m(t) = \pm 1$일 때 OOK을 만드는 NRZ 2진 데이터 파형이 된다. 또한

$$m_{\mathrm{DSB-SC}}(t) = Am(t)\cos\omega_c t$$

일 때 2치 신호에 대해 반송파의 각주파수 ω_c로 하면 다음과 같이 표현할 수 있다.

$$m_{\mathrm{DSB-SC,1}}(t) = A\cos\omega_c t, \quad m_{\mathrm{DSB-SC,0}}(t) = 0$$

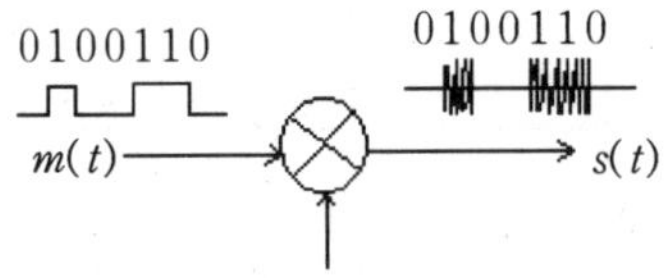

[그림 4-24] ASK의 원리

(1) ASK 동기식 복조기

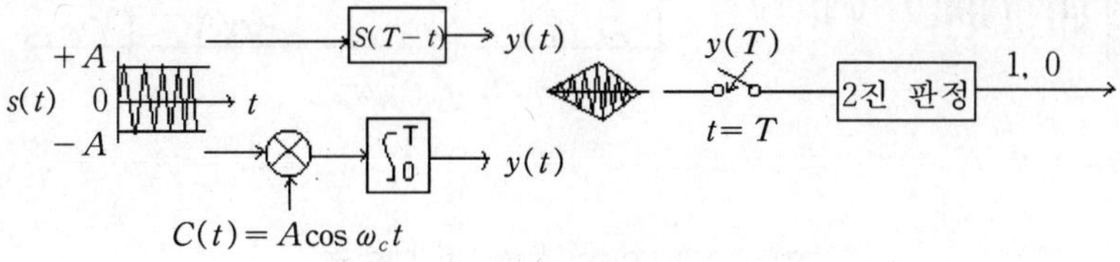

[그림 4-25] ASK 동기식 복조기

(2) ASK 비동기식 복조기

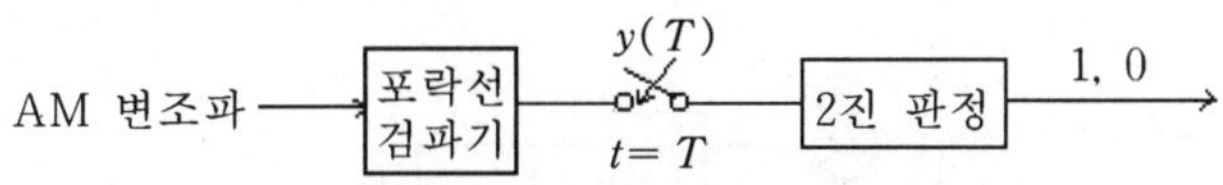

[그림 4-26] ASK 비동기식 복조기

2. 주파수편이 변조

주파수편이 변조(FSK : Frequency Shift Keying)는 2차 신호가 Δf 만큼 떨어진 2개의 주파수편이에 의해 나타낸다. Δf 는 반송파 주파수 f_c에 비해 매우 적으므로 $\Delta\omega$만큼 떨어진 2개의 각주파수 ω_1과 ω_2라면 FSK신호는 다음과 같다.

$$m_{\text{FSK},1}(t) = A\sin\omega_1 t$$

$$m_{\text{FSK},0}(t) = A\sin\omega_2 t$$

[그림 4-27]은 FSK의 파형 및 대역폭을 나타낸다.

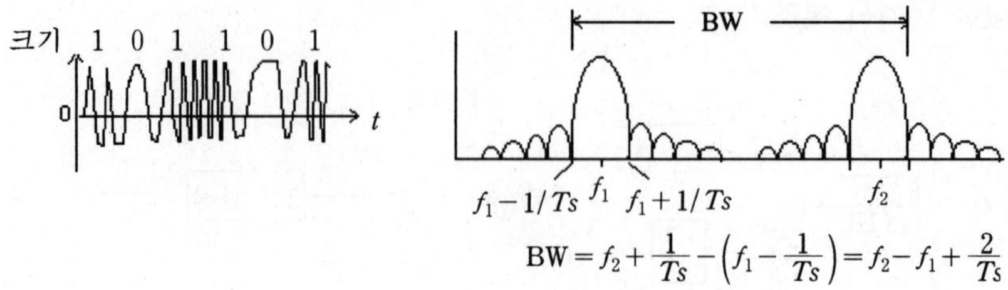

[그림 4-27] FSK의 파형 및 대역폭

(1) 동기식 FSK 복조기

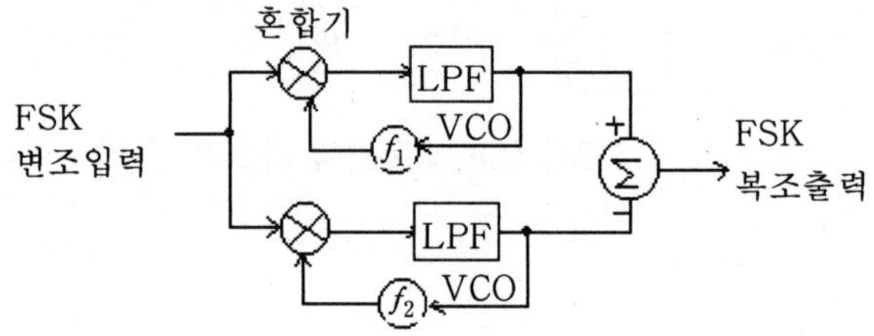

[그림 4-28] 동기식 FSK 복조기

(2) 비동기식 FSK 복조기

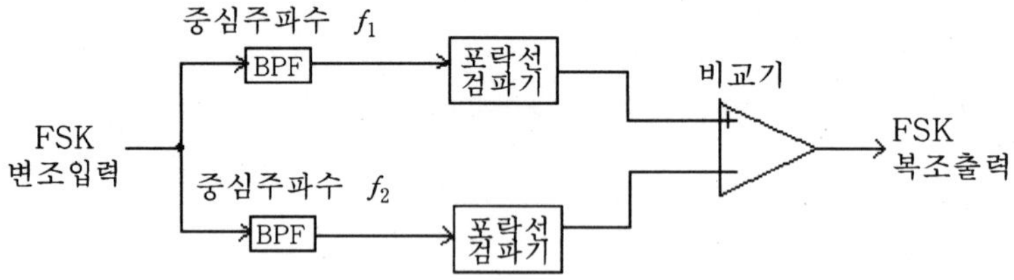

[그림 4-29] 비동기식 FSK 복조기

3. 위상천이 변조

위상천이 변조(PSK : Phase Shift Keying)는 반송파의 극성이 0° 또는 180° 변화하는 동기 BPSK(2진 위상천이 변조)와 45°, 135°, 225°, 315°로 변화하는 QPSK(4진 위상천이 변조)가 있다.

(1) BPSK

[그림 4-30]에서

$$m_{\text{BPSK},0}(t) = A\cos(\omega_c t + 0°) = A\cos\omega_c t$$

$$m_{\text{BPSK},1}(t) = A\cos(\omega_c t + 180°) = -A\cos(\omega_c t + 0°) = -A\cos\omega_c t$$

이다.

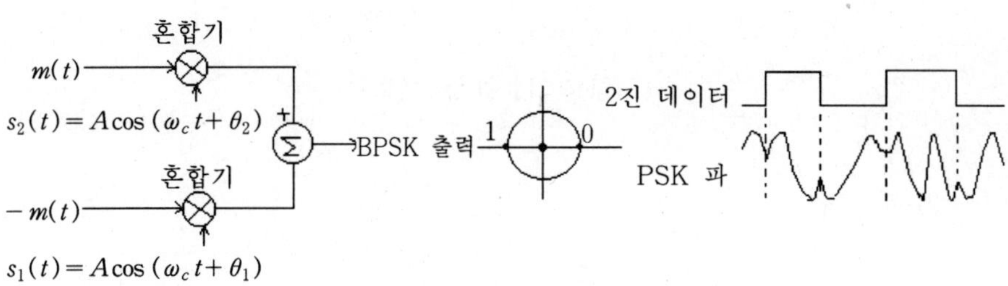

[그림 4-30] BPSK의 원리

(2) QPSK

1) 변조기

[그림 4-31]에서 한 채널 I채널과 다른 채널 Q채널이라 할 때

$$S_{\text{QPSK}}(t) = A[d_I(t)\cos 2\pi f_c t - d_Q(t)\sin 2\pi f_c t]$$

$$= A[\cos\phi_i \cos 2\pi f_c t - \sin\phi_i \sin 2\pi f_c t] = A\cos(2\pi f_c t + \phi_i)$$

$$d_{I}=\cos\phi_i$$

$$d_{Q}=\sin\phi_i$$

$$\phi_i=\tan^{-1}\frac{\phi_Q(t)}{\phi_I(t)}$$

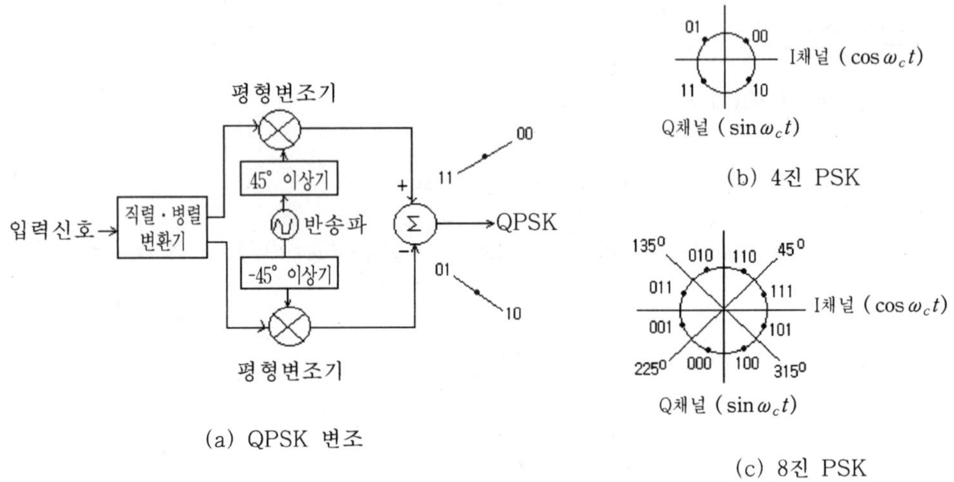

[그림 4-31] QPSK 변조기

2) 복조기

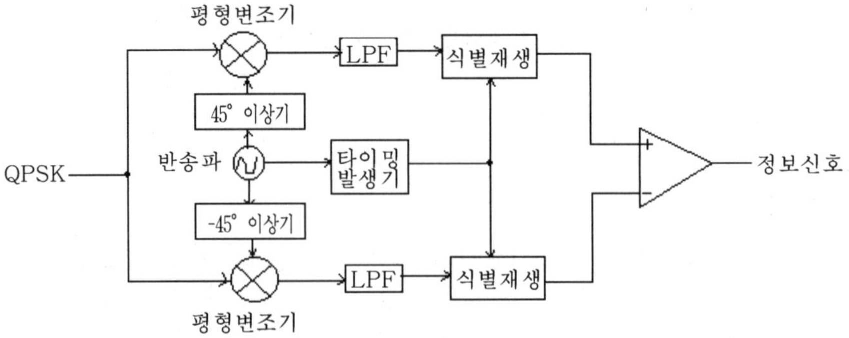

[그림 4-32] QPSK 복조기

(3) 직교변조

직교변조(QAM : Quadrature Amplitude Modulation)는 서로 직교하는 2개의 반송파를 각각 변조하고, 두 종류의 데이터로 동일한 대역에서 디지털 정보를 전송하는 방식이다.

1) 변조기

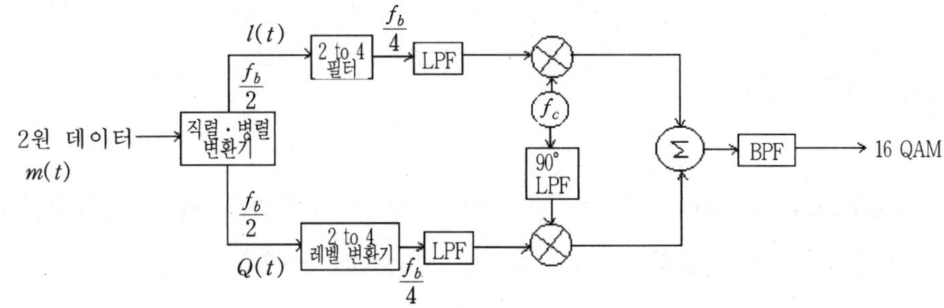

[그림 4-33] QAM 변조기

2) 복조기

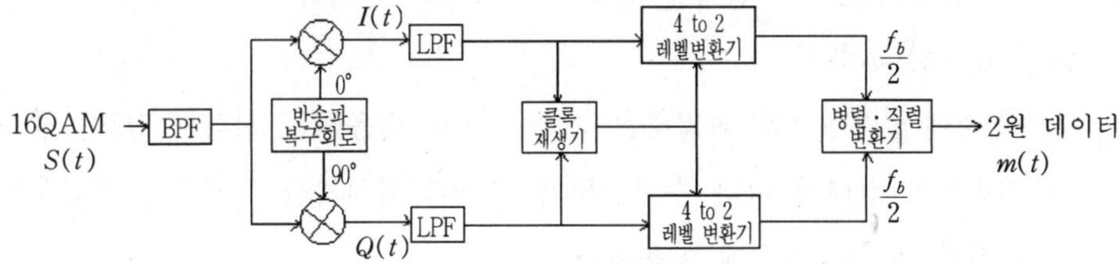

[그림 4-34] QAM 복조기

4.3 베이스밴드 전송방식

디지털 부호인 정보를 0과 1로 표현하여 반송파에 실어서 신호를 전송매체를 통하여 직류의 전기신호로 전송하는 방식이다.

4.3.1 RZ 코드

RZ(Return to Zero) 코드는 펄스폭이 짧아 신호추출이 쉽고, 점유주파수 대역폭이 2배가 필요하며, 신호 대 잡음비(SNR)가 매우 낮다.

1. 단류 RZ

단류(single current)는 디지털 신호 0을 전압 0에, 1을 +전압 또는 −전압에 대응시키고, 1이 연속일 때는 0전위로 하기 위하여 펄스가 일정한 형태를 갖도록 한다.

수신측에서 0과 1을 판정하는 기준은 1에 대응하는 전압의 1/2이 좋으나 전송로의 상태에 따라 수신전위가 변하여 최적치를 유지하기 어려우므로 근거리 데이터 전송에 이용된다.

2. 복류 RZ

복류(double current)는 디지털 신호의 0을 +전압, 1을 −전압에 대응시키고 비트와 비트 사이는 0전위로 복귀하는 방식으로 수신측에서 0과 1을 판단하기 위한 기준은 0전위이다.

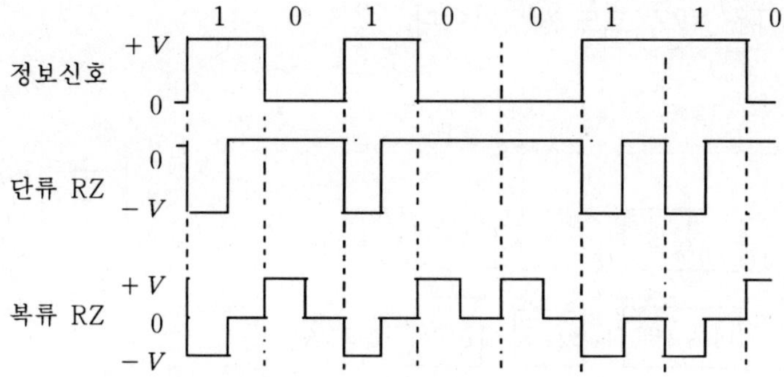

[그림 4-35] RZ 신호방식

4.3.2 NRZ 코드

NRZ(Non-Return to Zero) 방식에는 0과 1을 −전압과 0전압 또는 +전압과 0전압으로 대응시킨 단류 NRZ와 1 또는 0을 −전압과 +전압으로 대응시킨 복류 NRZ가 있다.

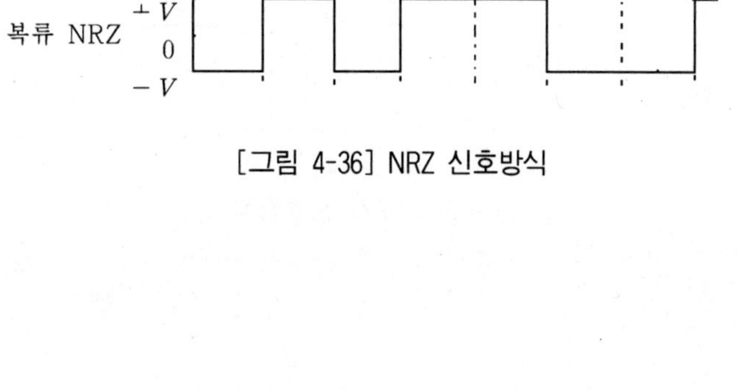

[그림 4-36] NRZ 신호방식

[그림 4-37]은 NRZ 코드 생성기이다.

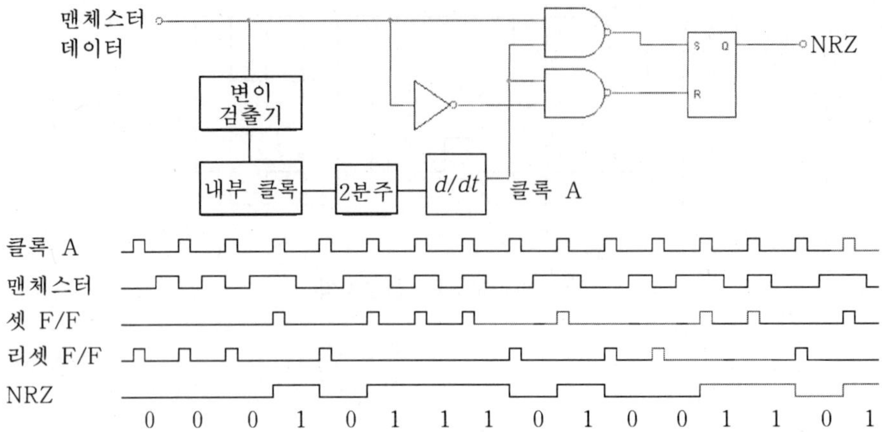

[그림 4-37] NRZ 코드 생성기

4.3.3 NRZ1 코드

NRZ1(Non-Return to Zero change for 1)는 NRZ의 변형으로 NRZ의 1일 때만 극성을 반전시킨다.

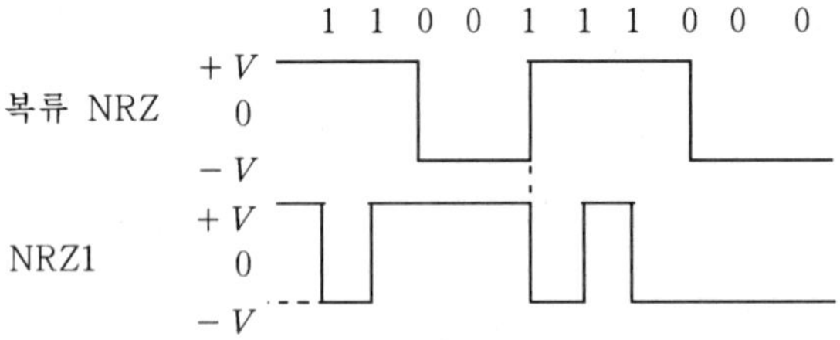

[그림 4-38] NRZ1 신호방식

4.3.4 맨체스터 코드

맨체스터 코드 생성기는 [그림 4-39]와 같다.

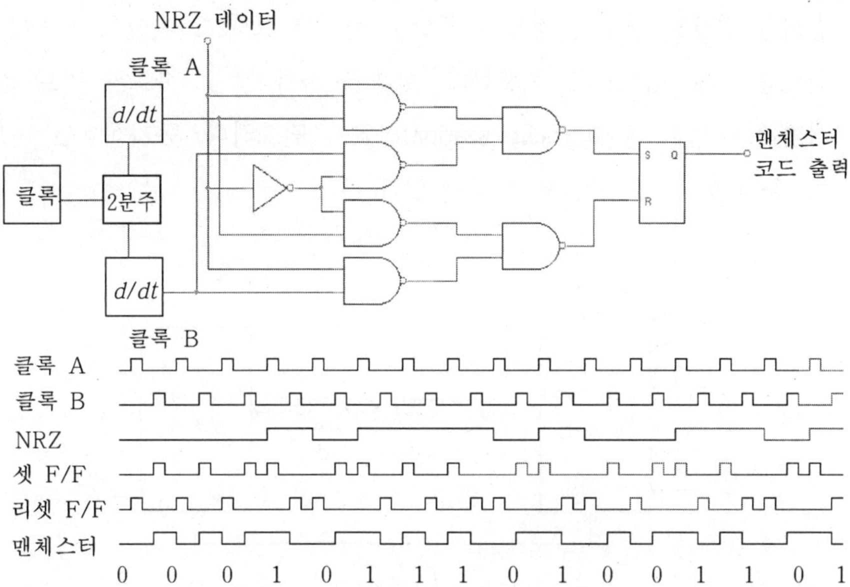

[그림 4-39] 맨체스터 코드 생성기

4.4 전송방식

데이터를 전송로를 통하여 보내는 방법으로는 한 개의 전송회선을 이용하여 1비트씩 정보를 전송하는 직렬(serial) 전송방식과 8비트 또는 그 이상의 정보를 동시에 전송하는 병렬(parallel) 전송방식이 있다.

4.4.1 직렬전송

직렬전송(serial transmission)은 정보를 구성하는 비트 블록을 한 비트씩 순서대로 전송하는 방식으로 원거리 전송에 사용한다. [그림 4-40]과 같이 송신은 병렬로 저장된 정보를 직렬로 바꾸어 보내고, 수신은 전송된 직렬 비트를 병렬 비트열로 변환한다. 이때 문자와 문자, 비트와 비트 간격을 식별하기 위한 동기(synchronization)신호가 필요하다. 동기신호는 비트 동기, 문자 동기, 프레임 동기 등이 있다.

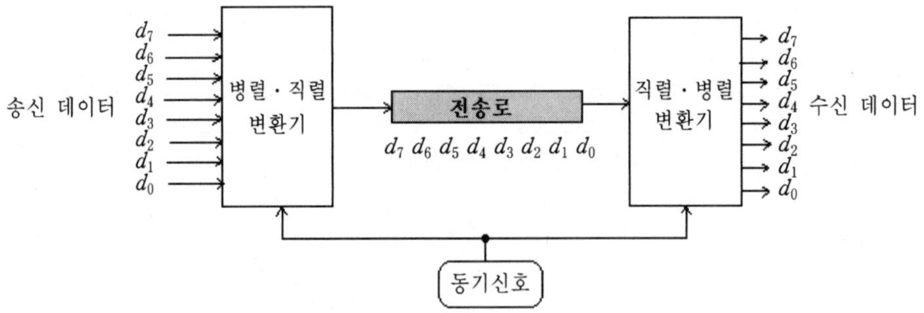

[그림 4-40] 직렬 전송방식

4.4.2 병렬전송

1문자분의 비트를 동시에 각 전송로에 보내는 방법으로 근거리 데이터 전송 및 고속 데이터 전송에 사용된다. 따라서 [그림 4-41]과 같이 병렬전송은 단말장치와 모뎀간이나 컴퓨터의 입출력장치와 같이 짧은 거리에서 이용된다.

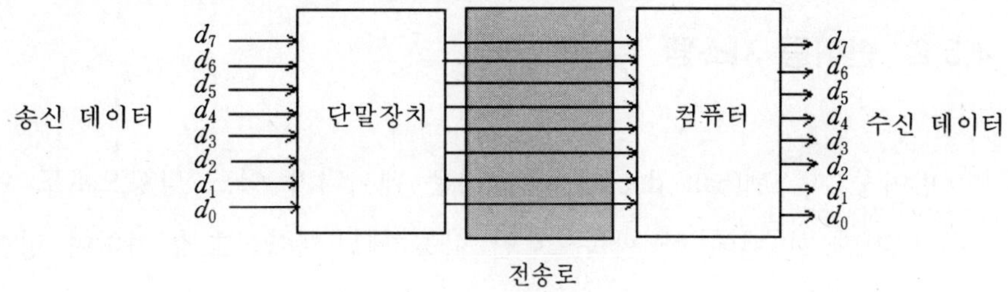

[그림 4-41] 병렬전송

4.5 통신방식

송신측과 수신측의 2개의 단말이나 통신회선간에 정보전달을 위한 통신방식은 데이터의 통로에 따라 단방향통신, 반이중통신, 전이중통신으로 구분한다.

4.5.1 단방향 시스템

단방향 시스템(simplex system)은 한 노드가 수신 노드로만 동작하고 데이터 분배 시 사용한다.

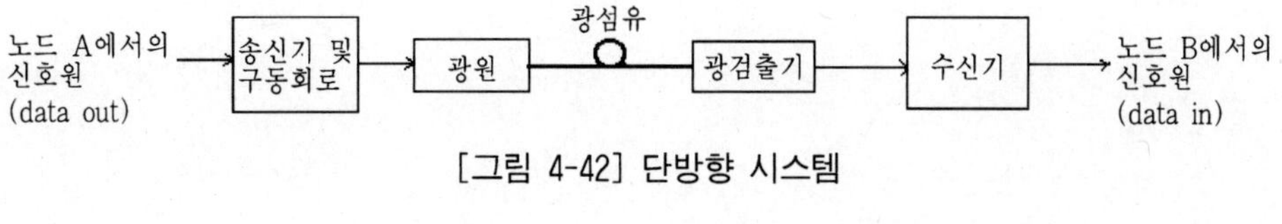

[그림 4-42] 단방향 시스템

4.5.2 반이중 시스템

반이중 시스템(half duplex system)은 데이터가 어느 방향으로도 이동할 수 있지만 한 번에 한 방향으로만 가능하다. 제어신호에 의하여 방향제어를 할 수 있다.

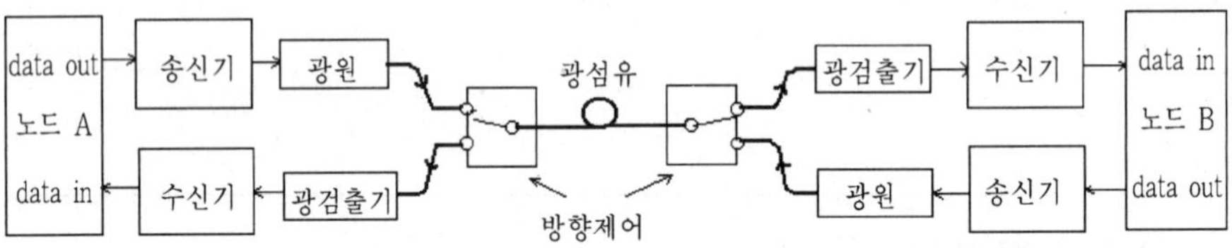

[그림 4-43] 반이중 시스템

4.5.3 전이중 시스템

전이중 시스템(full duplex system)은 양방향 전송이 가능하다.

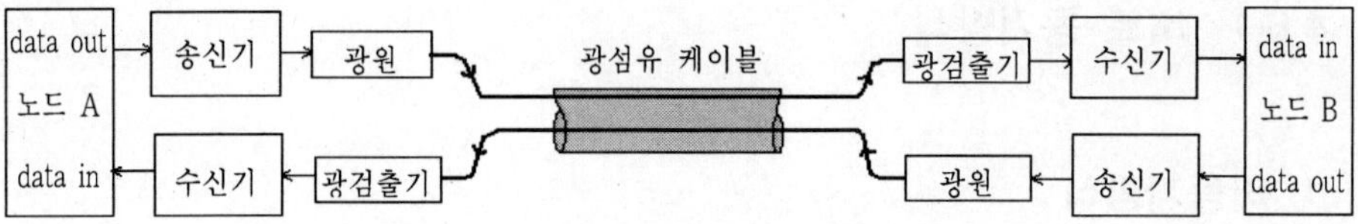

(a) 공간다중화

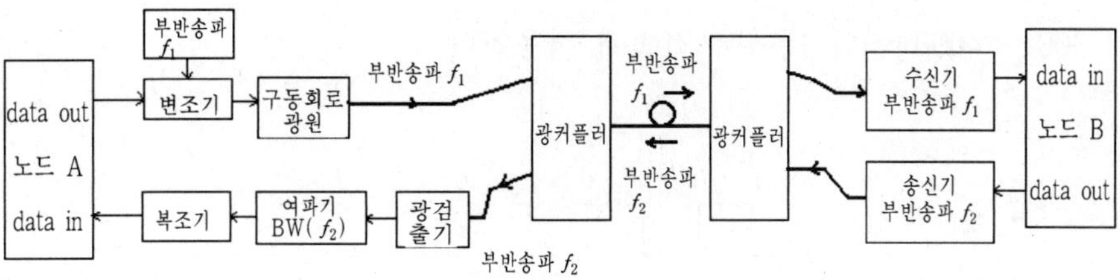

(b) 주파수분할 다중화

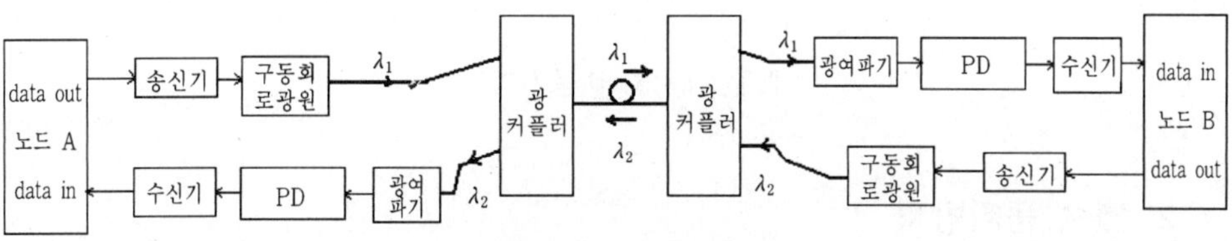

(c) 파장분할 다중화

[그림 4-44] 전이중 시스템

4.6 동기방식

동기방식은 디지털 신호를 전송할 때 송신측과 수신측 사이에 신호가 시작되는 것을 일치시키는 것을 동기라 하며, 일치되지 않으면 보낸 정보가 다른 정보로 변하므로 이를 방지하기 위하여 동기신호가 필요하다.

4.6.1 비트 동기방식

1. 비동기방식

비동기방식은 데이터 전송로에서 비트 동기를 취하는데 각 문자정보(8비트) 전후에 스타트 비트와 스톱 비트를 부가하여 직렬전송하는 방식으로 300~2400[bps]의 데이터 전송에 사용한다.

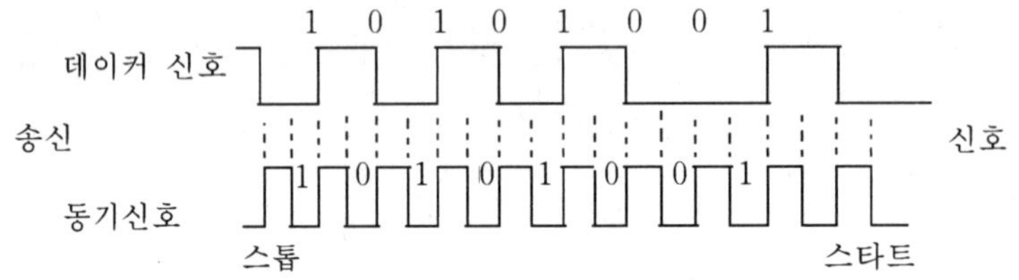

[그림 4-45] 비동기방식

2. 연속 동기방식

연속 동기방식은 데이터를 보내는 신호선과 동기신호를 보내는 선을 설치하여야 하나 송신측에서 1개의 신호선으로 데이터와 동기신호를 송신하고, 수신측에서는 서로 중복된 신호에서 동기신호가 검출되면 비트 동기를 취하여 동기신호를 제거하고 데이터 신호만 추출하는 방식이다.

4.6.2 문자 동기방식

문자 동기방식은 송신하는 경우 하나의 문자(8비트) 앞에 비트 패턴(01101000)을 부가하여 차례로 송출한다. 비트 패턴은 전송제어문자 또는 SYN 부호로 SYN 부호를 2개 이상 계속 보내어 동기를 정확히 취한다.

	문자	문자	문자	문자	SYN	
송신	01100110	11000010	1001001	10001111	00010110	수신

[그림 4-46] 문자 동기방식

4.6.3 프레임 동기방식

프레임 동기방식은 데이터 송신시 데이터 블록 구간을 플래그 순서에 의해 비트 패턴(01111110)을 송신 데이터의 전후에 부가하여 보내는 방식이다.

		프레임					
	비트 패턴	문자	문자	문자	문자	비트 패턴	
송신	01111110	01100110	11000010	1001001	10001111	01111110	수신

[그림 4-47] 프레임 동기방식

4.7 전송속도와 통신용량

4.7.1 전송속도

전송속도는 시간당 전송되는 정보량으로 bps(bit per second)로 나타내고, 데이터 신호속도, 변조속도, 데이터 전송속도, 베어러(bearer) 속도로 구분한다.

1. 데이터 신호속도

데이터 신호속도는 송신장치와 수신장치에서 1초당 전달되는 비트 수이다. 데이터 신호속도 S는 다음과 같다.

$$S=\sum_{i=1}^{m}\frac{1}{T_i}\log_2 N_i\,[\text{bps}]$$

여기서 m은 전송 비트 수, T_i는 i번째의 회선에서 1개의 단위 펄스의 최소 간격, N_i는 i번째의 회선에서 1개의 단위 펄스가 나타내는 상태 수이다. 데이터 신호속도=변조속도 $\times k$(변조로 전송 가능한 비트 수)이다.

2. 변조속도

변조속도는 1초 동안에 몇 번의 변조가 일어나는가를 나타내며, 변화점과 변화점 간의 최소 간격이 T초라면 변조속도 B는 다음과 같고, 단위는 보(baud)라 한다.

$$B=\frac{1}{T}\,[\text{baud}]$$

3. 데이터 전송속도

데이터 전송속도는 단위시간에 전달되는 데이터량으로 데이터량의 단위는 비트·문자·블록이고, 시간단위는 초·분·시간을 사용하므로 일반적으로 [문자/분]으로 표현한다.

$$\text{데이터 전송속도}=\frac{\text{데이터 신호속도}\times 60}{\text{1문자를 구성하는 비트 수}}\,[\text{자/분}]$$

4. 베어러 속도

베어러 속도는 데이터 회선 종단장치 내에서 샘플링 펄스에 따라 정해진다.

$$\text{베어러 속도} = \text{데이터 신호속도} \times \text{샘플링 수} \times \frac{8}{6}\,[\text{bps}]$$

4.7.2 통신용량

1. 섀논에 의한 통신용량

최대 통신용량 C는 다음과 같다.

$$C = B\log_2\left(1 + \frac{S}{N}\right)[\text{bps}]$$

여기서 B는 전송 채널의 대역폭, S는 신호의 전력, N은 백색 가우스 잡음의 전력이다.

2. 나이퀴스트에 의한 통신용량

최대 통신용량 C는 다음과 같다.

$$C = 2B\log_2 M[\text{bps}]$$

여기서 C는 통신가능 최대 전송량, B는 전송로의 주파수 대역폭, M은 가능한 신호 상태수이다.

예제 7

각 심볼당 비트 수가 4이고, 31개의 심볼이 25[ms]에 전송될 때 보레이트와 bps를 구하시오.

풀이 ···········

$$\text{보레이트} = \frac{\text{심볼수}}{\text{sec}} = \frac{31}{25 \times 10^{-3}} = 1240\ [\text{baud}]$$

$$\text{bps} = \frac{\text{비트}}{\text{심볼}} \times \text{보레이트} = 4 \times 1240 = 4960\ [\text{bps}]$$

4.8 다중화 시스템

송신부에서는 직접 아날로그(analog) 입력을 다중화(MUX : multiplexing), 주파수분할 다중화(FDM : Frequency Division Multiplxer), 시분할 다중화(TDM : Time Division Multiplexer), AM 변조, FM 변조 등을 사용하며, 아날로그 입력을 펄스 부호변조(PCM : Pulse Code Modulation), 펄스폭 변조(PWM : Pulse Width Modulation), 펄스 위치변조(PPM : Pulse Position Modulation), 펄스 진폭변조(PAM : Pulse Amplitude Modulation) 등을 하여 디지털 신호로 변환한다.

또한 디지털 입력신호는 RZ(Return to Zero), NRZ(Non Return to Zero), 맨체스터 등의 부호에 따라 인가되는 디지털 데이터로 변환한다.

수신부에서는 검출된 신호를 역다중화(DEMUX : dmultiplexing), FDM, TDM 등을 한 후 디코더, 복조, 재포맷 등을 하여 아날로그 출력 및 디지털 출력으로 변환한다. [그림 4-48]은 통신 시스템의 블록도이다.

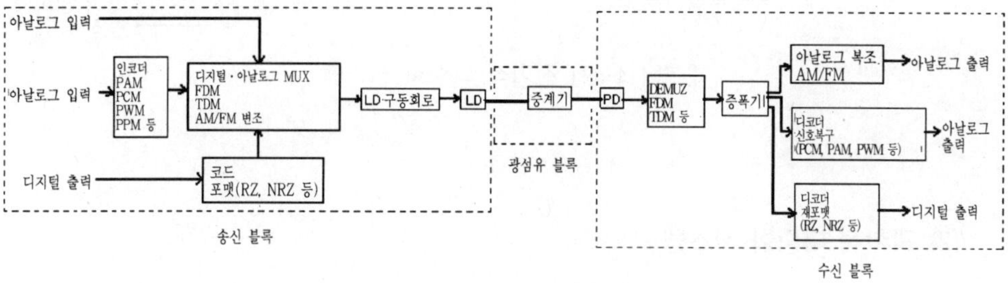

[그림 4-48] 통신 시스템 블록도

4.8.1 광시분할 다중방식

1. 전기적 다중화와 광학적 다중화

(1) 전기적 다중화 시스템

[그림 4-49]와 같이 송신단에서 전기적인 입력신호를 시분할 다중화한 후 전기적 신호를 광신호(E/O : Electrical to Optical)로 변환하여 광을 전송하고 수신단에서 수신된 광신호를 전기신호로 역변환(O/E)한 후 전기적으로 시분할 역다중화한다. nB의 비트율로 대역폭이 증가하므로 다중화와 전광변환장치를 다중화된 비트율의 높은 속도로 동작하여야 하므로 전자소자는 제한된 처리속도를 갖는다.

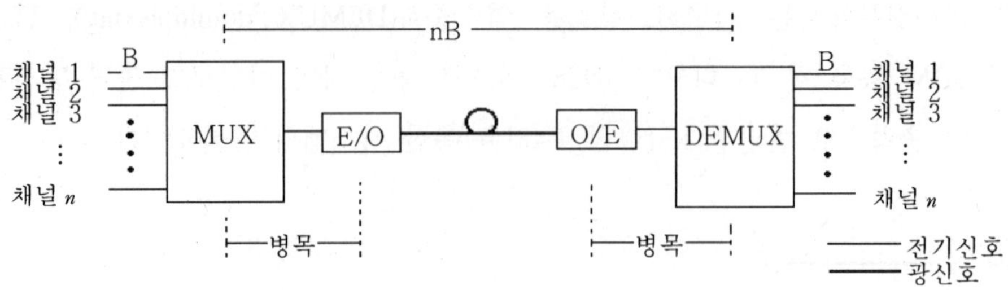

[그림 4-49] 전기적 다중화 시스템

(2) 광학적 다중화 시스템

[그림 4-50]에서 전기적 채널 신호들을 전광변환한 후에 광신호들을 광학적으로 다중화하는 과정으로 신호처리에 관련된 모든 전자소자들을 기저대역전송(변조 · 복조 무관) 채널의 비트율에서 행해지므로 전자소자에 의한 병목현상을 방지할 수 있다.

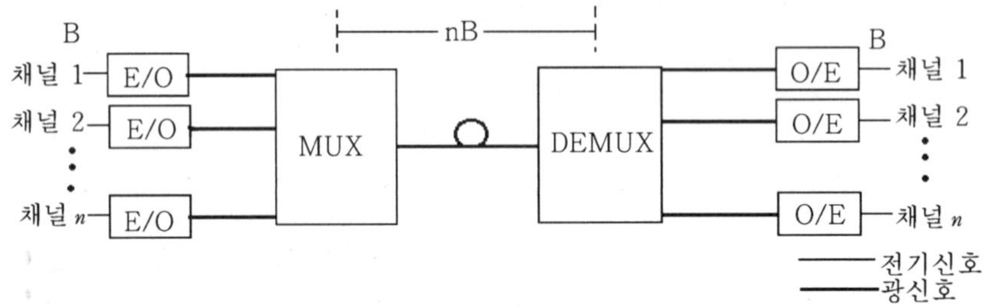

[그림 4-50] 광학적 다중화 시스템

2. 광시분할 다중화 시스템의 구조

[그림 4-51]과 같이 광시분할 다중화(OTDM : Optical Time Division Multiplexing) 시스템의 구조는 송신기, 수신기, 모드 록이드(mode locked) 레이저로 구성되며, 모드 록이드 레이저는 전체 시스템의 광펄스 동기를

위해 각 채널에 좁은 폭의 신호를 제공한다.

즉 OTDM에서 각 채널의 시간기준은 다중화에서 필수적으로 모든 입력 채널간의 정확한 시간동기를 위해 중앙동기방식의 클록신호를 모든 입력 채널에 공급한다.

또한 OTDM은 광펄스의 폭이 좁을수록 더 많은 채널을 수용하므로 좁은 펄스폭의 신호를 발생하기 위하여 모드 록이드 방식과 gain/Q 스위칭 방식을 채용한다.

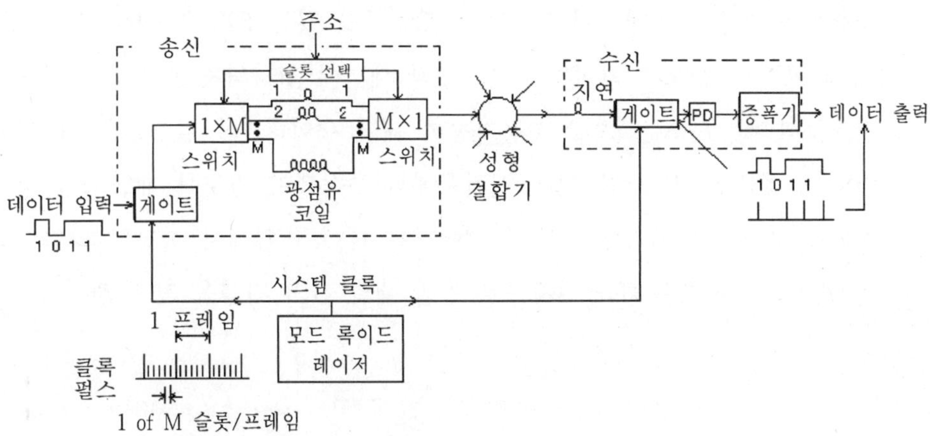

[그림 4-51] 광시분할 다중화 시스템의 구조

광송신기는 게이트와 다중화기로 구성되며, 게이트는 반도체 레이저에서 나오는 광펄스열을 입력 데이터에 따라 온-오프 변조를 위한 전광변조로 구성하고, 광다중화기는 변조된 광펄스 신호를 프레임 내의 적절한 시간 간격에 배치하기 위한 1×M 스위치와 딜레이(delay) 선으로 구성한다.

[그림 4-52]와 같이 전광변환기의 구성으로 레이저로부터 광펄스열을 변조기에 인가되는 전기적 입력 데이터에 의하여 샘플링되며, 이때 NRZ의 입력신호는 RZ 형태의 광신호로 변환되어 입력신호와 동일한 전송률을 갖는 좁은 폭의 광펄스로 변환한다.

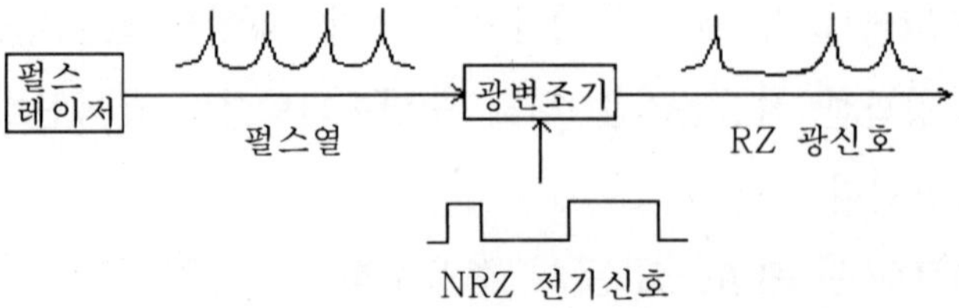

[그림 4-52] 광신호 발생

[그림 4-53]과 같이 n개의 채널이 다중화한 예로 다중화기는 n개의 광신호를 B주기로 반복되면서 T의 펄스폭을 갖는 RZ 펄스열이 된다. 즉 B의 프레임 간격을 의미하며, T는 각 채널에 할당되는 펄스의 폭이므로 펄스폭의 비 B/T는 최대 수용가능한 채널 수이다. 이 펄스열은 각 채널마다 일정한 지연 D를 거쳐 시간축에서 중복되지 않도록 배열되어 다중화된다. 이때 각 기저대 채널의 데이터는 데이터 옆에서 할당된 타임슬롯을 제외하고는 모두 0을 가지므로 인접 채널 간의 간섭을 작게 한다.

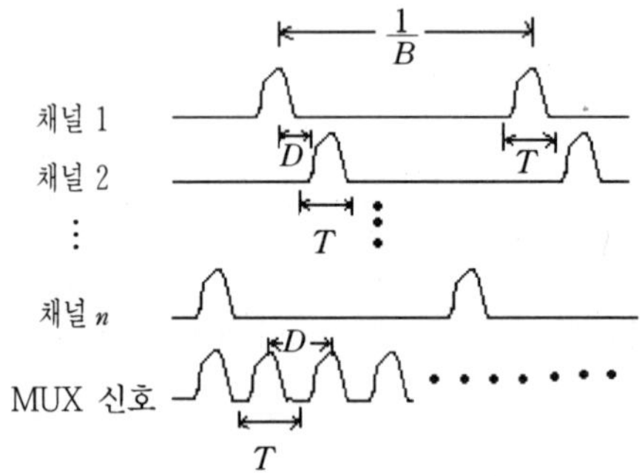

[그림 4-53] n채널 MUX 신호

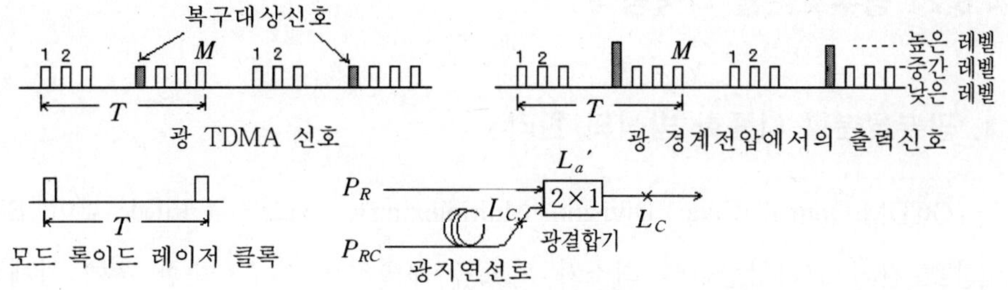

[그림 4-54] 광 TDMA

광수신기는 역다중화기와 광다이오드를 이용한 광전변환기로 구성되며, 역다중화기는 다중화한 펄스열의 각 비트를 적절한 채널의 광전변환기로 전송한다.

따라서 [그림 4-54]와 같이 광수신기는 다중화된 프레임에서 특정 채널의 시간간격을 확인하기 위하여 i번째 수신기는 광클록 신호를 iT만큼 지연하여 수신신호를 더함으로써 광클록 신호보다 큰 신호를 얻을 수 있다. 즉 수신기는 신호 레벨이 기준을 넘으면 데이터가 있음을 확인한다.

3. OTDM 시스템의 블록도

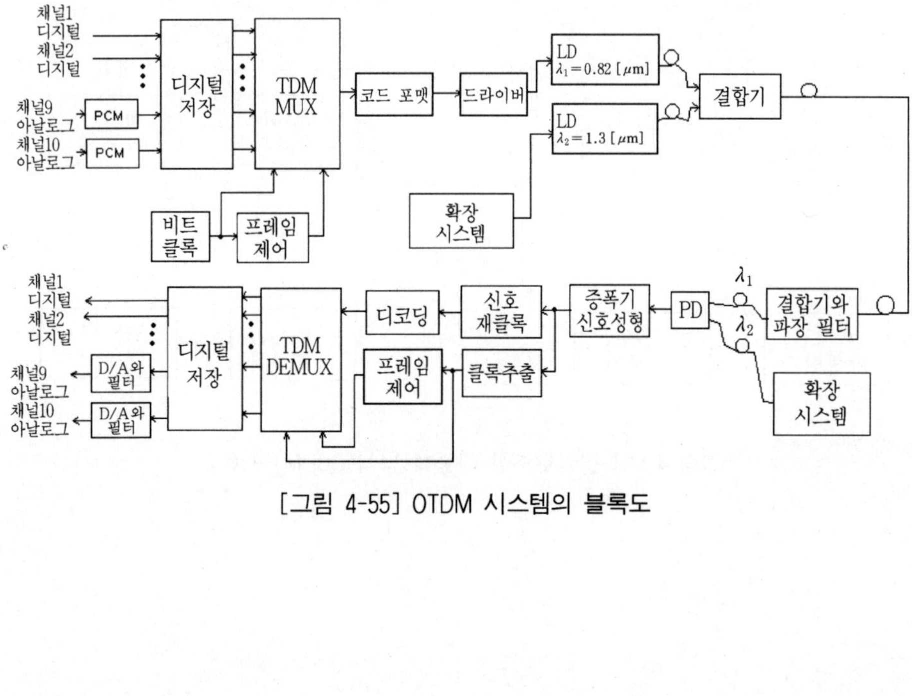

[그림 4-55] OTDM 시스템의 블록도

4.8.2 광부호분할 다중방식

1. 광부호분할 다중화 방식의 원리

OCDM(Optical Code Division Multiplexing)은 [그림 4-56]과 같이 E/O 신호 간의 교차상관값이 최소가 되도록 개별적으로 부호화한 후에 광채널을 통해 동시에 전송하고, 수신부에서는 중첩된 여러 신호들을 원하는 신호만을 복호화하는 과정을 갖는 상관검출기를 통해 추출해내는 다원접속 방식이다.

광전송에서는 펄스 신호는 광세기로 표현되어 +1, 0 값으로 표시되므로 곱과 합의 연산인 상관결과가 0이 될 수 없고, 연산 결과값의 수준에 의해서만 상관관계가 구분되므로 광통신에 쓰이는 직교부호를 의사직교부호라 한다.

따라서 OCDM은 전송 데이터가 같은 주파수 대역 안에 중복되어도 복호화 과정으로 구분하여 원하는 신호를 복구할 수 있고, 광섬유의 넓은 대역폭을 이용하여 전송 데이터 간의 충돌현상을 무시할 수 있다.

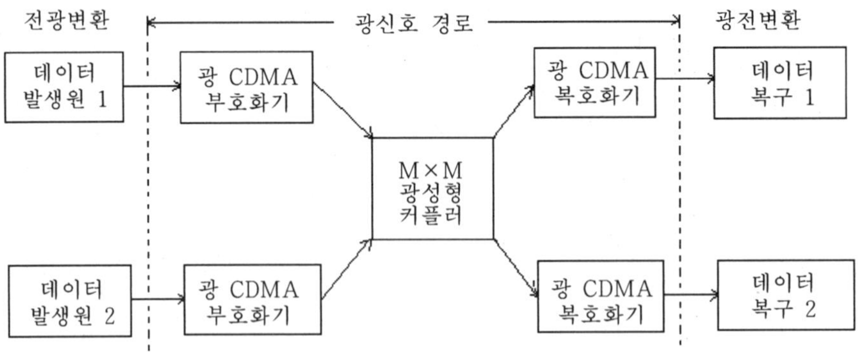

[그림 4-56] 광부호분할 다중화 방식(OCDM)의 원리

2. 광부호분할 다중화 방식의 분류

부호화와 복호화를 위한 처리영역에 따라 시간적 OCDM, 공간적 OCDM, 스펙트럼 OCDM으로 나누어지며, 시간적 OCDM은 무선이동통신에서 각 입력 펄스를 다수의 직교부호화된 펄스 신호로 변화하여 전송하는 방식이고, 공간적 OCDM 방식은 부호화한 신호를 여러 개의 광 채널에 나누어 병렬로 전송하는 방식이다.

또한 스펙트럼 OCDM 방식은 입력 디지털 신호를 광스펙트럼으로 변환한 후에 파장성분별 위상부호화 과정을 거쳐 전송하는 방식이다.

시간적 OCDM : $T_c = \dfrac{T_b}{L(N,\ W)}$

공간적 OCDM : $f = L(N,\ W)$

스펙트럼 OCDM : $\delta\lambda = \dfrac{\Delta\lambda}{L(N,\ W)}$ $\lambda = \Delta\lambda / L(N,\ W)$

여기서 T_b는 디지털 데이터 비트 주기, T_c는 칩의 주기, f는 광채널의 수, λ는 스펙트럼 채널의 폭, $\Delta\lambda$는 총 채널의 스펙트럼폭, N은 동시 사용자 수, W는 +1인 함수, $L(N,\ W)$는 직교부호의 비트 수이다.

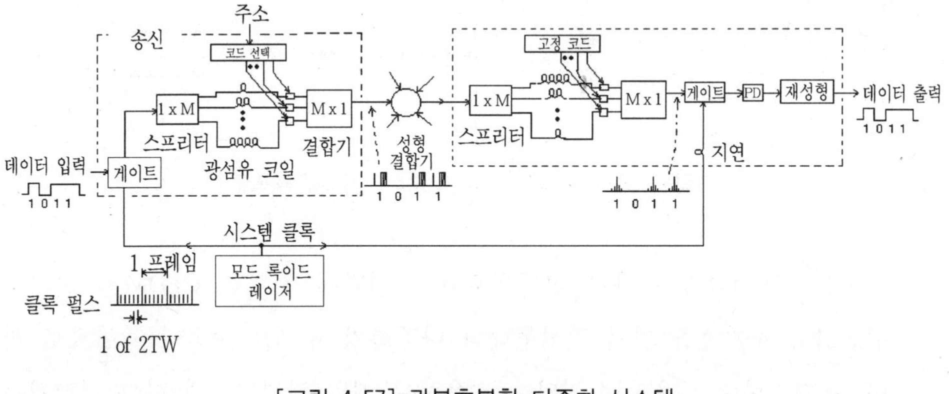

[그림 4-57] 광부호분할 다중화 시스템

[그림 4-57]과 같이 시간적 OCDM에서 부호화 과정은 입력되는 하나의 펄스마다 서로 다른 지연값을 갖는 선로들로 분리되어 전송되면서 직교부호신호에 의하여 동작되는 게이트에 의하여 병렬로 배열된 부호화 신호로 변환한다. 이후에 다시 하나의 직렬로 배열된 신호로 변환한 후에 전송된다. 복호화는 부호화의 역순으로 이루어지며, 상관값의 높고 낮음으로 신호를 판별하여 원래의 데이터 신호를 복구한다.

4.8.3 광주파수분할 다중방식

OFDM과 WDM은 채널 간격에 의해 구분되고, WDM의 경우 20000[GHz]에 이르는 넓은 채널 간격을 지니며, OFDM은 약 5[GHz]의 좁은 채널 간격을 지닌 경우로 고밀도 파장분할 다중방식(HDWDM : High Density WDM)이라 한다.

[그림 4-58]은 광주파수분할 다중화(OFDM : Optical Freguency Division Multiplexing) 방식의 블록도이다.

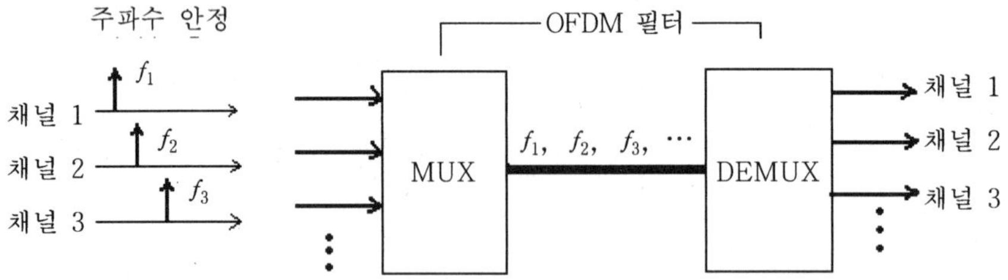

[그림 4-58] 광주파수분할 다중화 방식의 블록도

송신단의 LD에 주파수 안정회로와 수신단에 정확한 OFDM용 필터가 필요하고 주기성을 지닌 간섭형태의 다중화기 및 역다중화기를 필요로 한다. 광다중화에 사용되는 필터는 적용하는 채널 간격범위에 따라 결정되는

데 유전체 필터나 회절격자 등이 광 필터로 사용된다.

OFDM에 적용하는 필터는 주기성을 지닌 간섭계형 필터로 패브리-페롯(Fabry-perot) 간섭계 필터, 마치-젠더(Mach-Zehnder) 간섭계 필터, 링(Ring) 공진기형 필터가 있다.

[그림 4-59]는 선형 디지털 시스템의 블록도이다.

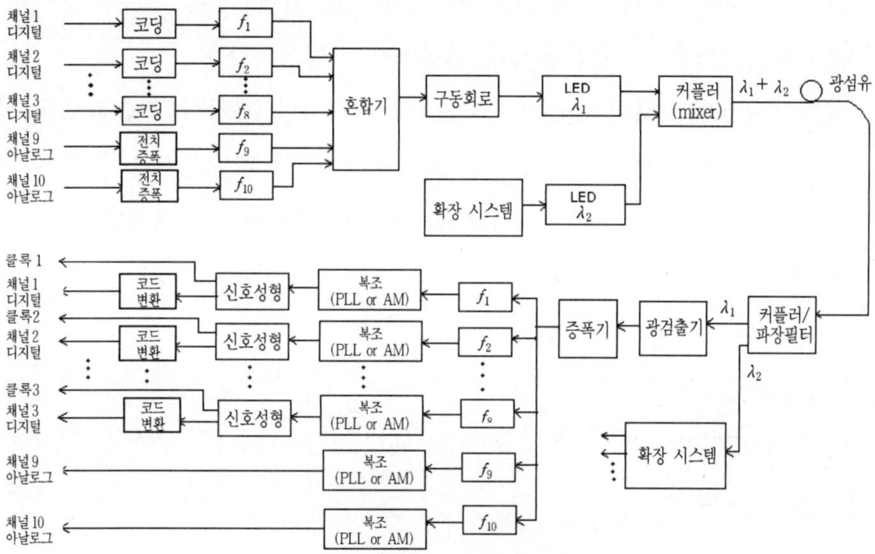

[그림 4-59] 선형 디지털 시스템

선형 광통신 시스템으로 10개의 부반송파가 FDM에 사용되고, 디지털 채널은 8개, 아날로그 채널은 2개이다. FDM은 아날로그 전송방식이 요구되고 부반송파 신호는 무왜곡이어야 하므로 LED를 사용한다.

입력 디지털 신호는 광통신 입력부호인 맨체스터 부호로 변환하고, 부반송파는 AM 또는 FM으로 변조하고 수신측에서 복조기와 일치시킨다. 부반송파들은 LED를 구동하는 복합신호 형태로 혼합된다. 수신부에서는 필터를 이용하여 파장을 분리하고 광검출 및 증폭한 후 10개의 BPF에 의하여 부반송파를 분리한다.

4.8.4 파장분할 다중화 방식

1. 파장분할 다중화 방식의 원리

파장분할 다중화(WDM : Wave length Division Multiplexing) 방식은 광섬유의 저손실 파장대역을 여러 개의 좁은 채널 파장대역으로 분할하여 각 입력 채널마다 하나의 파장대역을 할당하고 입력 채널 신호들을 할당된 채널 파장대역을 통하여 동시에 광전송하는 방식이다.

[그림 4-60]과 같이 송신기에서는 각 채널마다 전기적 전송정보를 할당된 특정 파장의 광신호로 전광변환한 후에 파장 다중화기를 통하여 전송하고, 수신기에서는 역다중화기를 통하여 원하는 채널의 파장을 선택한 후 신호를 복구한다.

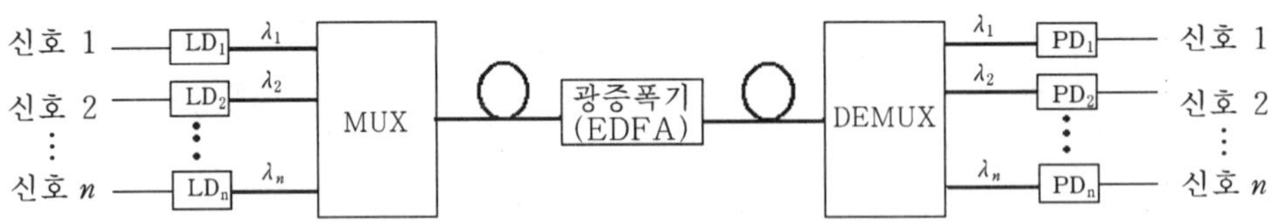

[그림 4-60] 파장분할 다중화 방식의 원리

2. 파장분할 다중화 방식의 구조

(1) 일 대 일 접속

일 대 일 접속(point to point link)에서 광주파수분할 다중화로 대용량 정보전송이 가능하다. 광전송 시스템의 전송용량은 비트율과 전송거리의 곱으로 전송용량 BL은 다음과 같다.

$$BL = (B_1 + B_2 + B_3 + \cdot\cdot\cdot + B_n)L$$

여기서 B_1, B_2, B_3, · · · , B_n은 각 채널 전송 비트율, L은 전송거리이다.

(2) 방송분배형 접속

[그림 4-61]과 같이 광주파수분할 다중화 전송 시스템에 고정파장 송신기와 파장가변 수신기를 장착한 경우 중앙분배국과 가입자 사이에 영상정보 등의 정보를 제공하는 접속이 가능하다. 전송 채널의 다중화와 역다중화는 성형망에 의해 수행되는데 송신단의 각 채널은 수동 성형망에 의해 결합되고, 모든 가입자에게 균일한 광전력이 전달되고, 수신단에서는 가변파장 필터를 통해 $\lambda_1 \sim \lambda_n$의 광파장 중 하나의 채널을 선택하여 정보를 수신한다.

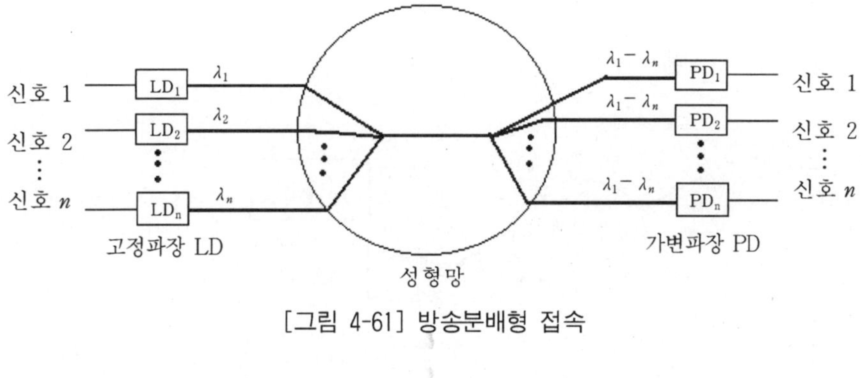

[그림 4-61] 방송분배형 접속

(3) 다중접속 LAN

모든 가입자에게 양방향 랜덤 접속을 제공하는 것으로 각 가입자는 자기 자신의 고유파장을 송신함과 동시에 가변 수신기로 다른 모든 가입자의 정보를 수신한다. 광주파수분할 다중화 방식을 다중접속 LAN에 적용하여 구성한 예로 벨코어(Bellcore)사에서 실험한 LAMBDANET, HYPASS(Hybrid Packet Switching System), FOX(Fiber Optical Crossconnect) 등 이는 수동 성형망에서 서로 다른 반송파를 지니고 분배되므로 채널 라우팅과 스위칭에 있어서 논블로킹

(nonblocking)을 보장한다.

1) 광주파수분할 다중화를 사용한 다중접속 LAN

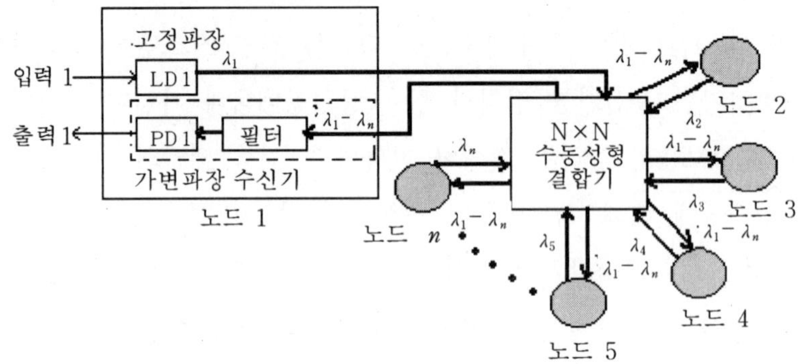

[그림 4-62] 광주파수분할 다중화를 사용한 다중접속 LAN

2) FOX 시스템

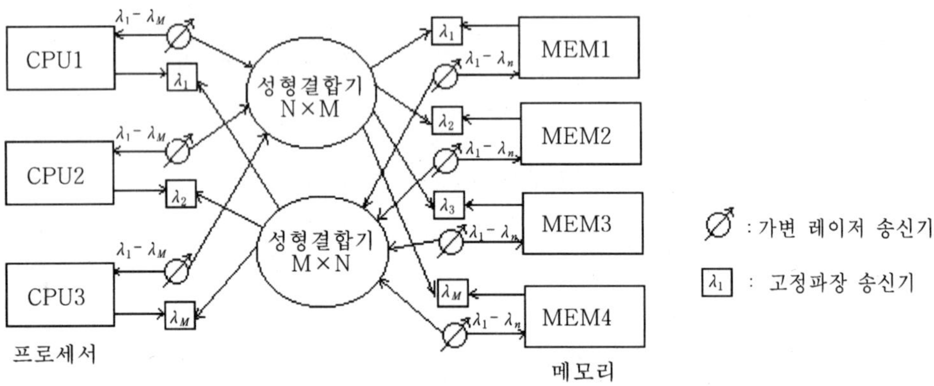

[그림 4-63] FOX 시스템

4.8.5 부반송파 다중방식

현재 활용중인 CATV나 위성통신 및 위성방송에 사용되는 아날로그 전송 서비스의 수용을 위한 아날로그 광전송방식이 필요하며, SCM 방식이 대표적이다.

1. SCM 전송방식의 원리

[그림 4-64]과 같이 부반송파 다중화(SCM : Subcarrier Multiplexing)의 전송방식은 다수의 신호원으로부터의 전기신호들을 지정된 부반송파로 AM 또는 FM 변조 후에 주파수 다중화하고 다중화된 신호로 LD를 구동하여 광신호로 변환한 후에 광전송한다. PD를 이용하여 광전변환 후 특정반송파에 동기된 대역필터를 통하여 원하는 신호를 추출한다. 따라서 대부분 신호처리 과정은 전기적으로 이루어지고 광섬유는 다중화된 신호를 전송하는 데 한정된다.

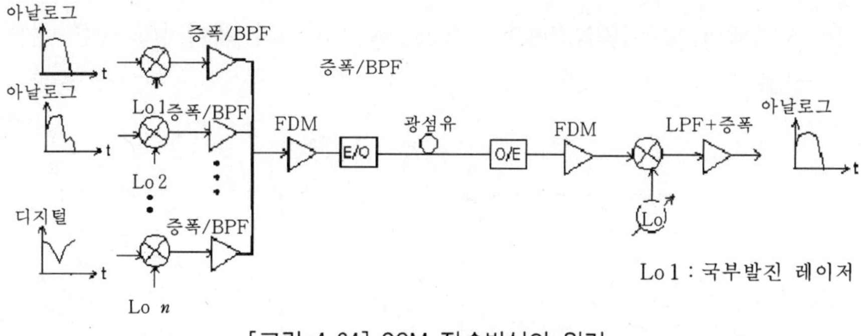

[그림 4-64] SCM 전송방식의 원리

아날로그 변조된 신호나 디지털 변조된 신호의 형식에 관계없이 수용이 모두 가능하다. 또한 아날로그 신호에 대한 디지털화 과정이 필요 없으며, 시스템 측면에서 대부분 광다중 전송 시스템에서 요구되는 파장 또는 시간의 동기화 과정이 필요없이 구현이 가능하다.

그러나 아날로그 변조방식을 사용하므로 광변조 및 전송에 따르는 잡음과 왜곡현상에 민감하므로 광전송 시스템에 사용하는 LD의 선형특성과 저잡음 특성이 엄격히 요구되고 다중화할 수 있는 신호(채널)의 수와 신호 변조도가 제한되어 전송성능이 제한된다.

2. SCM 전송방식의 종류

(1) AM-SCM 방식

일 대 일 또는 일 대 다수 통신에 응용되는 다채널 AM-VSB 신호를 광을 통해서 전송하는 방법은 다른 변조방법에 비해 직접적이고 구현이 용이하다.

그러나 AM 채널의 경우 광전송 시에 발생하는 잡음성분들이 신호에 직접적으로 영향을 미치기 때문에 출력에서의 신호 대 잡음비(SNR)가 CNR(Carrier to Noise Ratio)에 비해 전혀 이득이 없다.

따라서 [그림 4-65]와 같이 AM 방식을 택할 경우 높은 CNR이 요구되어 시스템의 낮은 RIN(Relative Intensity Noise)과 레이저의 높은 선형성이 요구된다.

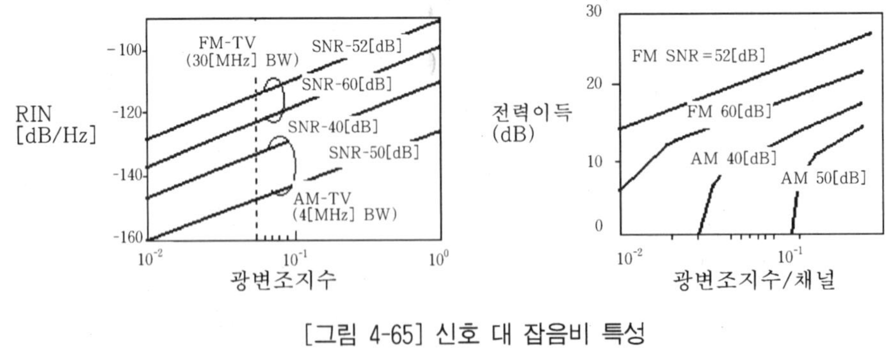

[그림 4-65] 신호 대 잡음비 특성

(2) FM-SCM 방식

CATV나 광섬유를 이용한 위성신호 전송에 많이 이용되는 변조방법은 FM 방식이다. FM 수신기에서의 SNR은 수신기 입력에서의 CNR에 비하여 매우 크게 된다. 이것은 FM으로 변조된 신호는 캐리어의 크기에 정보를 싣는 것이 아니라 캐리어의 순간 주파수에 정보를 싣는다. 광 채널에서 발생되는 잡음성분들은 캐리어의 크기에 영향을 미치나 캐리어의 주파수에 미치는 영향은 적다.

따라서 FM 변조방식으로 전송할 경우 출력에서의 SNR은 CNR에 비해 상당한 이득을 가진다. 따라서 매우 큰 SNR 개선으로 신뢰성은 있으나 대역폭이 늘어나는 단점이 있다.

3. SCM 전송방식의 응용

(1) CATV에서의 SCM

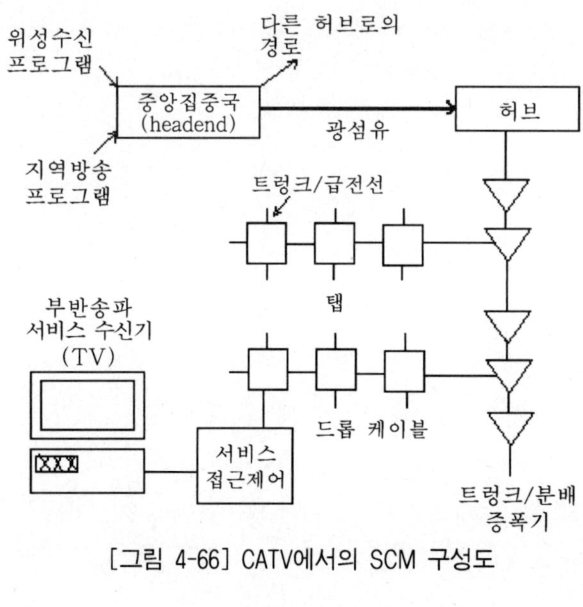

[그림 4-66] CATV에서의 SCM 구성도

(2) PCN(Personal Communications Network)에서의 SCM

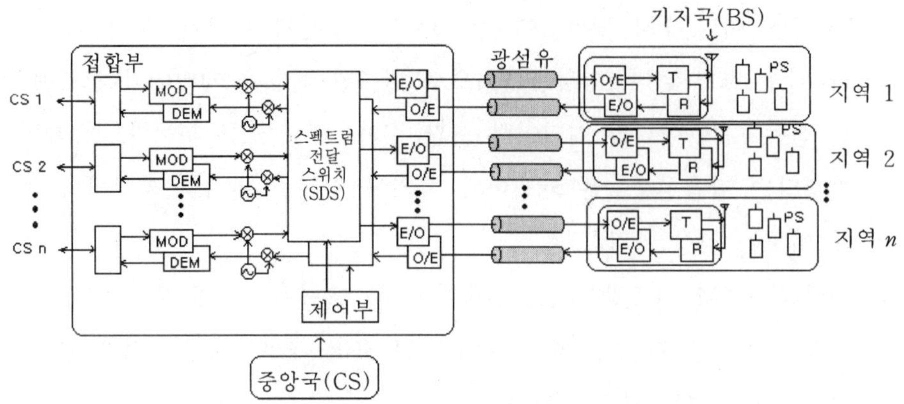

[그림 4-67] PCN에서의 SCM 구성도

제4장

연습문제

1. 진폭변조에서 정보신호 $v_m(t) = V_m \cos \omega_m t$, 반송파 신호 $v_c(t) = V_c \cos \omega_c t$ 일 때 피변조파 신호에 대하여 수식으로 증명하고, 측파대에 대하여 기술하시오.

2. DSB-SC 방식의 피변조파와 복조에 대하여 기술하시오.

3. 위상천이방식에 의한 SSB 변조 및 복조에 대하여 기술하시오.

4. VSB의 변조 및 복조에 대하여 기술하시오.

5. 주파수 변조에서 정보신호 $v_m(t) = V_m \cos \omega_m t$, 반송파 신호 $v_c(t) = V_c \cos (\omega_c t + \theta(t))$일 때 FM 변조파에 대하여 수식으로 증명하고, 주파수 스펙트럼에 대하여 기술하시오.

6. FM 신호의 복조에 대하여 기술하시오.

7. 위상변조에서 정보신호 $v_m(t) = V_m \cos \omega_m t$, 반송파 신호 $v_c(t) = V_c \cos (\omega_c t + \theta(t))$일 때 PM 변조파에 대하여 수식으로 증명하고, 협대역변조에 대하여 기술하시오.

8. PCM에 대하여 기술하시오.

9. ASK, FSK에 대하여 기술하시오.

10. BPSK, QPSK에 대하여 기술하시오.

11. QAM에 대하여 기술하시오.

12. RZ, NRZ, 맨체스터 코드에 대하여 기술하시오.

13. 직렬전송과 병렬전송의 차이점을 기술하시오.

14. 비트, 문자, 프레임 동기방식에 대하여 기술하시오.

15. 광통신방식에 대하여 기술하시오.

16. OTDM에 대하여 기술하시오.

17. OFDM에 대하여 기술하시오.

18. 파장분할 다중화에 대하여 기술하시오.

19. OCDM에 대하여 기술하시오.

20. SCM에 대하여 기술하시오.

21. TDM MUX가 16채널을 다중화하려 할 때 각 채널은 1자당 8비트로 구성되어 10,000[자/초]로 동작하고 MUX 출력은 동시에 1자를 전송하고 입력 데이터는 전송 전에 저장되었다고 한다. 이때 채널 교환율, 출력 데이터율을 구하시오.

22. FDM MUX가 각각 5[kHz] 대역폭을 가진 아날로그 8채널을 다중화하려 한다. 전체 대역폭의 20[%]가 보호 주파수대에 있을 때 전체 대역폭을 구하시오.

제 5 장 광통신 시스템

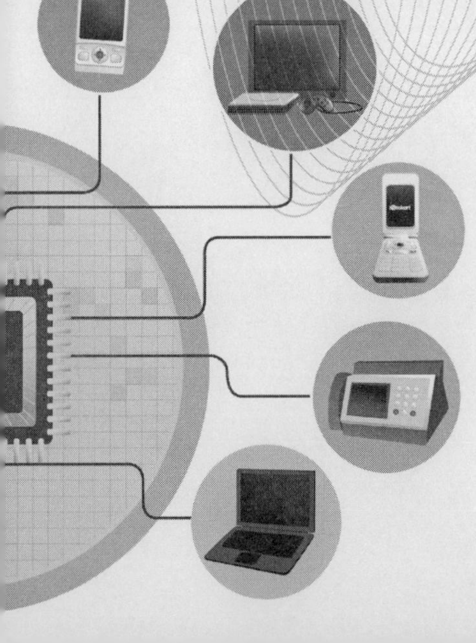

5.1 광통신 시스템 개요

광통신 시스템(optical communication system)은 광섬유기술과 통신기술의 조합으로 광섬유기술 부분은 광원, 검출기와 관련된 구동, 수신회로 및 광섬유를 다루고, 광커넥터와 융착접속이 포함되며, 통신기술 부분은 데이터 처리, 변조, 복조와 관계한다. 광통신에서 정보는 강도변조된 빛으로 전송하고 빛의 강도는 입력전압과 전류로 정현파적으로 변하는 강도를 갖는 빛을 발생한다. 광통신 시스템 구성은 [그림 5-1]과 같다.

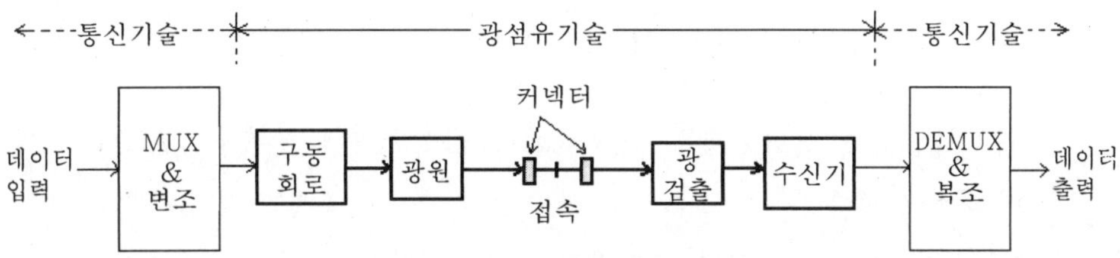

[그림 5-1] 광통신 시스템

5.2 코히어런트 광통신 시스템

[그림 5-2]와 같이 광전송방식은 송신부에서 LD의 출력광파는 전기적 신호로 변조하여 세기변조된 신호를 전송하고 수신부에서 수신된 광신호를 직접 PD에 조사하여 전류의 크기변화로서 신호를 검출한다.

세기변조/직접검출(IM/DD : Intensity Modulation/Direct Detection) 방식과 무선이나 초고주파 전송방식에서 반송파의 주파수나 위상을 변조하여 전송하고 호모다인(homodyne)이나 헤테로다인(heterodyne) 검출기법에 의하여 복조한다.

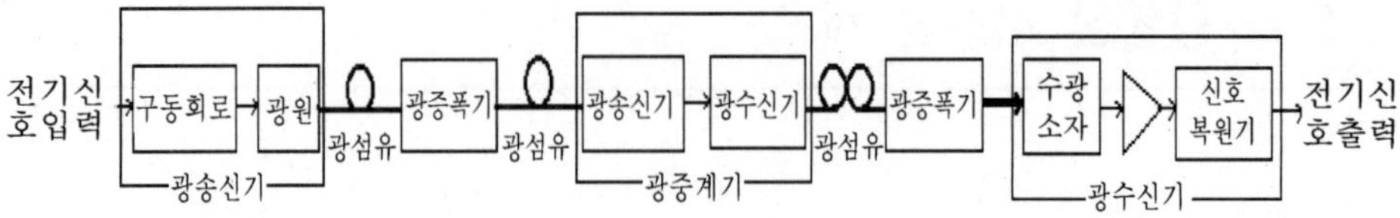

[그림 5-2] 광통신 전송 링크 구성

5.2.1 기본원리

광신호는 다음과 같다.

$$E_s = A_s \cos[\omega_{st} + \phi_s(t)]$$

여기서 A_s는 광반송파의 진폭, ω_s는 광반송파의 주파수, $\phi_s(t)$는 광반송파의 위상이다.

[그림 5-3]과 같이 직접 검출방식은 송신부에서 광원의 광출력을 전기적 신호로 변화시켜 변조된 광신호를 전송하므로 크기 변조인 ASK 방식을 사용하고, 수신부에서는 입력된 광신호가 PD에 입사되어 직접 복조된 형태의 전기신호로 변환한다. 직접 검출된 전류는 수신된 광세기 I_{DD}에 비례한다.

$$I_{DD} = E_s E_s^* = \frac{1}{2} A_s^2 [1 + \cos(2\omega_s t + 2\phi_s(t)]$$

여기서 $\cos(2\omega_s t + 2\phi_s(t))$는 광반송파 주파수의 2배로 PD의 응답대역을 초과되어 수신되는 신호에서 제거되고 $\frac{1}{2} A_s^2$항만 검출되므로 광세기의 변화로 정보를 복구할 수 있다.

국부발진 레이저의 출력광파는 다음과 같다.

$$E_L = A_L \cos(\omega_L t + \phi_L(t))$$

여기서 A_L는 광파 크기이다.

그러므로 광검출기의 출력광파는 다음과 같다.

$$I_{\mathrm{coh}}(t) = (E_s + E_L)^2 = \frac{1}{2} A_s^2 + \frac{1}{2} A_L^2 + A_s A_L \cos[(\omega_s - \omega_L)t + \phi(t)] \cos\theta(t)$$

여기서 $\phi(t) = \phi_s(t) - \phi_L(t)$는 입력광파와 국부발진광파와의 위상차이고, $\cos\theta(t)$는 두 광파의 편광정렬의 오차로 편광의 차이에 따라 발생하는 광세기의 크기변화를 의미한다.

광출력은 다음과 같다.

$$P(t) = P_s + P_L + 2\sqrt{P_s P_L} \cos[(\omega_s - \omega_L)t + \phi(t)] \cos\theta(t)$$

두 광파의 주파수 차를 중간주파수 ($\omega_{\mathrm{IF}} = \omega_s - \omega_L$)라 한다.

[그림 5-3] 코히어런트 광통신의 기본원리

5.2.2 검출방식

1. 호모다인 검출방식

$\omega_{\mathrm{IF}} = 0$인 경우

$$P(t) = P_s + P_L + 2\sqrt{P_s P_L} \cos[(\omega_s - \omega_L)t + \phi(t)] \cos\theta(t)$$

에서 $P_L \gg P_s$로 P_s는 P_L에 대하여 무시할 수 있고, P_L항은 직류성분이므로

$$2\sqrt{P_s P_L}\cos\phi(t)\cos\theta(t)$$

가 전송정보가 된다. 즉 수신부의 국부발진 출력을 증가시키면 정보의 크기가 커지므로 국부발진은 신호증폭기의 역할을 한다. 따라서 수신광파의 주파수와 국부발진 주파수가 정확히 일치해야 한다.

2. 헤테로다인 검출방식

3[dB] 헤테로다인 검출은 $P_L \gg P_s$에서 직류성분을 제거하면

$$P(t) = 2\sqrt{P_s P_L}\cos[\omega_{\mathrm{IF}}(t) + \phi(t)]\cos\theta(t)$$

이다.

5.2.3 변조방식

1. ASK 방식

반송파의 위상 $\phi_s(t)$을 일정하게 하고 크기 A_s를 전송신호로 변조한다. ASK 변조방식의 구현은 LD를 직접 구동하는 방법을 사용하고 코히어런트(coherent)에서는 외부 변조기가 사용된다.

2. FSK 방식

광반송파의 주파수를 변조하므로 $\omega_o + \Delta\omega$와 $\omega_o - \Delta\omega$의 광반송주파수를 지정하여 '0'과 '1'에 상응하는 디지털 비트로 표현한다. 주파수 변화량 $\Delta f\left(\dfrac{\Delta\omega}{2\pi}\right)$를 주파수편이라 하여 $2\Delta f$를 톤 간격이라 한다.

FSK 광파는

$$E_s = A_s \cos[(\omega_s \pm \Delta\omega)t + \phi_s(t)]$$

이다.

FSK 신호의 대역폭은 $2\Delta f + 2B$로 B는 전송신호의 비트율이다. FM 지수 $\beta_{FM} = \frac{\Delta f}{B}$로 $\beta_{FM} \gg 1$인 경우 대역폭은 $2\Delta f$에 접근하여 비트율이 거의 무시된다. 또한 $\beta_{FM} \ll 1$이면 대역폭은 $2B$가 된다.

3. PSK 방식

광파의 크기를 일정하게 유지하면서 위상변화량에 의하여 디지털 비트를 표현하고 $\phi_s(t)$를 0 또는 π로 지정하여 디지털 비트의 '0'과 '1'을 나타낸다. 광파의 위상 δ_ϕ와 인가되는 전압에 따른 굴절률 변화 δ_n이라면 다음과 같다.

$$\delta_\phi = \frac{2\pi(\delta_n l_m)}{\lambda}$$

여기서 l_m은 도파로의 길이, λ는 파장이다.

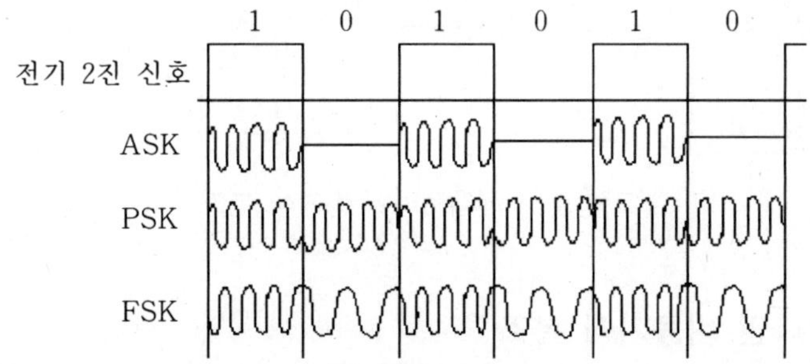

[그림 5-4] 변조방식

5.2.4 복조방식

1. 헤테로다인 동기식 복조

[그림 5-5]와 같이 PD에서 검출된 전류신호 ω_{IF}를 중심 주파수로 하여 BPF을 통과한 전류는

$$I_f(t) = I_p \cos(\omega_{IF} t - \psi)$$

로서

$$I_p = 2R\sqrt{P_s(t) P_L}$$

여기서 R은 광검출기의 검출신뢰도이다.

즉 전류신호로부터 ω_{IF}를 검출하고 이 신호와 수신된 전류 신호가 혼합하여 곱해진 후 LPF를 통과하여 원하는 기저대 신호

$$I_d = \frac{1}{2} I_p \cos\psi$$

를 얻는다.

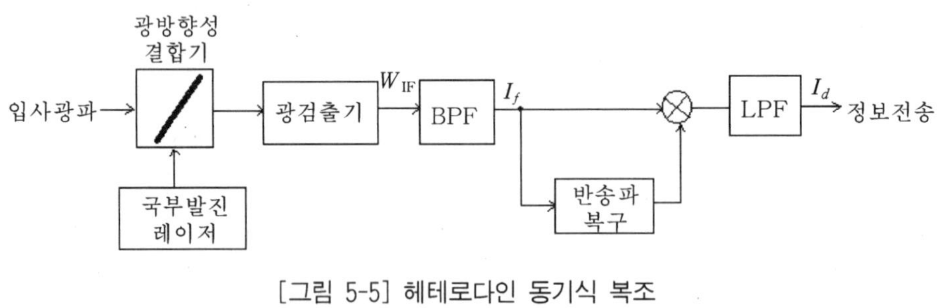

[그림 5-5] 헤테로다인 동기식 복조

2. 헤테로다인 비동기식 복조

[그림 5-6]과 같이 광검출기에서 검출된 신호는 ω_{IF}로 하는 BPF한 후 포락선 검출기로 기저대 신호를 추출한다. 이 경우 동기식 복조보다 잡음

효과가 커져 SNR이 약 0.5[dB] 정도 열화되나 열화정도가 적어 광원에 요구되는 성능을 완화시킬 수 있다.

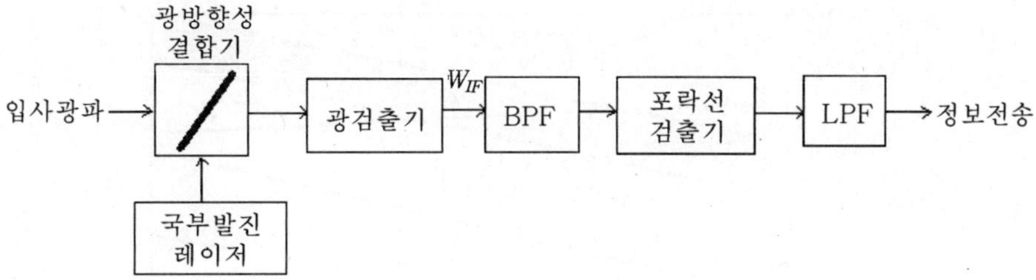

[그림 5-6] 헤테로다인 비동기식 복조

5.2.5 성 능

1. 광원의 선폭

코히어런트 시스템에서 신호발생 및 국부발진용 광원소자의 선폭은 매우 좁아야 하고, 발진주파수가 안정화되어야 하며, 위상 $\phi(t)$가 일정해야 한다. 광원의 위상변화는 수신광신호 전류의 변동으로 수신성능을 열화시킨다. 선폭을 나타내는 주파수 분포정수는 다음과 같다.

$$\Delta v = \frac{c\,\Delta\lambda}{\lambda^2}$$

즉 1550[nm] 파장에서 2[nm]의 파장폭을 갖는 레이저의 주파수분포는 약 250[GHz]이다. 요구되는 선폭은 송신부의 변조방식, 전송 비트율, 복조방식에 따라 달라진다.

[그림 5-7]과 같이 IF 선폭은 신호원 레이저와 국부발진 레이저의 선폭의 합이다. 1[Gb/s] 전송속도의 동기식 PSK 헤테로다인 시스템은 약 2[MHz]의 IF 신호 선폭이 요구되고, 같은 전송속도의 동기식 PSK 호모다인 시스템은

0.2[MHz]의 선폭이 요구되고, 비동기식 ASK와 FSK는 1[Gb/s] 전송속도 시스템에서 약 40[MHz] 선폭이 요구된다.

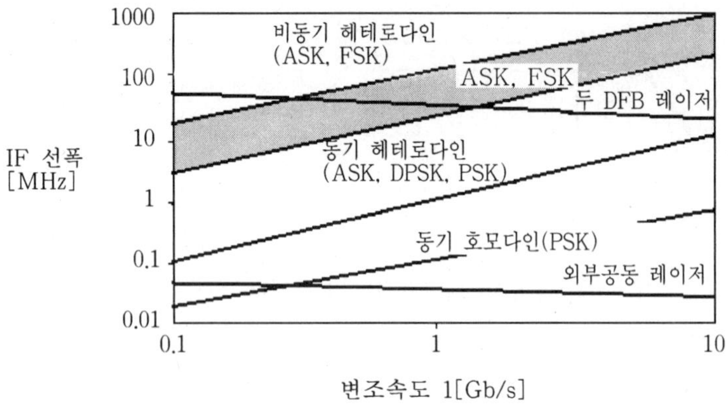

[그림 5-7] 광원과 선폭

2. 광원의 파장동조

[그림 5-8]과 같이 주파수 안정도를 얻기 위하여 송신부의 궤환 루프는 발생주파수를 광 표준주파수에 고정하기 위하여 단일 모드 레이저의 방출주파수는 온도와 바이어스 전류 등에 의하여 변하므로 발생주파수의 제어에 사용된다. 수신부에서는 헤테로다인 검출된 IF 신호의 주파수를 출력한 후 국부발진 레이저의 중앙주파수가 일정하도록 온도 또는 전류주입 제어기법을 적용한다.

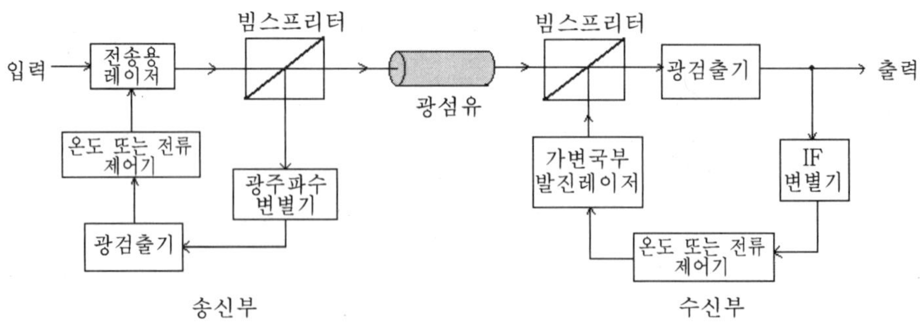

[그림 5-8] 광원의 파장동조

5.3 송신 · 수신기

5.3.1 비디오 시스템

1. 송신부

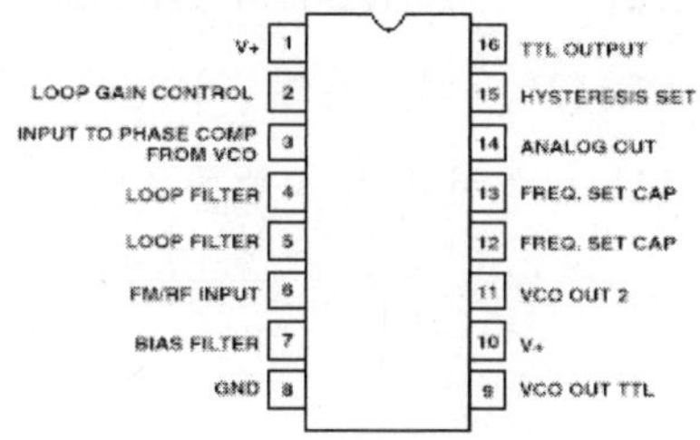

(a) NE564

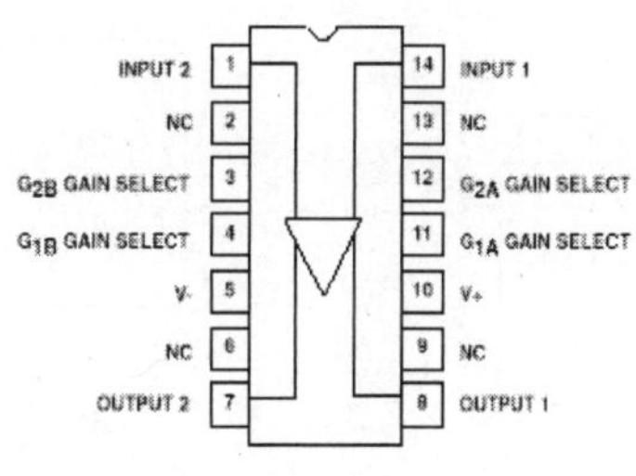

(b) NE592

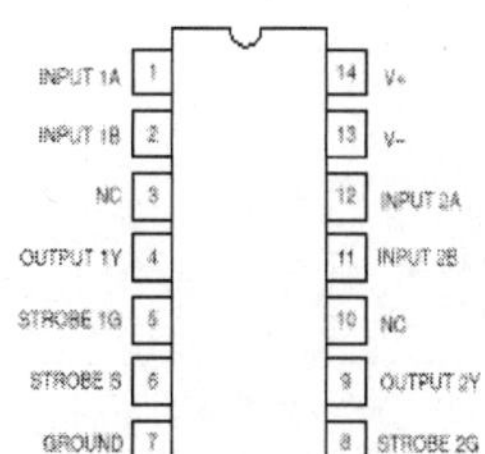

(c) NE522

[그림 5-9] 비디오 시스템 전용 IC

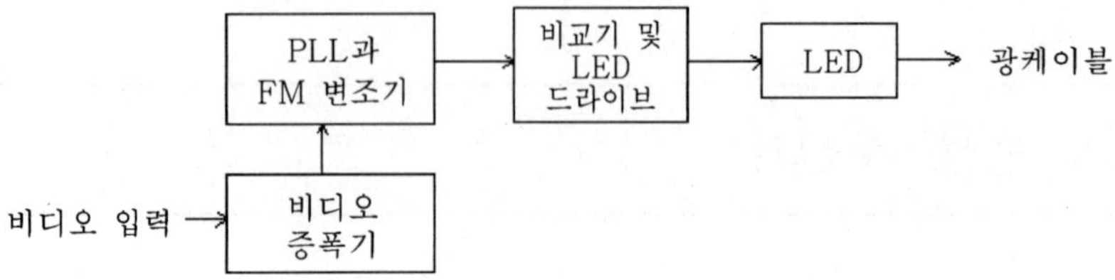

[그림 5-10] 비디오 시스템 송신부 블록도

[그림 5-9]와 같이 NE564인 PLL IC로 동작주파수가 50[MHz]이고, 신호 발생기, FSK 송수신기 등에 이용되고, NE592는 비디오 증폭기이다. 따라서 송신부는 [그림 5-10]과 같이 NE564와 NE592로 비디오 변조파를 발생시키고, 이 신호를 NE522의 비교기와 적외선 LED 드라이버에 의하여 LED(180[μm])를 구동하여 광섬유로 신호를 전송한다.

[그림 5-11]은 비디오 시스템 송신부 회로도이다.

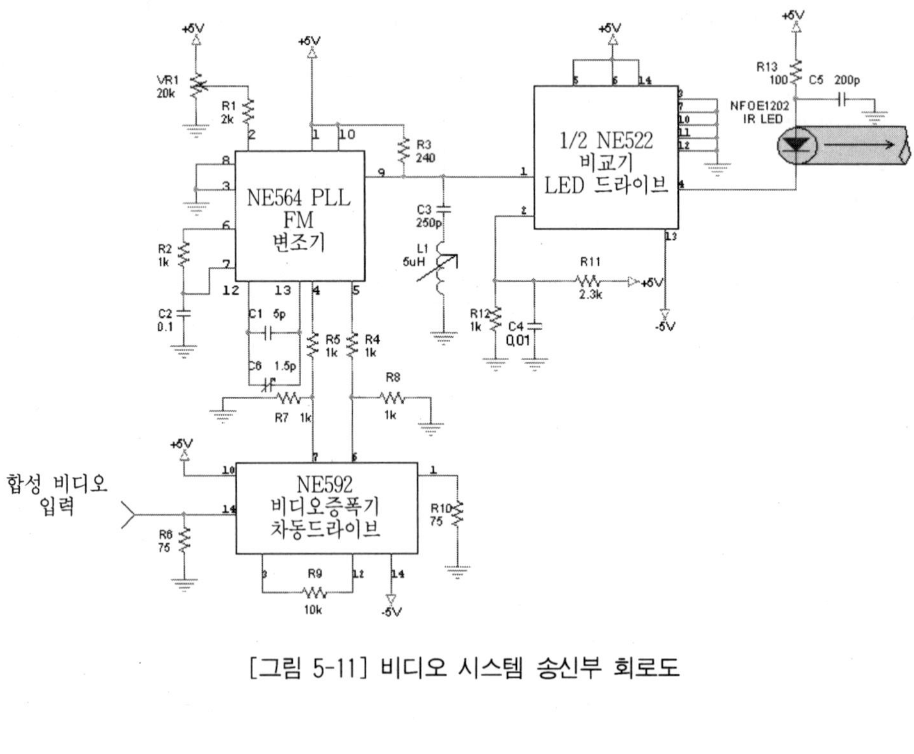

[그림 5-11] 비디오 시스템 송신부 회로도

2. 수신부

[그림 5-12]와 같이 송신된 신호를 적외선 AlGaAs PIN PD에서 신호를 검출하여 높은 주파수 연산증폭기로 전류를 전압으로 변환한 후 이득을 조정한다. 이 신호를 FM 복조하고 이득제어 및 드라이브 회로에서 AC 결합하여 출력을 75[Ω] 케이블에 의하여 비디오 신호를 검출한다.

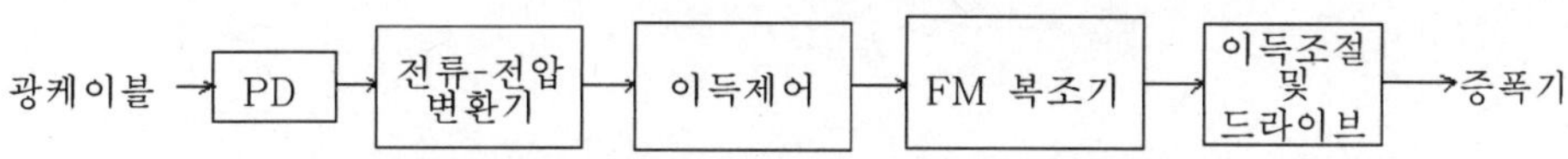

[그림 5-12] 비디오 시스템 수신부 블록도

[그림 5-13]은 비디오 시스템 수신부 회로도이다.

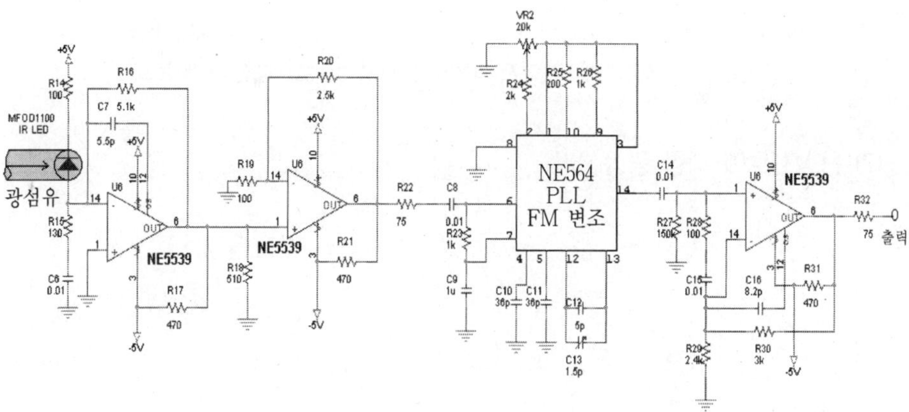

[그림 5-13] 비디오 시스템 수신부 회로도

5.3.2 광섬유 송신 · 수신 구동회로

1. 송신기

(1) 40[kHz] 레이저 버스트 송신

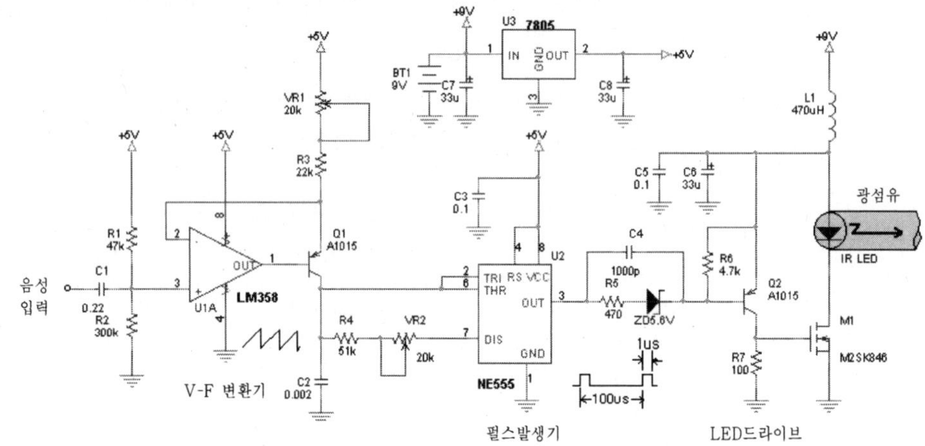

[그림 5-14] 40[kHz] 레이저 버스터(laser burst) 송신기 회로도

(2) 음성신호에 의한 광송신기

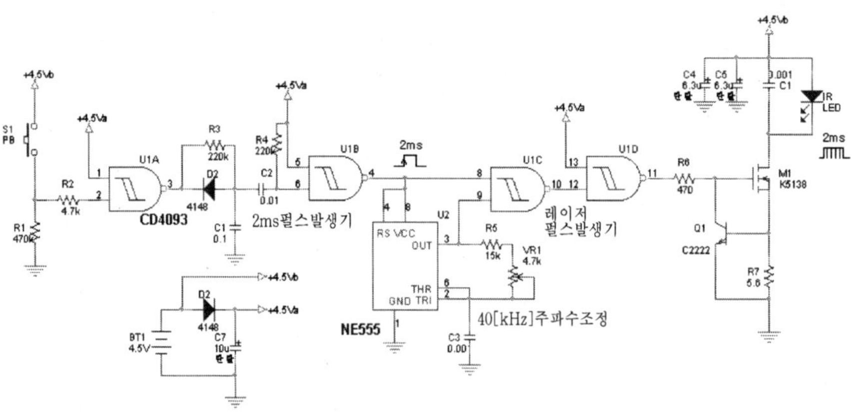

[그림 5-15] 음성신호에 의한 광송신기

2. 수신기

(1) 40[kHz] 변조 수신기

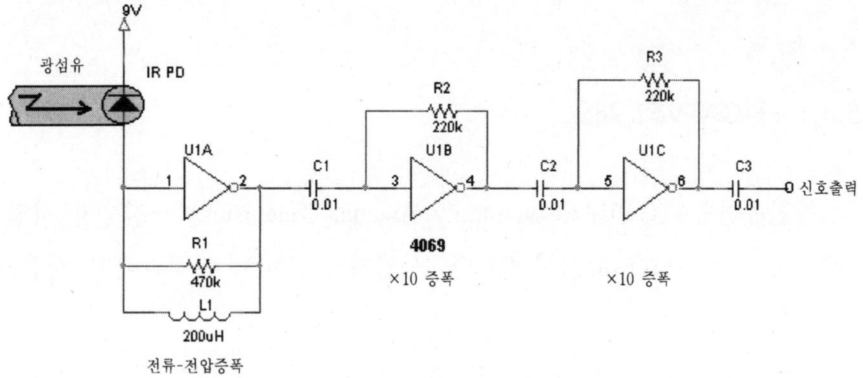

[그림 5-16] 40[kHz] 변조 수신기 회로도

(2) 2[MHz] 대역 수신기

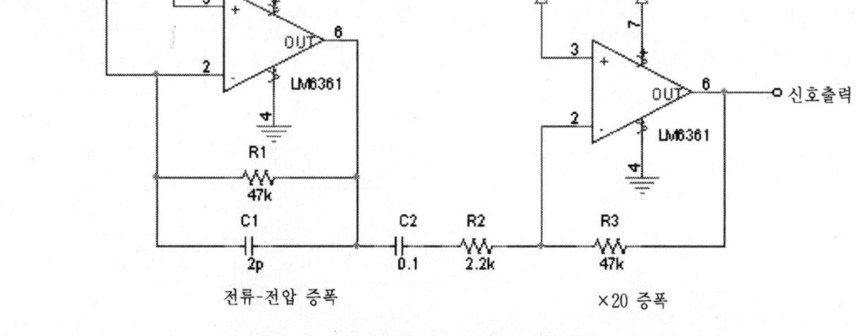

[그림 5-17] 2[MHz] 대역 수신기

5.4 광CATV

5.4.1 광CATV의 개요

종합유선방송(CATV : Community Antenna Television)은 전송망 사업자가 제공하는 전송망을 통하여 CATV 사업자가 CATV 시청자에게 각종 프로그램을 방송한다.

[그림 5-18]과 같이 유선방송국과 주분배 센터 간에는 광케이블로 프로그램을 보내고, 주분배 센터에서 가입자까지 광케이블로 ONU(Optical Network Unit)를 거쳐 프로그램 전송하는데 ONU는 광신호를 전기적인 신호로 변환해주고 주분배 센터에서 부분배 센터로 보낼 때에는 교환국 PCM실을 통하여 부분배 센터까지 보내고, 주분배 센터에서 가입자에게 보낸다.

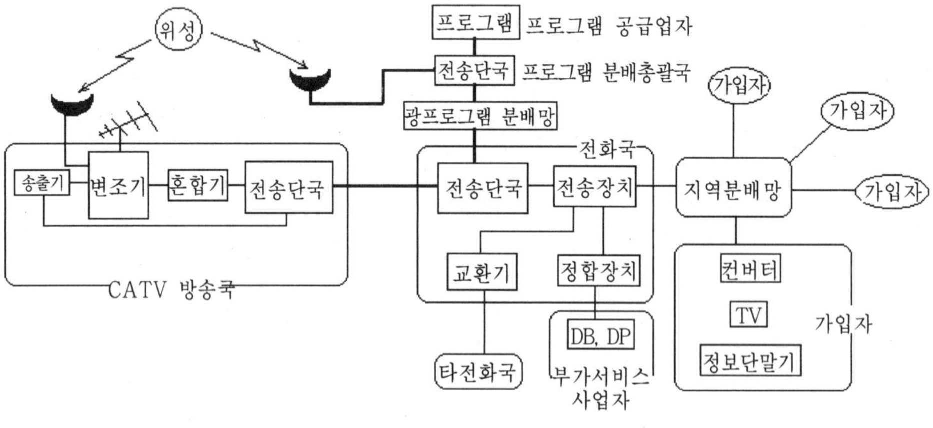

[그림 5-18] CATV 블록도

5.4.2 CATV의 구성

전송하려는 프로그램에 채널을 할당한 후 단일 전송로에 보내어 다중화하고 증폭시켜 전송로로 보내는 CATV 방송국과 전송로의 손실보상용 간선증폭기, 분기시 감쇠되는 신호보상용 분기증폭기, 전송로와의 결합장치, TV, 정보입력 터미널 등이 설치되어 가입자 사이에 통신이 이루어지도록 한다.

5.4.3 CATV의 동작원리

[그림 5-19]와 같이 TV 방송 외에 교육, 문화, 스포츠 등의 프로그램과 TV 회의, 홈쇼핑, 기타 영상정보를 단일 전송로를 이용하여 쌍방향 방송이 가능하도록 동축 케이블, 광섬유 케이블로 방송국과 가입자 간의 전송매체로 이용한다.

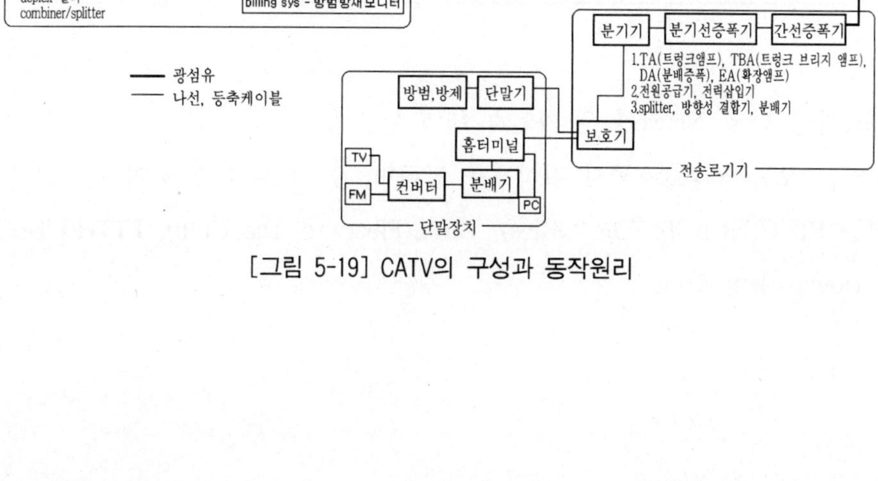

[그림 5-19] CATV의 구성과 동작원리

5.4.4 CATV 전송로 구성

전송로는 [그림 5-20]과 같이 광섬유, 동축 케이블, UTP를 사용하여 접속한다.

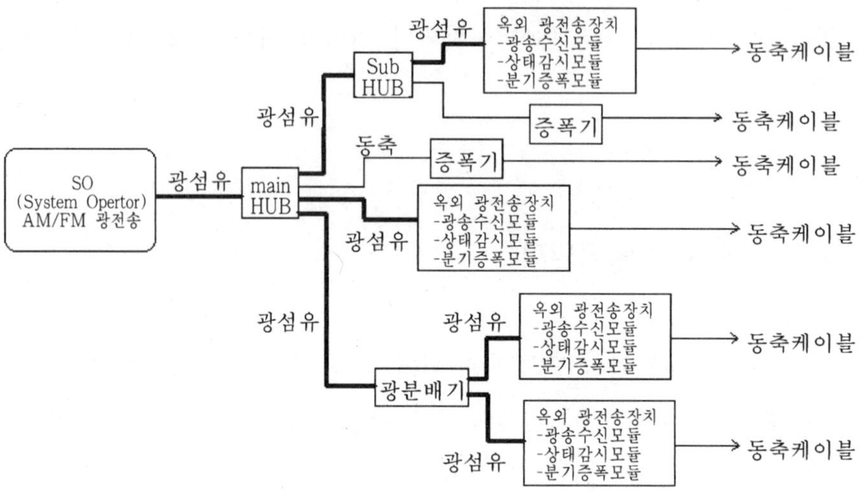

[그림 5-20] CATV 전송로 구성

5.5 FTTH

가입자망(Acess Network)은 가입자 댁내 단말에서부터 전화국내의 교환기까지 위치하는 모든 구성요소들의 집합체를 말하며, [그림 5-21]과 같이 광선로를 구축하는 FTTO(Fiber To The Office), FTTC(Fiber To The Curb), FTTH(Fiber To The Home) 등이 있다.

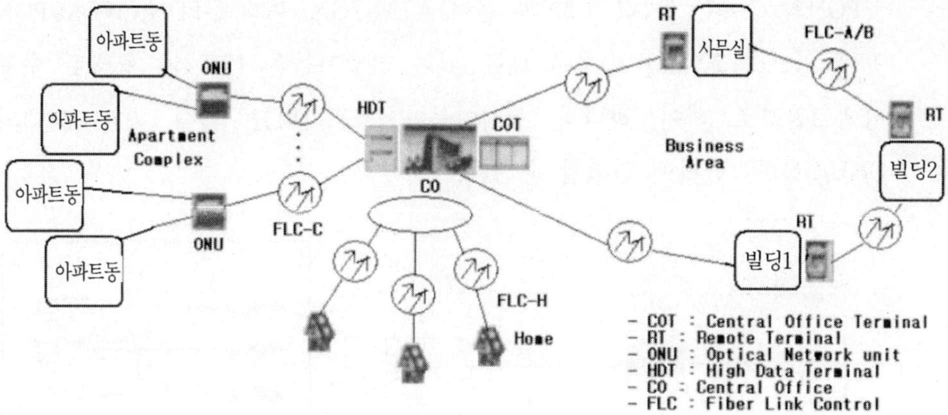

[그림 5-21] FLC군의 네트워크 구성도

5.5.1 PON

FTTH는 Ethernet이나 ATM 방식의 광대역 ISDN이 가입자망에 도입하여 대역폭의 제한없이 FSN(Full Service Network)을 구성하기 위하여 가입자 단말까지 광케이블로 구성하는 방식으로 [그림 5-22]는 PON(Passive Optical Network)의 일반적인 구조이다.

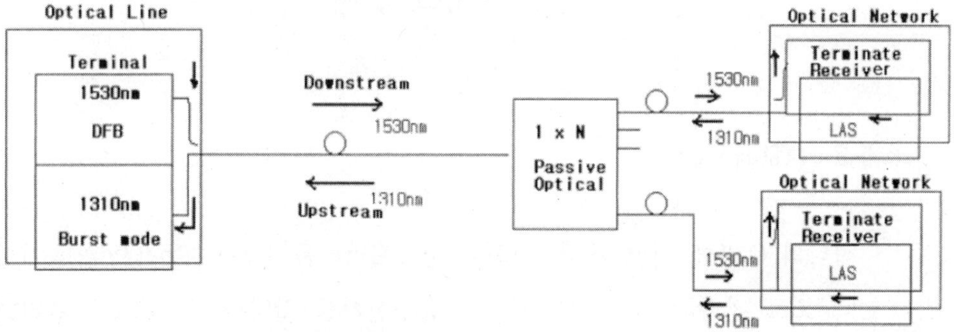

[그림 5-22] PON의 구조

PON의 종류는 [그림 5-23]과 같이 ATM-PON, 이더넷-PON, WDM-PON 등이 있으며 20[km] 반지름 내에 있는 가입자들을 FTTx의 형태로 수동 광네트워크로 하여 하나의 광케이블이 스프리터를 통해 최대 64대의 ONU/ONT를 동시에 연결할 수 있다.

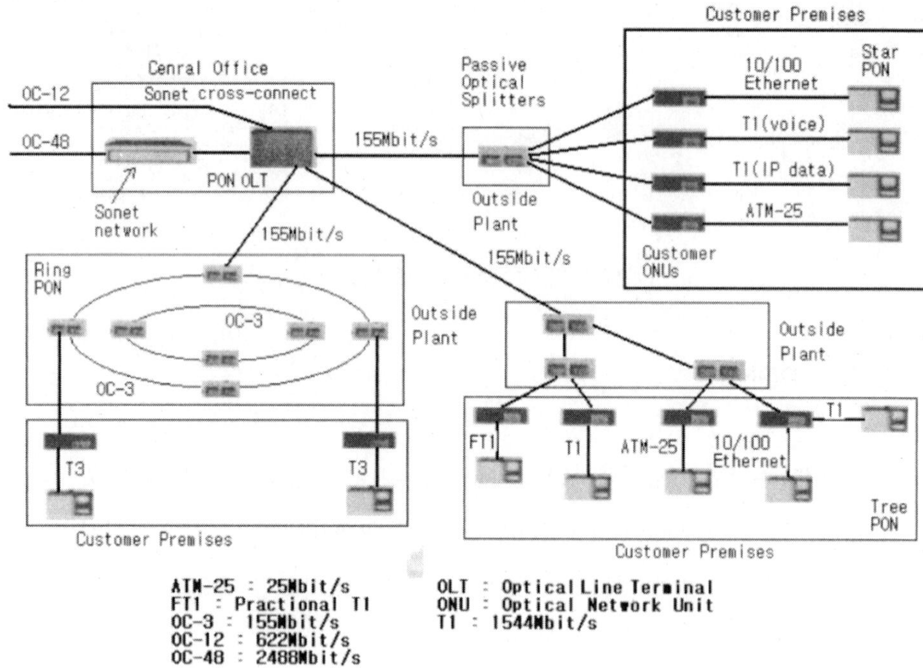

[그림 5-23] PON의 망구성

5.5.2 ATM-PON

하나의 OLT에 여러 개의 ONU가 광스프리터를 통해 수동적으로 몰려있는 구조로 전화국 측의 OLT에서 광송수신기를 절약할 수 있고 스프리터가 가입자 근처에 있는 경우 광선로를 절약할 수 있다. ATM-PON에서 다수의 가입자가 광선로를 공유하면서 전송을 보장하기 위해 다중 매체 액세스 방식이 존재하는데 TDMA, SCMA, CDMA, WDMA 등이 있으나

TDMA는 가용 전송 대역폭을 연속적인 타임슬롯으로 나누어 사용하는 것을 MAC(Medium Access Control) 프로토콜에서 행한다. PON의 구조는 CO(Central Office)에 OLT가 설치되고 1[m]의 광분기기를 통하여 OLT에 다수의 ONU가 연결된다. [그림 5-24]와 같이 1 : 16이나 1 : 32로 광분기가 이루어지고 광전력의 전송 레벨과 Exchange와 단말 간의 거리에 따라 분기수가 좌우된다.

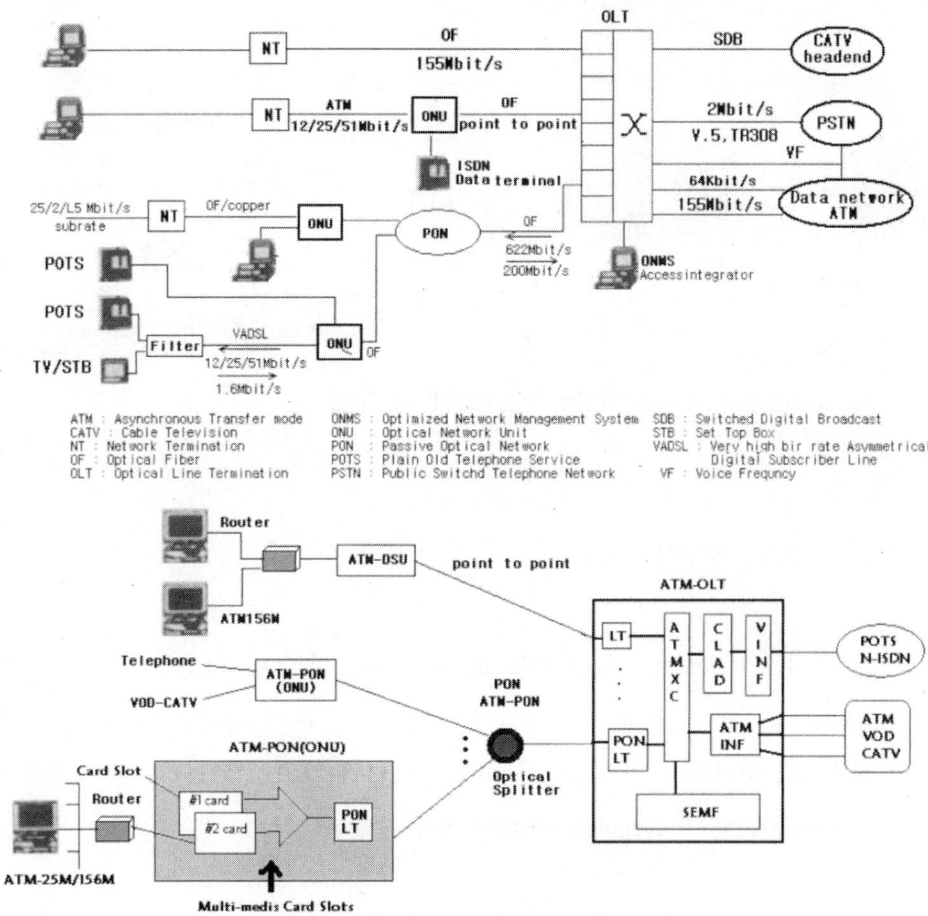

[그림 5-24] ATM-PON 구조

5.5.3 E-PON

E-PON(Ethernet-PON)는 IP와의 접목이 용이하므로 비용이 저렴하고 IP 데이터 패킷전송이 가능하다. 특징은 광섬유 한 가닥에 많은 가입자 수용이 가능하고 OLT와 ONU사이의 거리는 최대 20[km]로 스프리터 이외에서의 분기가 많을수록 거리는 줄어든다. 음성, 데이터, 영상 서비스 제공을 위한 안정된 프로토콜이 필요하다. E-PON의 구조는 [그림 5-25]와 같다.

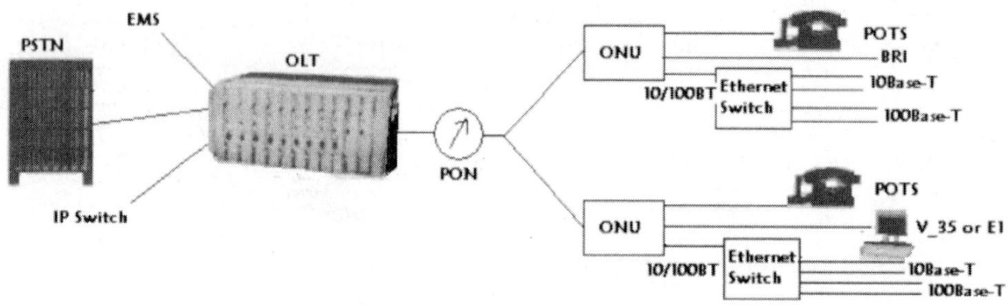

[그림 5-25] E-PON의 구조

5.5.4 WDM-PON

WDM(Wavelength Division Multiplrxing)는 상/하향 채널을 위해 다수의 독립된 파장을 제공하는 광가입자망으로 ONU는 다중화된 WDM 신호를 파장으로 분리하여 가입자에게 제공한다. 이는 [그림 5-26]과 같이 광분기기 AWG(Array Waveguide Grating)에서 수행된다.

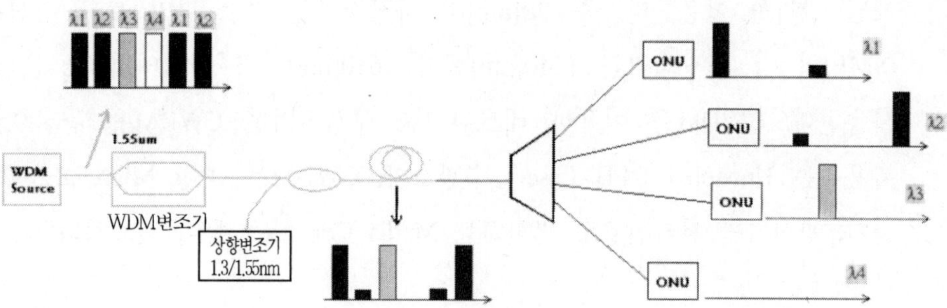

[그림 5-26] WDM-PON

[그림 5-27]과 같이 상하향 전송 시 서로 다른 32개의 파장을 이용하고 분기기로 AWG 멀티플렉스인 WGR(Waveguide Grating Router)을 사용하여 OLT에서 ONU로 정보를 분기한다. WDM-PON 구조는 OLT의 소스로 DFB 레이저를 라우터는 멀티플렉서로 상향신호를 역다중화하여 OLT에서 디멀티플렉서로 수신기 어레이를 사용한다.

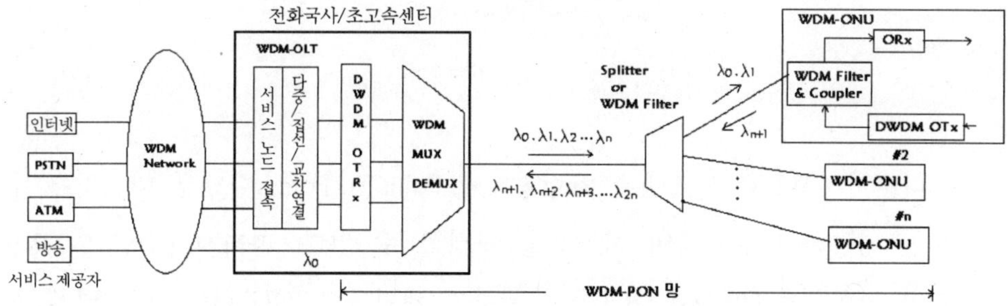

[그림 5-27] WDM-PON의 구현

5.5.5 CWDM-PON

CWDM(Coarse Wavelength Division Multiplexing)는 100[MHz]의 파장간격을 가지는 DWDM(Dense WDM) 기술에 비하여 1000[GHz] 이상의 넓은

채널 간격을 이용한다. 즉, 20[nm]의 파장간격을 갖고 단일 모드 광섬유(SMF)의 전 파장대역인 1240[nm]에서 1610[nm]까지 광대역의 16채널을 사용한다. CWDM을 이용한 네트워크를 구성하려면 CWDM용 광원으로 사용하는 Uncooled DFB Laser, 수광소자, CWDM용 파장 MUX/DEMUX 소자, 광신호를 전기신호로 변환하는 Media Converter 등이 필요하다.

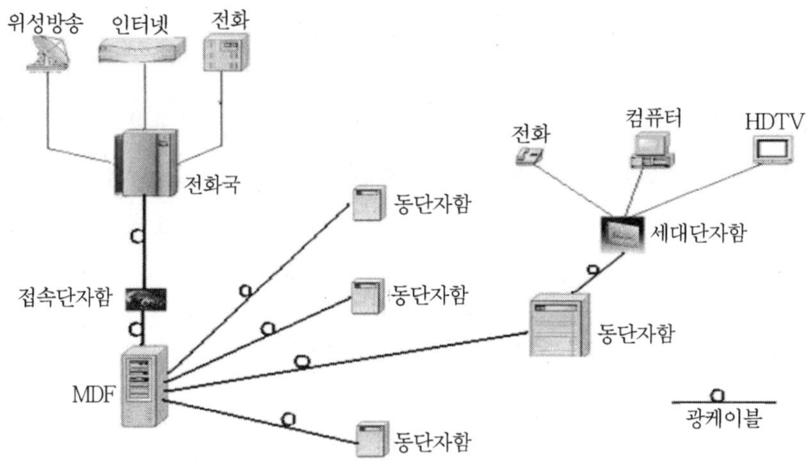

[그림 5-28] CWDM-PON 구성도

따라서 CWDM 시스템은 Ring형태와 Point-To-Point 형태로 네트워크 구성이 가능하여 효율적인 시스템을 구성할 수 있다. 따라서 [그림 5-28]과 같이 전화국에 CWDM OLT를 설치하고 채널당 1.25[Gbps]로 16채널을 전송하며 광스위치를 거쳐 가입자에게는 100[Mbps]로 전송한다. 이 시스템은 2개에서 8파장을 지원하고 1290~1610[nm] 영역에서 16파장을 지원할 수 있다. 1400[nm] 영역은 기 포설된 잔존 수분에 의한 높은 광손실로 1470~1620[nm] 범위에서 20[nm] 채널 간격으로 한다.

5.5.6 Super PON

슈퍼폰(Super PON)은 전자적 장치 대신 광증폭기에 기반으로 ATM-PON에 비해 속도, 가입자 수용거리 및 광분기율을 확장한 모델로 [그림 5-29]와 같이 2048 이상의 ONU를 수용하는 광분기율을 가지며 OLT와 ONU 간의 거리는 100[km]로서 피더 구간 90[km]에 드롭 구간 10[km]로 구성된다. 전송 시스템은 ATM셀 기반으로 하향/상향 채널 속도는 2.5[Gbps]/311[Mbps]로 TDM과 TDMA 방식을 사용한다.

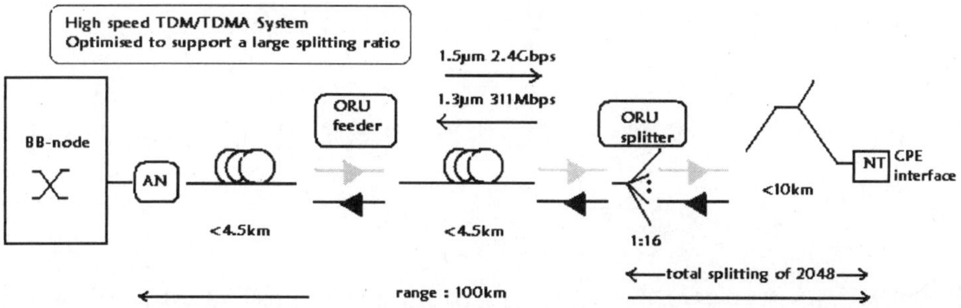

[그림 5-29] Super PON

제5장 연습문제

1. 코히어런트 광통신 시스템의 블록도를 그리고, 기본원리에 대해 기술하시오.

2. 코히어런트 광통신 시스템에서 복조방식에 대하여 기술하시오.

3. 광통신 시스템을 구성하는 기기에 대하여 인터넷 및 참고서적에서 찾아 정리하시오.

4. 광통신 시스템을 구성하기 위한 부품에 대하여 인터넷 및 참고서적에서 찾아 정리하시오.

5. 비디오 송신 시스템의 블록도를 그리고 기본원리에 대하여 기술하시오.

6. 비디오 수신 시스템의 블록도를 그리고 기본원리에 대하여 기술하시오.

7. 광통신 송신기 회로를 인터넷 및 참고서적에서 찾아 정리하시오.

8. 광통신 수신기 회로를 인터넷 및 참고서적에서 찾아 정리하시오.

9. CATV의 구성 및 동작원리를 기술하시오.

10. CATV의 전송로 기기 및 전송로 구성에 대하여 기술하시오.

11. CATV의 전송로에서 사용되는 광증폭기 및 분배기에 대하여 인터넷 및 참고서적에서 찾아 정리하시오.

12. 광섬유를 이용한 응용분야를 인터넷 및 참고서적에서 찾아 정리하시오.

13. 광센서에 대하여 인터넷 및 참고서적에서 찾아 정리하시오.

14. 광섬유를 이용한 의료용 장비에 대하여 인터넷, 참고서적, 병원 등에서 찾아 정리하시오.

제 6 장 광통신 실무

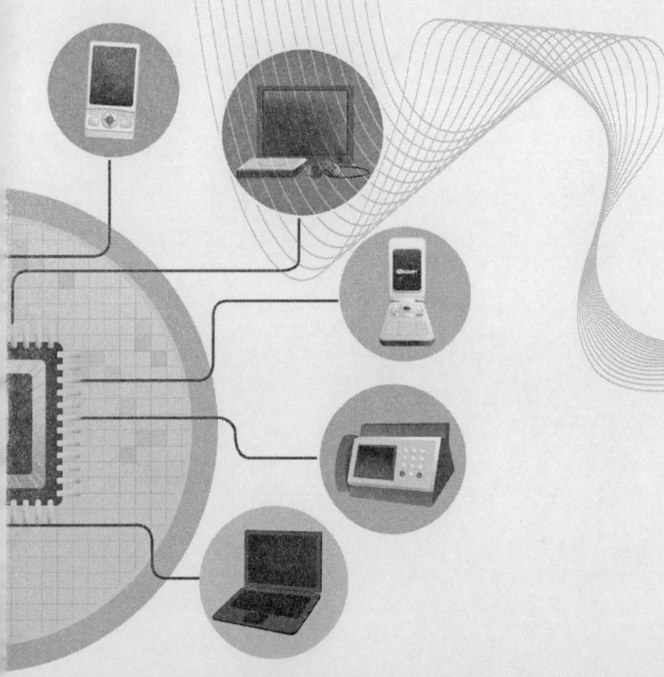

6.1 통신망의 구성

6.1.1 교환기

아날로그 교환기는 M-10CN, NO. 1A 교환기가 있으며, 디지털 교환기는 5-ESS, TDX-1A, TDX-1B, TDX-10, AXE-10 등이 있고, 데이터 교환기는 패킷, CO-LAN, 지능망 등이 있다. 또한 광교환기는 공간분할, 시분할, 주파수분할, 파장분할방식의 교환기가 있다.

6.1.2 전송로

케이블 선로는 UTP, 동축, 광섬유 케이블 등이 사용되며, 유선전송방식은 T1 PCM, E1 PCM 등이 있다. 광전송로는 비동기식 광전송장치(45[Mbps], 90[Mbps], 565[Mbps] 등)와 동기식 광전송장치(155[Mbps], 622[Mbps], 2.5[Gbps], 10[Gbps], 100[Gbps] 등)가 있으며, 또한 무선 전송로는 M/W가 있다.

6.1.3 단말기

아날로그 단말기는 MFC 전화기, 무선 전화기가 있으며, 디지털 단말기는 ISDN 전화기, 화상전화기가 있다. 또한 광단말기로는 광전화기가 사용된다.

6.1.4 공중전기통신망 구성

공중전기통신망의 구성은 [그림 6-1]과 같다.

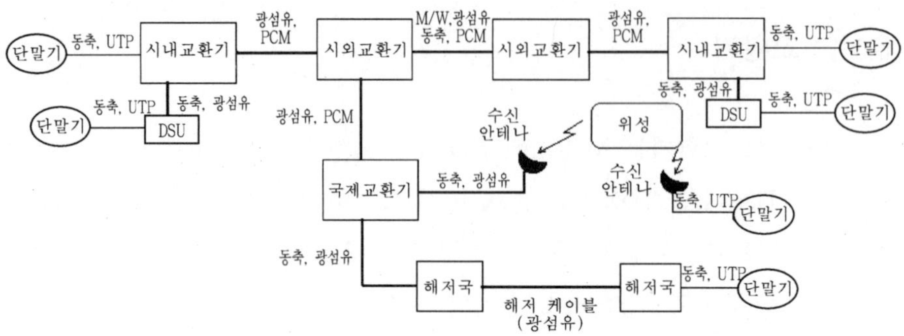

[그림 6-1] 공중전기통신망의 구성

교환처리방식은 다음과 같다.

1. 회선 교환방식

회선 교환방식(circuit switching type)은 발신측의 호 접속요구가 발생할 때 교환기가 접속정보에 의해 발신측까지 접속로를 설정하고, 정보의 송수신이 끝날 때까지 설정된 접속로를 유지하는 방식이다.

2. 패킷 교환방식

패킷 교환방식(packet switching type)은 발신측으로부터 들어오는 정보를 교환기의 기억장치에 저장하고 필요에 따라 신호속도, 부호, 형식 등의 변환 및 처리를 거친 후 송출하는 방식이다.

즉 메시지 교환방식은 정보를 전부 저장한 후 수신측의 번지 및 패킷 교환방식의 정보를 일정한 길이로 분할하여 수신측 번지와 제어정보를 패킷 단위로 송신·수신을 하므로 회선의 독점을 방지하는 데이터 통신에 이용된다.

6.1.5 데이터 통신망

1. 데이터 통신망의 구성

데이터 통신망의 구성은 [그림 6-2]와 같다.

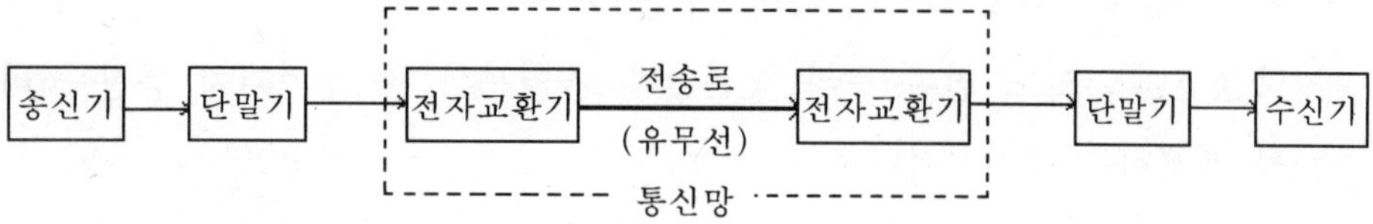

[그림 6-2] 데이터 통신망의 구성

(1) 단말기

정보를 통신 네트워크로 전송가능한 신호로 변환하는 인터페이스로서 전화기, PC, 팩시밀리, 카메라 등이 있다.

(2) 전자교환기

신호의 접속, 교환 및 저장하는 처리 등을 하고, 전용선은 교환기를 경유하지 않는다.

(3) 전송로

두 점 사이에 신호를 전달하는 통로로서 나선, 동축 케이블, 광섬유 등의 유선 및 M/W, 이동, 위성 등 무선이 있다.

(4) 통신망

전자교환기와 전송로의 조합으로 실현한다.

2. 데이터 통신망의 분류

(1) 부가통신망

부가통신망(VAN : Value Added Network)은 [그림 6-3]과 같이 공중전기통신사업자로부터 임차한 통신회선을 이용한 속도변환, 미디어 변환, 프로토콜 변환, 코드 변환 등과 통신처리, 경영분석 등 부가가치 통신 서비스를 제공하는 통신망이다.

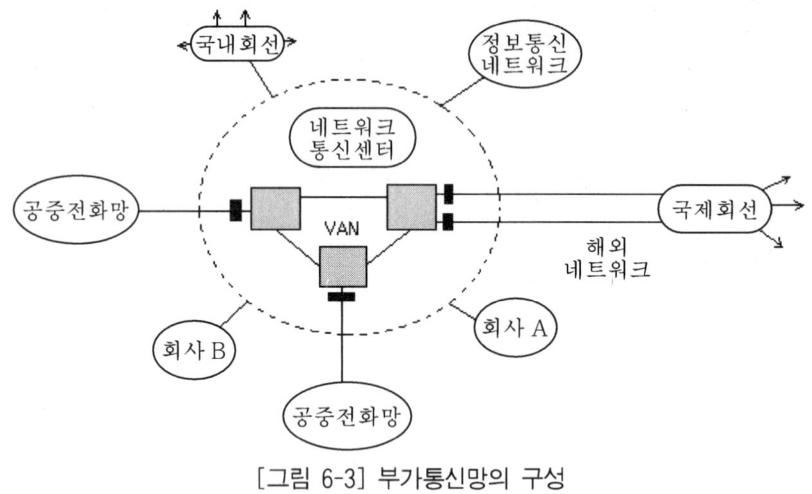

[그림 6-3] 부가통신망의 구성

(2) 광LAN

[그림 6-4]와 같이 이더넷(ethernet) 정보전송에는 한계가 있어 광섬유 케이블을 이용하여 고속의 통신이 되도록 광LAN을 구성한다.

1) 구성도

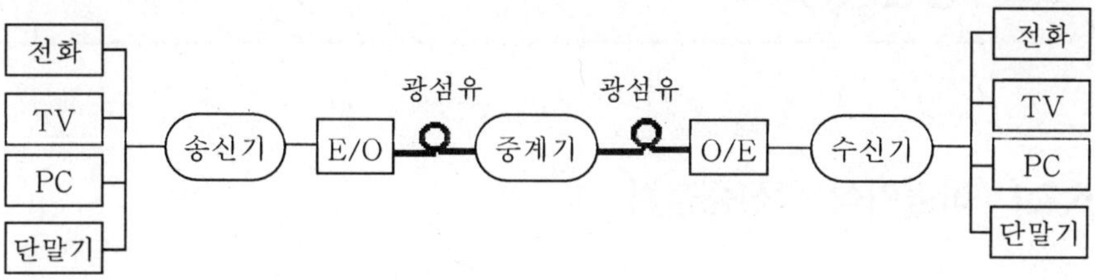

[그림 6-4] 광LAN의 구성도

2) 광성형 LAN 구성도

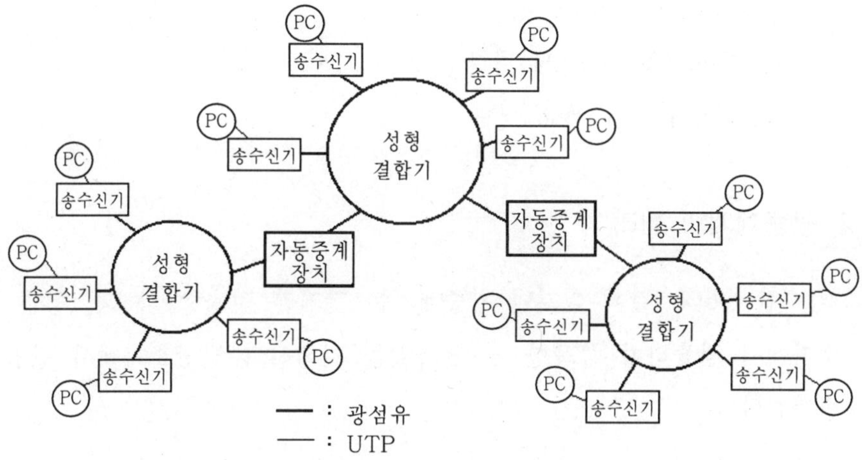

[그림 6-5] 광성형 LAN 구성도

6.2 광전송장치

6.2.1 비동기식 광전송장치

1. 음성회선 수

디지털 국간 중계 및 시외국간 광전송장치에서 광섬유 2코어에 동시 통화가 가능한 통화로 수이다.

- 45[Mbps](FT3) : 672채널
- 90[Mbps](FT3C) : 1344채널
- 565[Mbps](FT5) : 8062채널

2. 광중계기의 원리

[그림 6-6]과 같이 디지털 광중계기는 장거리 전송중 약해진 광을 수광소자에서 검출하여 증폭한 후 펄스열을 발생시켜 발광소자에서 광펄스로 변환한다.

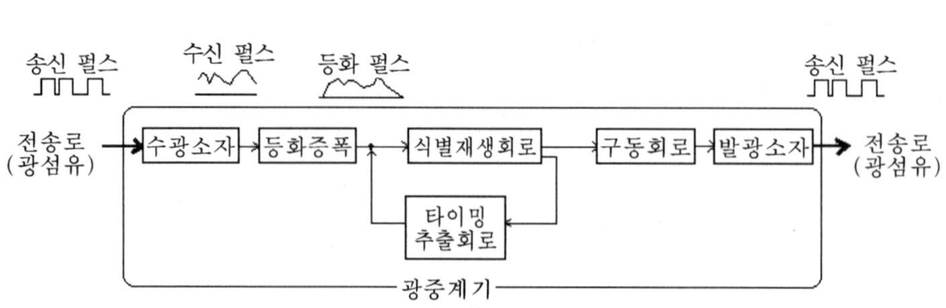

[그림 6-6] 디지털 광중계기의 구성

3. 비동기식 다중통신 방식

비트 속도를 다중화하기 위하여 낮은 속도로 연결된 여러 채널을 스태핑 회로를 통하여 속도를 증가시키는 비트 다중화를 이용한다.

(1) 북미 방식(NAS 방식)

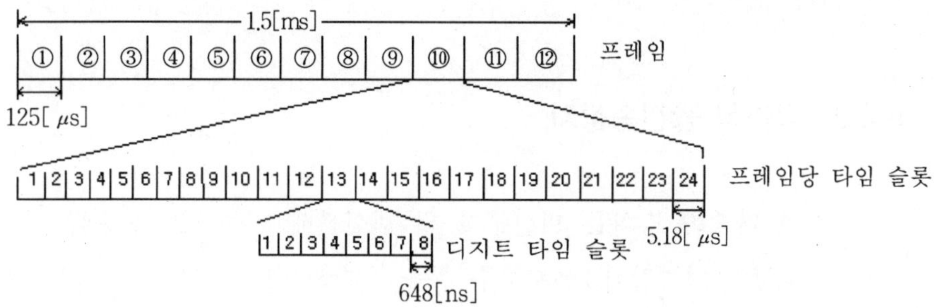

[그림 6-7] 비동기식 다중통신 방식(북미 방식)

[그림 6-7]과 같이 전송속도 1.544[Mbps], 프레임당 비트 수 193비트(24[ch]×8비트+1), 멀티프레임 수 12, 주기 1.5[ms], 프레임당 24타임슬롯/24통화로, 표본화 주파수 8[kHz]/주기 125[μs], 부호화 비트 수 7, 신호용 비트 수 1.33[Mbps]이고, 케이블 손실허용치는 7～35[dB]이다.

(2) 유럽 방식(CEPT 방식)

[그림 6-8]과 같이 전송속도 2.048[Mbps], 프레임당 비트 수 256비트(32[ch]×8비트), 멀티프레임 수 16, 주기 2[ms], 프레임당 32타임슬롯/30통화로, 표본화 주파수 8[kHz]/주기 125[μs], 부호화 비트 수 8, 신호용 비트 수 2[kbps]이고, 케이블 손실허용치는 8～42[dB]이다.

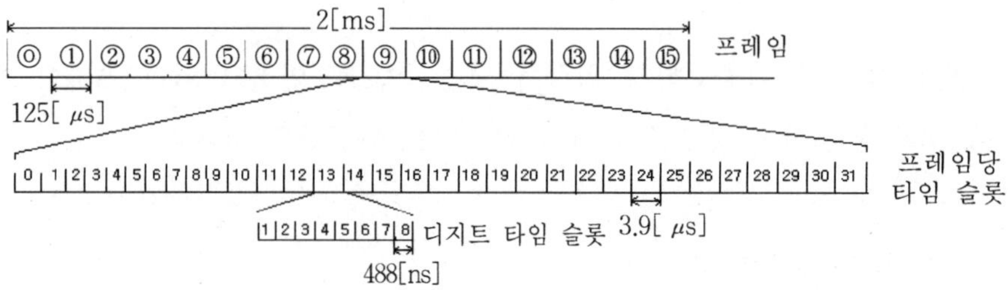

[그림 6-8] 비동기식 다중통신 방식(유럽 방식)

6.2.2 동기식 광전송장치

동기식 다중화 방식은 회선분기 및 회선분배 기능으로 전송국 간 또는 신호경로상의 성능감시, 유지보수 등을 신속히 할 수 있다. 동기식 다중구조는 비동기 신호를 수용하여 VC(Virtual Container)에 의해 맵핑하고 TU(Tributary Unit) 포인터 처리하여 STM-1 신호인 155.522[Mbps] 신호를 만들어 전송하며, STM-1 신호를 기본신호로 하여 이의 배수로 고계위인 STM-N를 형성한다.

- 동기식 디지털 계위(SDH)

  STM-1(155.520[Mbps]), STM-4(622.080[Mbps]), STM-16(2488.320[Mbps])

- 동기식 광네트워크(SONET)

  STS-1(51.840[Mbps]), STS-3(155.520[Mbps]), STS-12(622.080[Mbps]), STS-48(2488.320[Mbps])

- 국내(KT) 동기식 디지털 계위

  STS-1(155.520[Mbps]), STS-4(622.080[Mbps]), STS-16(2488.320[Mbps])

[그림 6-9]와 같이 전송속도 155.520[Mbps], 시스템 용량 2016회선, 중심 파장 1310[nm], 무중계거리 40[km], 광출력 레벨 －3～4[dB], 광원 LD, 수광소자 PIN-FET 또는 APD가 사용된다.

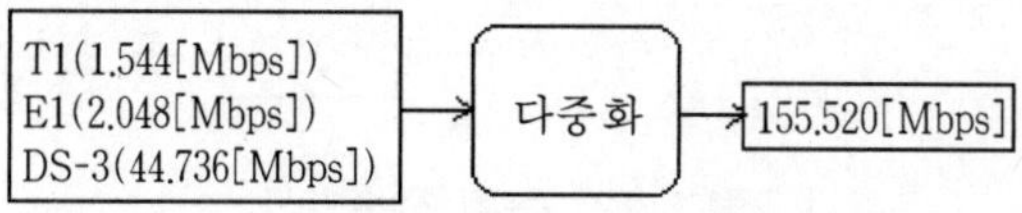

[그림 6-9] 동기식 광전송장치(SMOT-1)

1. 단방향 전송방식

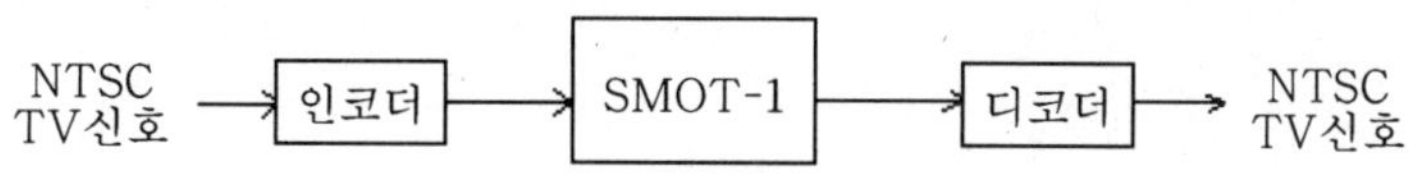

[그림 6-10] 단방향 전송방식

2. 양방향 전송방식

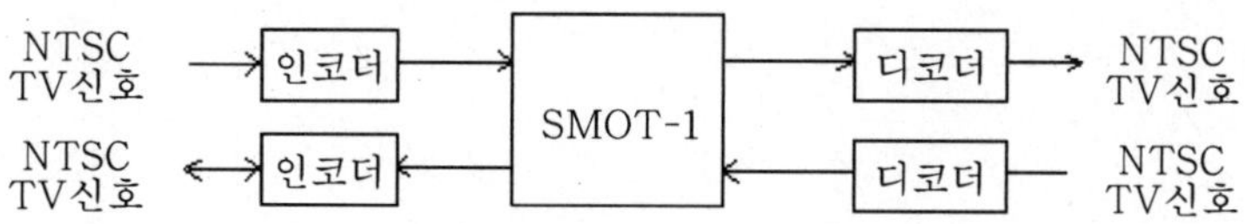

[그림 6-11] 양방향 전송방식

3. 중계 전송방식

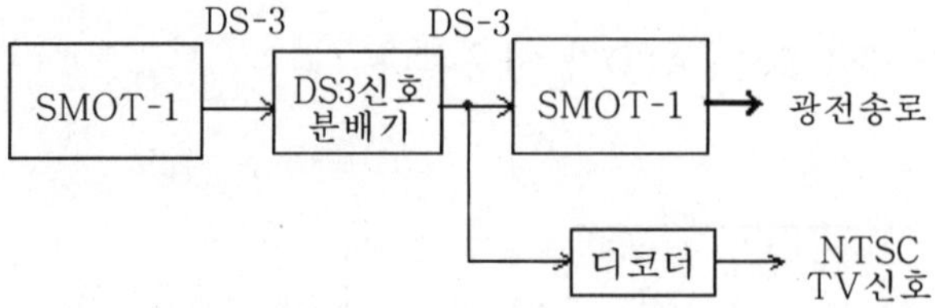

[그림 6-12] 중계 전송방식

6.3 지능 빌딩 시스템

지능 빌딩 시스템(IBS : Intelligent Building System)은 [그림 6-13]과 같이 건물 내 통신 네트워크(TC), 건물 네트워크(BA), OA 네트워크를 위하여 ATM망의 기초로 통합관리 시스템을 위한 구성도이다.

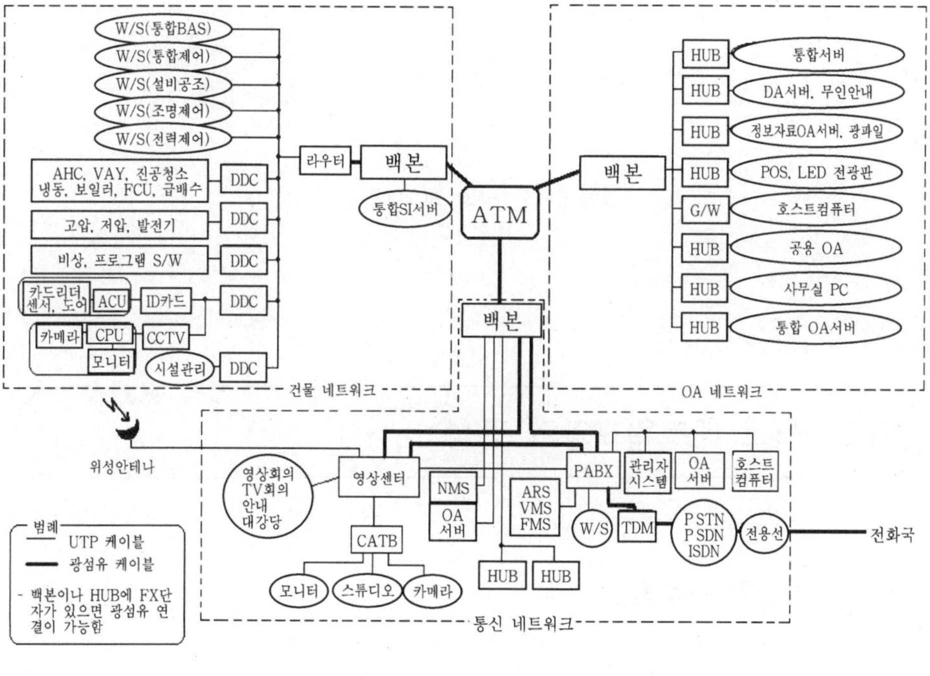

[그림 6-13] 지능 빌딩 시스템(IBS)

6.4 광역 광가입자망

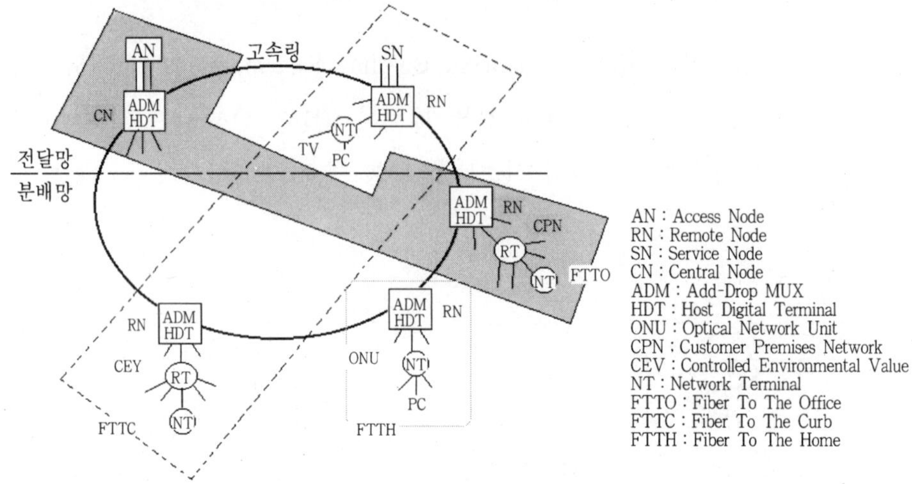

[그림 6-14] 광역 광 가입자망

6.5 학교 네트워크망의 구성

6.5.1 전산망 구축방안

1. 확장성

(1) 전산망 시스템의 확장 가용성

장비의 용량을 충분한 대역폭이 제공되어야 하고 분산·분리형 네트워크가 되어야 하며, 통신장치의 모듈화, 가변 토폴로지(topology) 구성, 공중통신망 접속환경 등 확장성이 있어야 한다.

(2) 접속 시스템의 확장 및 증설 · 이설 대비

다양한 접속 인터페이스 제공, 포트 산정 시 예비 포트 반영, 접속장비 이동성 등에 대처할 수 있어야 한다.

(3) 신기술 도입이 용이한 기능을 갖는 장비선정 및 설계

H/W 독립적 기능추가 용이성 보장, 다양한 프로토콜 지원, 차세대 통신망 등을 고려하여 장비선정 및 설계를 한다.

2. 호환성

(1) 표준 프로토콜 채택

TCP/IP, 이기종 간 통신기능 제공, 산업체 표준 등이 되는 프로토콜을 채택한다.

(2) 표준화 규격 준수

ISO/OSI, ITU-T, ANSI/IEEE, Gigabit Ethernet Alliance, ATM Forum 등 표준화 규격을 준수한다.

(3) 다양한 네트워크 인터페이스 제공

WAN/LAN Protocol, Gigabit, Traditionl Ethernet, ATM, 물리 접속규격 등 네트워크 인터페이스(network interface) 등이 제공되어야 한다.

3. 고성능 유지

(1) 요건별 적소의 신기술 도입

Ethernet-스위칭, Giga 이더넷, ATM, 멀티미디어 환경의 조성 등 신기술을 도입한다.

(2) 분산형 네트워크 설계

계층적 네트워크 구조 유지, 스위칭 네트워크 도입, 데이터 트래픽 분산·분리 등이 되도록 설계한다.

(3) 다양한 인터페이스 제공

다양한 시스템 접속(1000[Mbps]～10[Mbps]), 표준 인터페이스 등이 제공되어야 한다.

(4) 멀티미디어 전송환경

네트워크 접속 미디어의 차별화 구성, 데이터, 음성계, 영상계 수용, 전송 멀티미디어의 가변성을 보장(위성통신, 무선, 광전송 등) 등 전송환경을 구축한다.

4. 신뢰성

(1) 통신경로의 다중화 구성

우회 전송경로의 확보, 부하분산 및 다중경로 등을 공동 활용한다.

(2) 시스템 및 접속의 이중화

주요 장비는 전원 및 모듈의 이중화가 가능하도록 하여 장비의 운용중단 시간을 제거하고 백본(backbone)과 워크그룹(workgroup) 사이의 연결은 우회경로를 확보하여 장애발생 시에도 자동연결이 가능하도록 설계하고, 주요 시스템의 이중접속 구성이 가능하여야 한다.

(3) 장비의 신뢰성 기능요소 반영

프로세서 자동절체/핫 어와핑(hot awapping), 장애예측 · 진단 · 조치 기능, 장애등급의 판단기능 등이 있어야 한다.

5. 경제성

(1) 투자장비의 투자보존성 유지

기투자장비의 최대 활용, 투자장비의 전환 사용성 · 신기술적용 고려, 중복 투자장비의 요건을 억제한다.

(2) 투자규모의 적정성 보장

지역 및 기관별 통신요건의 특이성 분석반영, 초기 최소 투자 · 최대 기능성 보장, 모듈 단위확장, 네트워크 설계규모의 적정성 등이 보장되어야 한다.

(3) 통신비용의 절감

지역 간 데이터 트래픽 분석 및 시뮬레이션, 통신회선의 최대 사용률 보장, 지역 간 압축전송 기능성 고려, 개별회선의 통합화 설계 등 통신비용을 절감할 수 있어야 한다.

6. 관리 운영성

(1) 단일 프로토콜 채용

다양한 프로토콜을 지원(IP, IPX 등), TCP/IP 표준 프로토콜로 사용하고, 단일 프로토콜 네트워크를 구축 관리하여 성능의 향상을 기한다.

(2) 기능적 관리 운영성 보장

통합망 관리 시스템 설계 및 단일 운영체제 유지, 망운영요소의 설계반영, 중앙집중식 관리방안 설계 등이 보장되어야 한다.

(3) 네트워크 상시 가동성 보장

플러그 앤 플레이(plug & play) 기능 개념도입 설계, 접속 시스템 추가, 이동, 변경용이성 등 가동성을 보장한다.

(4) 전천후 가동 및 운영지원 체제 확립

통신망 관리 시스템 조작기술 배양, 네트워크 관리 및 설계능력 배양 등 체제를 확립한다.

6.5.2 전산화 시스템 설계원칙

1. 신기술 수용가능

신규 투자로서의 당위성 제고, 장비의 교체 없이 모듈을 추가하는 것으로 이동이 가능, 전체 토폴로지(topology)는 스타형 구조선택, 백본 구성방식은 집중식 백본 스위치 구조를 소용, 건물 간 배선은 광케이블을 사용하고, 건물 내 배선은 광케이블 또는 UTP 케이블 사용, 안전성, 신뢰성, 확장성 등 신기술을 수용할 수 있어야 한다.

2. 시스템 장애방지

각 건물(각 층)별로 Collapsed Backbone Architecture(웍그룹 스위치)를 사용함으로써 Single Point Failure를 방지, 백본 장비에는 전원을 이중화하여 기본적인 장애방지, Structured Cabling System으로 설계하여 배선장애 신속대처, 장애발생 시 즉각 조치가 가능하도록 여유 포트 등을 고려한다.

3. 데이터와 트래픽의 증가대비

워크그룹 스위치와 단말 간에는 스위칭 허브를 사용하여 증설 및 이동시 대처, 버추얼(virtual) LAN 기술을 사용하여 트래픽 증가에 따른 보드캐스트 트래픽(boardcast traffic) 및 보드캐스트 스톰(boardcast storm) 등을 차단하여 전체 시스템 성능을 보호하고, 스위칭 기술로 트래픽 분산 등을 고려한다.

4. 네트워크 관리 기능강화

중앙집중식 백본 구조를 채택한 One Point Managrment System 도입, 통합 네트워크 관리 시스템(NMS : Network Management System)을 구축하여 장비 및 트래픽 등을 감시하여 시스템의 효율적이고 집중적인 네트워크 관리, 강력하고 쉬운 VLAN 및 세그먼트 관리, Traffic Control & Collection Functions을 강화하고 원하는 포트의 상황과 상태확인, Premise Distributted System(PDS) 도입으로 확장 및 관리가 용이한 배선관리 시스템 등을 도입한다.

6.5.3 구성도 예

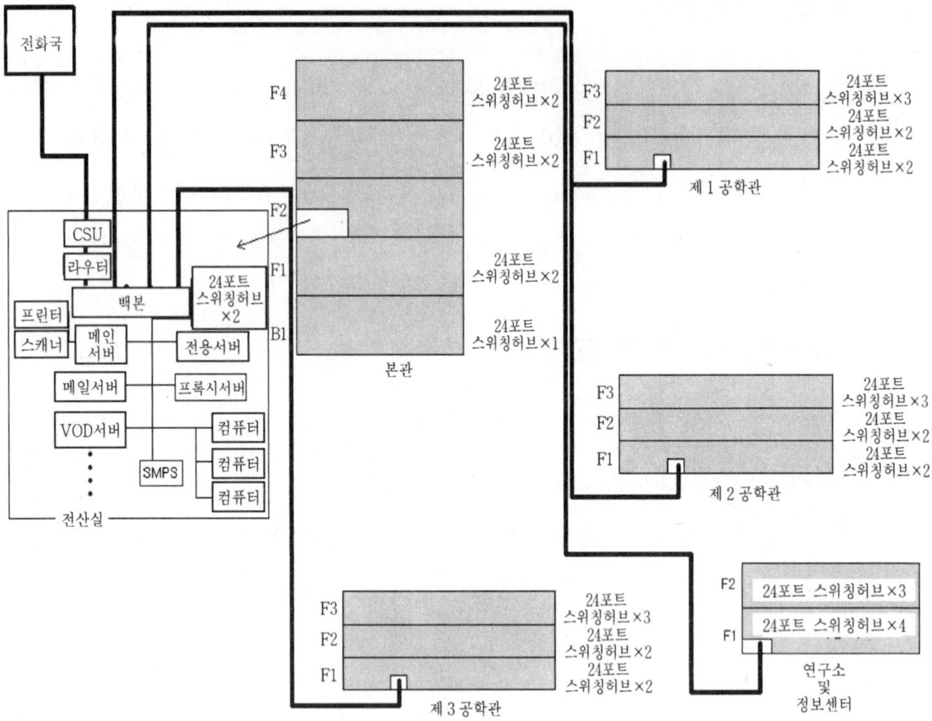

범례
1. 백본과 건물사이는 전부 광섬유로 연결
2. 건물 내에서 필요 시 광섬유 연결
3. 건물 내는 일반적으로 UTP 케이블로 연결
4. 전화국과 전산실 간은 전용선(광섬유 또는 전화선)이용
5. 광섬유 연결이 필요한 곳의 스위칭 허브는 FX 단자가 있어야 한다.
6. 이 구성도는 컴퓨터 700대 정도 연결할 수 있으나 그 이상이 되면 스위칭허브를 증설하여야 한다.

[그림 6-15] 학교 네트워크망의 구성도 예

6.6 광네트워크 구성도

광네트워크 구성은 [그림 6-16]과 같이 전화국 광전송 시스템 A국과 B국 사이에 광케이블로 연결하고, 광전송 시스템에서 서버와 클라이언트 간에 통신이 되도록 구성한다.

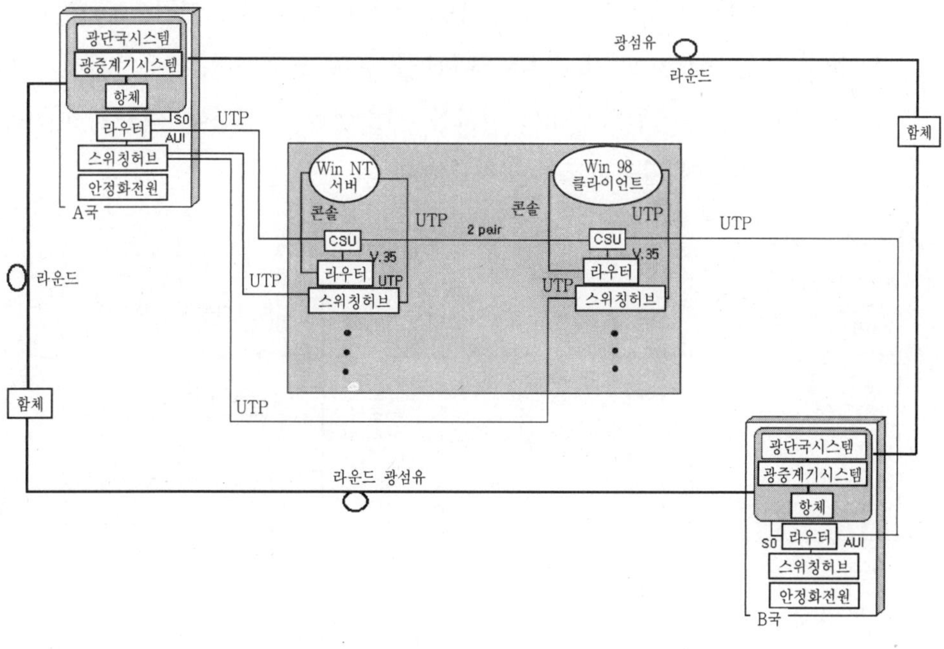

[그림 6-16] 광네트워크 구성도

6.7 홈네트워크 시스템 구성도

6.7.1 홈네트워크 시스템 구성 예 1

[그림 6-17]과 같이 홈네트워크 시스템은 KT플랫폼, 인터넷, 국선단자함(MDF)의 서버와 L3 Switch를 통해 층단자함(IDF)의 L2 Switch를 통해 각 가정의 허브를 통하여 유무선 인터넷, 홈세대기, 홈오토기기, 홈보안기기, TV포럼 등을 제어하고 또한 L3 Switch를 통해 공동현관, 공용부관리가 되도록 하고 있으며 원격제어가 되도록 시스템을 구성하여 대규모 아파트 및 공장형 빌딩에 활용하도록 구성하였다.

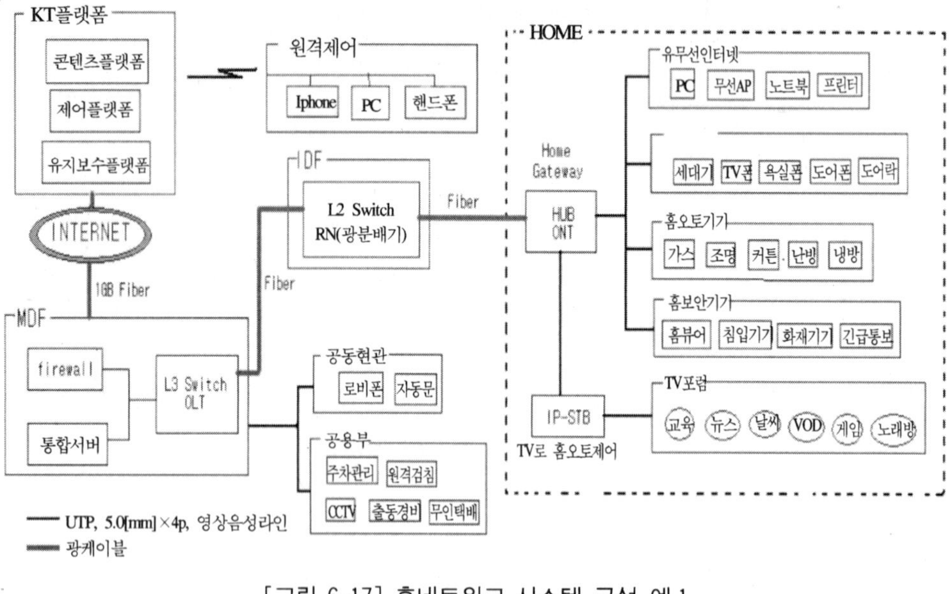

[그림 6-17] 홈네트워크 시스템 구성 예 1

6.7.2 홈네트워크 시스템 구성 예 2

[그림 6-18]과 같이 홈네트워크 시스템은 인터넷에서 Workgroup Switch를 통해 홈네트워크 시스템 서버를 통해 무인택배, 출동경비, 주차관제, 엘리베이터, 원격검침, CCTV, 중앙통제 각종 외부제어를 하도록 하고 공동현관관리 및 게이트웨이를 통하여 각 가정의 세대단말기, 조명, 커튼, 가전기기, 냉난방기기 등을 원격제어가 가능하도록 시스템을 구성함으로써 대규모 아파트 및 대규모 빌딩에 적용할 수 있도록 구성하였다.

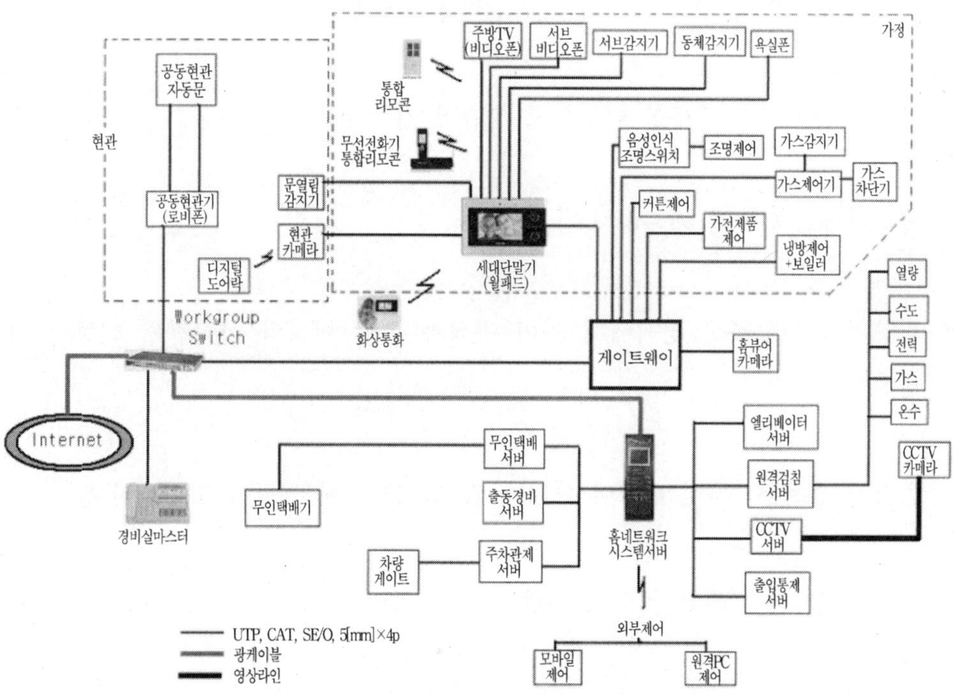

[그림 6-18] 홈네트워크 시스템 구성 예 2

제6장 연습문제

1. 공중전기통신망에서 교환처리 방식에 대하여 기술하시오.

2. 데이터 통신망의 구성도를 그리고 원리를 기술하시오.

3. 데이터 통신망의 종류를 나열하고 종류별 기본원리에 대하여 기술하시오.

4. 광중계기의 원리를 기술하시오.

5. 비동기식 다중통신 방식에서 북미 방식과 유럽 방식의 차이점에 대하여 기술하시오.

6. 동기식 광전송장치에 대하여 인터넷 및 참고서적에서 찾아 정리하시오.

7. IBS를 설계하기 위한 최소의 조건 및 전송로에 대하여 기술하시오.

8. 광역 광가입자망에 대하여 인터넷 및 참고서적에서 찾아 정리하시오.

9. 학교 네트워크망을 구성하기 위한 구축방안에 대하여 기술하시오.

10. 학교 네트워크망을 구성하기 위한 전산화 설계원칙에 대하여 기술하시오.

11. 학교 네트워크망을 구성하기 위한 전송로에 대하여 기술하시오.

12. 한국통신(KT)의 광네트워크의 광전송 시스템에 대하여 인터넷 또는 참고서적에서 찾아 정리하시오.

연습문제 풀이

제1장

1. $n\sin_3 = n_1\sin(\theta_i - 90°) = n_1\cos\theta_i$,

$$\frac{n_2}{n_1} = \sin\theta_i = (1-\cos^2\theta_i)^{\frac{1}{2}} = \left(1-\frac{n^2}{n_1^2}\sin^2\theta_3\right)^{\frac{1}{2}},\quad \frac{n_2^2}{n_1^2} = 1-\frac{n^2}{n_1^2}\sin^2\theta_3,$$

$\frac{n}{n_1}\sin\theta_3 = \frac{(n_1^2-n_2^2)^{\frac{1}{2}}}{n_1}$ 따라서 $\sin\theta_3 = \frac{1}{n}(n_1^2-n_2^2)^{\frac{1}{2}}$ $n=1$이므로

$\theta_3 = \sin^{-1}\sqrt{n_1^2-n_2^2}$ 이다.

2. 전파속도 $v = \frac{c}{n_1} = \frac{3\times10^8}{1.46} = 2.055\times10^8\,[\mathrm{m/s}]$

파장 $\lambda = \frac{v}{f} = \frac{2.055\times10^8}{1\times10^{14}} = 2.055\times10^{-6} = 2.055\,[\mu\mathrm{m}]$

또는 $\lambda_0 = \frac{c}{f} = \frac{3\times10^8}{1\times10^{14}} = 3\times10^{-6} = 3\,[\mu\mathrm{m}]$

$$\lambda = \frac{\lambda_0}{n_1} = \frac{3\times10^{-6}}{1.46} = 2.055\times10^{-6} = 2.055\,[\mu\mathrm{m}]$$

3. $\sin\theta_c = \frac{n_2}{n_1}$, $\theta_c = \sin^{-1}\frac{n_2}{n_1} = \sin^{-1}\frac{1.38}{1.46} = \sin^{-1}0.9452 = 70.94°$

임계각 $\theta_1 = 90° - 70.94° = 19.06°$로 $19.06°$보다 작은 모든 θ_1에서 전반사가 일어난다.

4. $m\frac{\lambda}{S} = \sin\theta_1 + \sin\theta_d$ $(m=0, \pm1, \pm2, \pm3, \cdots)$ 1차 회절이면 $m=1$이므로 $\sin\theta_d = \frac{\lambda}{S} - \sin\theta_1$이다. λ_1에서 1차 회절각

$$\theta_{d1} = \sin^{-1}\left(\frac{\lambda_1}{S} - \sin\theta_1\right) = \sin^{-1}\left(\frac{1.31\times10^{-6}}{1.3\times10^{-6}} - \sin30°\right) = \sin^{-1}0.508 = 30.53°$$

λ_2에서 1차 회절각

$$\theta_{d2} = \sin^{-1}\left(\frac{\lambda_2}{S} - \sin\theta_1\right) = \sin^{-1}\left(\frac{1.55\times10^{-6}}{1.3\times10^{-6}} - \sin30°\right) = \sin^{-1}0.692 = 43.79°$$

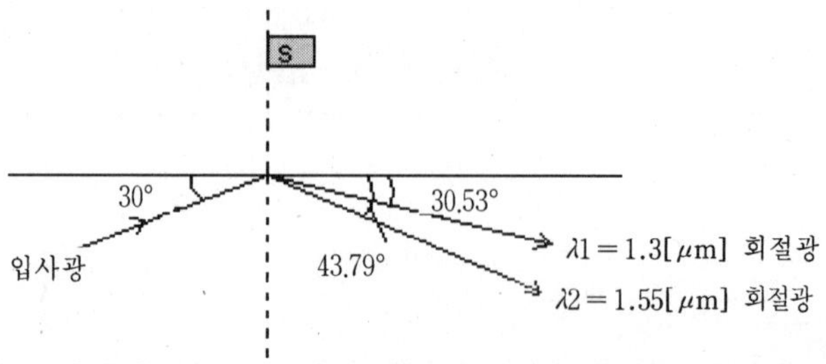

5. 전반사가 일어나는 임계각 θ_c보다 작은 각도의 모든 광선은 광섬유 내에서 전파된다. θ_c가 증가하면 모드 수가 증가하므로 전체 모드 수는 상대굴절률차 $\left(\frac{n_2 - n_1}{n_1}\right)$이 증가함에 따라 증가된다. 따라서 임계각 θ_c보다 작은 전파각을 갖는 것을 저차 모드라 하는데 이는 손실이 적고, 임계값 θ_c에 근접하거나 큰 전파각을 갖는 것을 고차 모드라 하는데 이는 손실이 크다.

6. 수광각이 60°로 $\theta_a = 30°$이다. $\sin\theta_a = \mathrm{NA} = \sqrt{n_1^2 - n_2^2}$ 에서 $n_1^2 - n_2^2 = \sin^2\theta_a$,

$n_1 = \sqrt{\sin^2\theta_a + n_2^2} = \sqrt{\sin^2 30° + 1.38^2} = \sqrt{0.25 + 1.9} = \sqrt{2.15} = 1.47$

7. 전력은 중심파장에서 최대치의 반으로 떨어지는 지점 사이의 파장폭 $\Delta\lambda$를 선폭이라 한다. $\lambda = 1.31$ [μm]에서 2%의 선폭을 갖는다면 $\Delta\lambda$는

선폭 $\Delta\lambda = 1.31 \times 10^{-6} \times 0.02 = 26.2 \times 10^{-9} = 26.2$ [nm]

중심주파수 $f_0 = \frac{c}{\lambda} = \frac{3 \times 10^8}{1.31 \times 10^{-6}} = 2.29 \times 10^{14}$ [Hz]

따라서 대역폭 $\Delta f = \left(\frac{\Delta\lambda}{\lambda}\right) f_0 = \frac{26.2 \times 10^{-9}}{1.31 \times 10^{-6}} \times 2.29 \times 10^{14} = 4.58 \times 10^{12}$ [Hz]

8. 1) MMF

① SI형의 구조와 특징

빛을 광섬유의 코어 단면에 입사시키면 코어 내를 진행하는데 입사각이 0°인 빛은 계속 진행하지만 0°보다 어느 정도 큰 빛은 클래드에 닿아 전반사로 진행한다. 입사각이 큰 빛은 작게 입사한 빛보다 반사횟수가 많아서 진행속도가 늦고, 입사된 광신호의 펄스폭이 전송되는 동안 넓어지고 거리가 멀수록 전송대역의 한계가 생긴다.

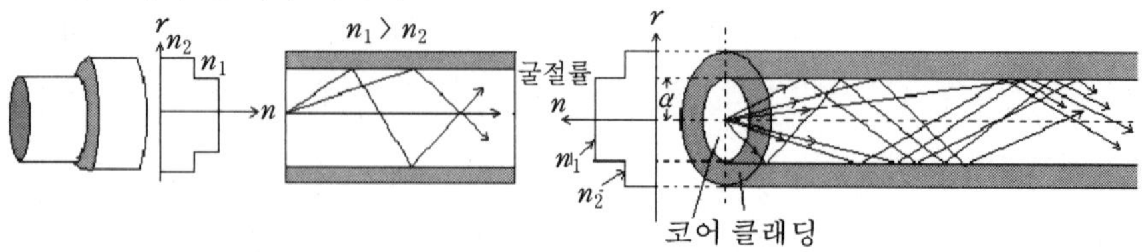

② GI의 구조와 특징

코어의 굴절률 분포를 중심에서 클래드 쪽으로 가면서 방사상으로 변화되어 입사한 빛을 코어 내부에서 단계적으로 굴절시켜 입사각에 맞는 궤도로 진행

한다. 따라서 코어 중심에서 떨어진 곳은 굴절률이 작으므로 빛의 속도는 빨라지고, 가까운 곳은 반대로 늦어지므로 여러 각도로 입사한 빛은 각기 다른 각도로 진행하지만 속도는 같다.

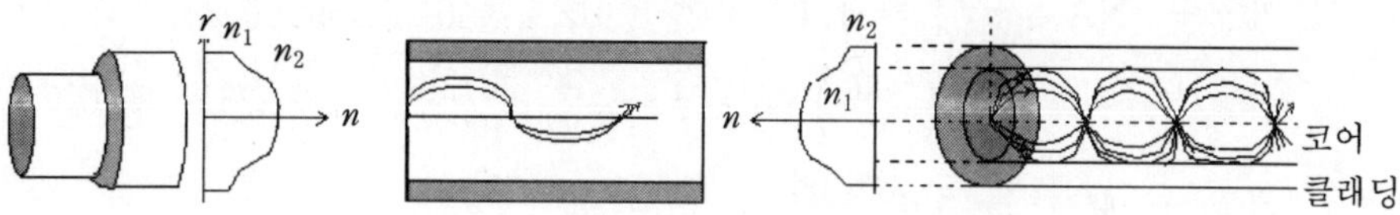

2) SMF의 구조와 특징

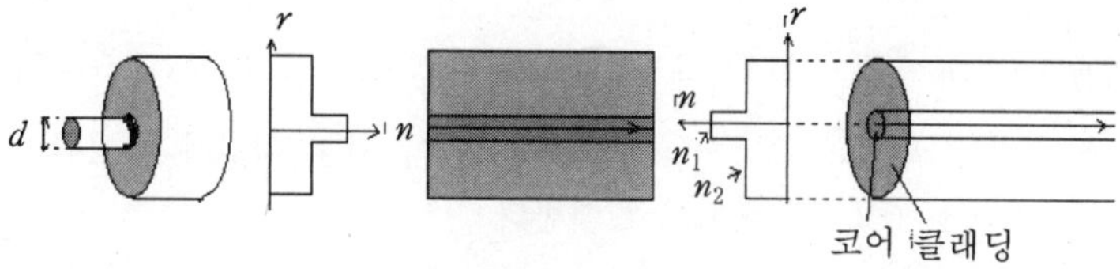

코어가 사용하는 빛의 파장과 비교하여 매우 좁으면 반사는 없고, 전자파는 광섬유의 축 아래로 이동하기 위하여 억제한다. 파장이 길면 광섬유의 지름을 크게 하여야 한다.

9. 1) 1.31[μm] 표준 광섬유(SMF)

석영유리에 Ge을 도핑하여 굴절률을 올린 SI형 광섬유로 1.31[μm]대 전송에 최적화되어 있다. 영분산 파장은 1.31[μm] 부근에 있고, 전송손실은 1.31[μm]에서 0.35～0.5[dB/km]로 모드 필드 지름(MFD)은 약 10[μm]이며, 차단파장은 1.1～1.28[μm]이다.

2) 차단파장이동 광섬유(CSF : Cut-off wave length Shiff Fiber)

광섬유의 전송손실은 1.55[μm] 대에서 최소가 되는데 분산특성에 문제되지 않는 저손실 특성의 전송속도로 하는 광섬유이다. 차단파장은 1.55[μm] 대에서 손실특성을 최소화하고, 굴절률 분포는 SI형이지만 고유손실을 적게 하기 위해 코어는 순수 석영으로 하고 클래드는 F를 첨가하여 코어와 굴절률차를 둔다. 손실은 0.17～0.19[dB/km], 차단파장은 1.35～1.60[μm], 필드 지름은 10.5±1[μm], 영분산 파장은 1.295[μm]의 특성을 갖는다.

3) 분산이동 광섬유(DSF : Dispersion Shift Fiber)

광섬유의 저손실을 유효하게 이용하고 [Gbps] 이상의 광신호를 전송하는 데 손실의 원인이 되는 분산치를 저감시키고 영분산 파장을 1.55[μm]대로 이동한 것이 DSF이다. Ge을 첨가하여 굴절률을 제어하고 영분산 파장은 1.55[μm]이고, 손실은 0.22～0.23[dB/km], 모드필드 지름은 7～8[μm]이다.

10. 1) 개구수 $\mathrm{NA} = \sqrt{n_1^2 - n_2^2} = \sqrt{(1.52)^2 - (1.46)^2} = \sqrt{0.18} = 0.424$

정규화 주파수 $V=\left(\frac{2\pi a}{\lambda}\right)\text{NA}=\frac{2\times3.14\times50\times10^{-6}}{0.82\times10^{-6}}\times0.424=162.36$

모드 수 $M=\frac{V^2}{2}=\frac{(162.36)^2}{2}=13180.4$

2) 개구수 $\text{NA}=n_1\sqrt{2\Delta}=1.46\times\sqrt{2\times0.012}=1.46\times0.155=0.2263$

정규화 주파수 $V=\left(\frac{2\pi a}{\lambda}\right)\text{NA}=\frac{2\times3.14\times50\times10^{-6}}{0.82\times10^{-6}}\times0.2263=86.66$

모드 수 $M=\frac{V^2}{2}=\frac{(86.66)^2}{2}=3754.98$

11. 비굴절률차 $\Delta=\frac{n_1^2-n_2^2}{2n_1^2}=\frac{(1.46)^2-(1.4)^2}{2\times(1.46)^2}=\frac{2.13-1.96}{2\times2.13}=0.04$

굴절률

$n=n_1\sqrt{1-2\Delta\left(\frac{r}{a}\right)^2}=1.46\sqrt{1-2\times0.04\times\left(\frac{20}{50}\right)^2}=1.46\times\sqrt{1-0.0128}=1.451$

12. 단일 모드에서 규격화 주파수 V가 2.4 미만이 되는 지점까지 코어 지름을 줄일 수 있기 때문에 V가 2.4가 되도록 설계한다.

$V=\left(2\times\frac{\pi}{\lambda}\right)an_1\sqrt{2\Delta}$에서 최대 코어의 지름

$a=\frac{V\lambda}{2\pi n_1\sqrt{2\Delta}}=\frac{2.4\times1.55\times10^{-6}}{2\times3.14\times1.46\times\sqrt{2\times0.003}}=\frac{3.72\times10^{-6}}{0.71}=5.24\times10^{-6}$

$=5.24\,[\mu\text{m}]$

따라서 최대 코어의 반지름 $r=\frac{a}{2}=\frac{5.24\times10^{-6}}{2}=2.62\times10^{-6}=2.62\,[\mu\text{m}]$

13. 단일 모드와 다중 모드의 경계파장을 차단파장이라 하며, 규격화 주파수는

$f_0=\frac{2\pi a}{\lambda}\sqrt{n_1^2-n_2^2}=\left(\frac{2\pi}{\lambda}-a\right)n_1\sqrt{2\Delta}$이다.

따라서 광섬유로 도파되는 모드 수는 코어의 지름에 비례하고, 비굴절률차의 제곱근에 비례하므로 단일 모드 광섬유 제조 시 코어의 지름 a를 줄여 $(n_1=1)$ 규격화 주파수가 2.4 이하가 되도록 한다. 차단파장 λ는 $\lambda=\frac{2\pi a}{2.4}\sqrt{n_1^2-n_2^2}$[m/s]이다.

$\sqrt{n_1^2-n_2^2}=\frac{2.4\lambda}{2\pi a}$, $n_1^2-n_2^2=\left(\frac{2.4\lambda}{2\pi a}\right)^2$, $n_2=\sqrt{-\left(\frac{2.4\lambda}{2\pi a}\right)^2+n_1^2}$

$n_2=\sqrt{-\left(\frac{2.4\lambda}{2\pi a}\right)^2+n_1^2}=\sqrt{-\left(\frac{2.4\times1.55\times10^{-6}}{2\times3.14\times10\times10^{-6}}\right)^2+1^2}=\sqrt{-0.0592+1}$

$=\sqrt{0.9408}=0.97$

14. 재료손실은 광섬유 재료 자체의 핵구조에 의하여 Ge-Si 유리의 손실은 λ가 0.8~1.6[μm]일 때 0.1[dB] 미만이고, λ가 1.3[μm]일 때는 거의 0으로 상대적으로 작다. 불순물에 의한 손실은 제조공정의 개선으로 감소되며, 개선된 섬유에서 금속 불순물은 거의 없다.

OH 불순물은 특정대역에서 최악의 손실은 4[dB/km] 정도로 1.4[μm] 근방에서 불순물 농도가 1[ppm]일 때 일어난다. OH 흡수는 1[ppm]보다 약간 클 때 첨두값을 가진다. 0.93, 1.25, 1.4[μm] 파장에서는 3개의 첨두값을 가진다.
다음은 광섬유 손실의 원인은 다음과 같다.

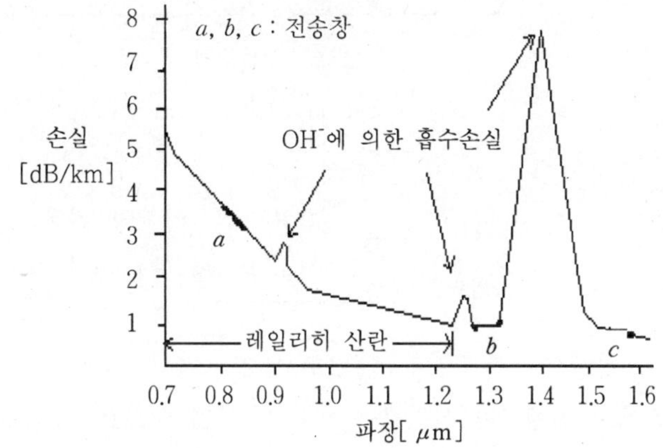

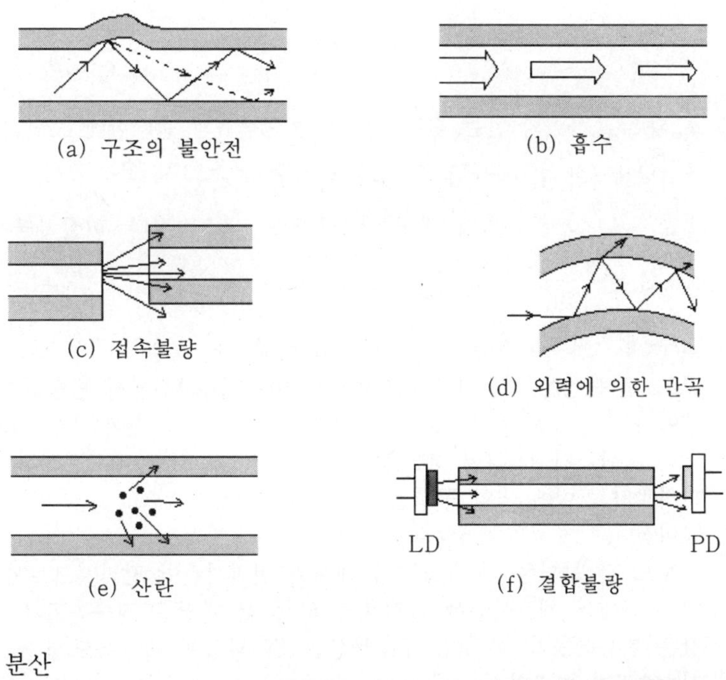

(a) 구조의 불안전 (b) 흡수 (c) 접속불량 (d) 외력에 의한 만곡 (e) 산란 (f) 결합불량

15. 1) 모드 간 분산

모드 간 분산은 다른 모드에 대하여 전파시간이 달라지므로서 발생한다. 즉 섬유축을 따라 전파하는 2개 모드는 θ_c각으로 전파하는 임계 모드와 전파각이 0인 모드이다. 광섬유로 주입되는 광펄스는 섬유를 따라 두 개의 모드로 전파한다.

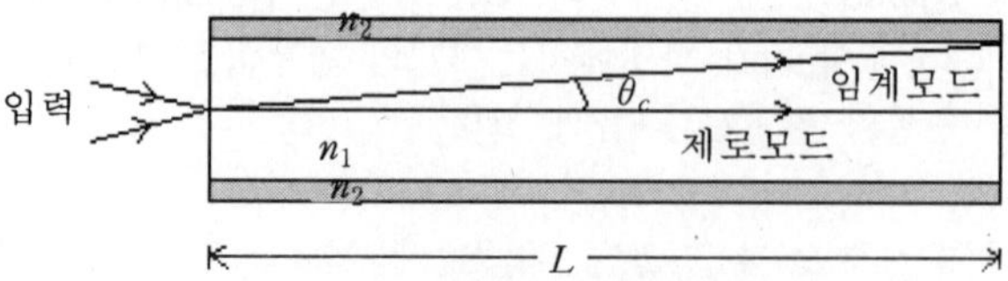

(a) 광선추적

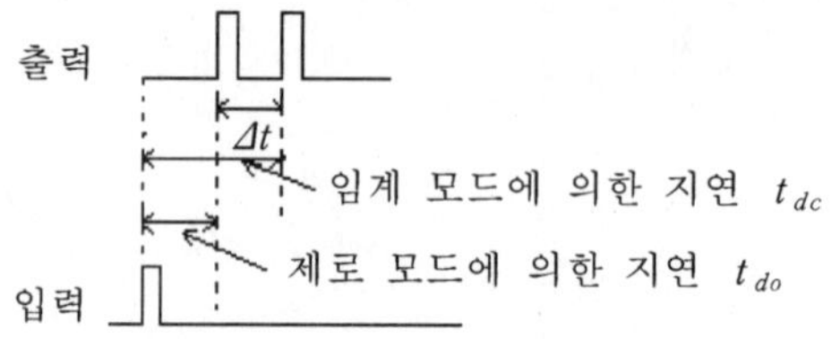

(b) 시간지연

제로 모드에서 진행하는 시간은 최소이고, 임계 모드로 진행하는 시간은 최대가 된다.

$$t_{do} = \frac{L}{\frac{c}{n_1}} = L \cdot \frac{n_1}{c} \text{[최소 전파지연]}, \quad t_{dc} = \frac{\frac{L}{\cos\theta_c}}{\frac{c}{n_1}} = \frac{Ln_1}{c\cos\theta_c} \text{[최대 전파지연]}$$

t_{do}와 t_{dc} 사이의 차는 펄스 에너지가 광섬유의 출력단에 도달하는 시간과 같고, 출력단에서의 펄스폭 Δt는 $\Delta t = t_{dc} - t_{do} = \frac{Ln_1}{c} \times \frac{n_1 - n_2}{n_2} = \frac{Ln_1}{c} \times \Delta$로 비굴절률차 $\Delta \ll 1$에 대하여 분모는 n_1 또는 n_2가 된다. 비굴절률차 Δ는 NA이므로 $\Delta = \frac{n_1^2 - n_2^2}{2n_1^2} = \frac{(\text{NA})^2}{2n_1^2}$으로 $\Delta t = \frac{L(\text{NA})^2}{2n_1 c}$, $\frac{\Delta t}{L} = \frac{(\text{NA})^2}{2n_1 c}$이다. 즉, Δt는 펄스의 퍼짐이고, $\frac{\Delta t}{L}$는 광섬유 길이당 펄스의 퍼짐이다.

2) 모드 내 분산은 색분산이라고 하며, LED 또는 LD에서 방출되는 파장이나 빛의 색이 단색광으로 파장의 빛이나 색이 다른 속도로 전파되면서 넓은 범위로 광펄스는 분산된다. 따라서 재료의 굴절률 차이에 의한 재료분산과 파장에 의한 전파경로의 차이에 의한 구조분산으로 구분한다.

3) 차이점

모드 간 분산은 다른 모드에 대하여 전파시간이 달라지므로서 발생하고, 모드 내 분산에서 재료분산은 굴절률에 의해 긴 파장은 전송속도가 빠르고, 짧은 파장은 전송속도가 늦으며, 구조분산은 긴 파장은 전송속도가 늦고, 짧은 파장은 전송속도가 빠르다.

제2장

1. 광케이블의 구조는 일반적으로 광섬유 심선, 인장선, 광케이블심 및 외피로 구분한다.

1) 광섬유 심선

광섬유 심선의 코어와 클래딩은 석영계 유리를 주재료로 하여 제조되고, 이를 보호하기 위해 아크릴레이트 등의 수지로 코팅하여 사용한다. 광섬유 심선 접속 시 광섬유 심선 식별을 용이하게 하기 위해서 특수 잉크를 사용하여 코팅하며, 잉크의 색상은 일반적으로 다음과 같은 12색을 사용한다.

번호	1	2	3	4	5	6	7	8	9	10	11	12
색상	청	등	녹	적	황	자	갈	흑	백	회	청녹	분홍

2) 인장선

광케이블은 설치 시 필연적으로 발생하는 케이블 인장에 의해 광섬유 심선을 보호하기 위해 광케이블 중심 또는 외피에 인장선을 가지고 있는 것이 구리 통신 케이블과 크게 다르다. 인장선의 재질은 광케이블 구조 및 설치장소에 따라 적절하게 결정해야 하므로 주문 시 주의해야 한다. 루즈튜브형 광케이블인 경우에는 대부분 광케이블 중심에 인장선이 위치하므로 중심인장선이라 하고 있다.

3) 광케이블심

필요로 하는 광섬유 심선을 케이블화하기 위해서는 먼저 광섬유 유닛을 구성한 다음 이를 집합하고, 플라스틱 테이프 등을 감아서 광섬유 유닛을 보호하며, 고객이 요구 시에는 유닛들 간의 빈 공간에 젤리콤 파운드를 채운다.

① 광섬유 유닛　　② 광섬유 유닛 집합
③ 젤리콤 파운드 충진　　④ 테이핑

4) 광케이블 외피

광케이블의 외피는 구리 통신 케이블과 거의 동일하게 설치장소에 따라 적당한 구조를 가지며, 필요시 강대외장 또는 철선외장을 추가하고 있다. 또한 KT에서 요구하는 루즈 튜브형 광케이블의 구조는 다음과 같다.

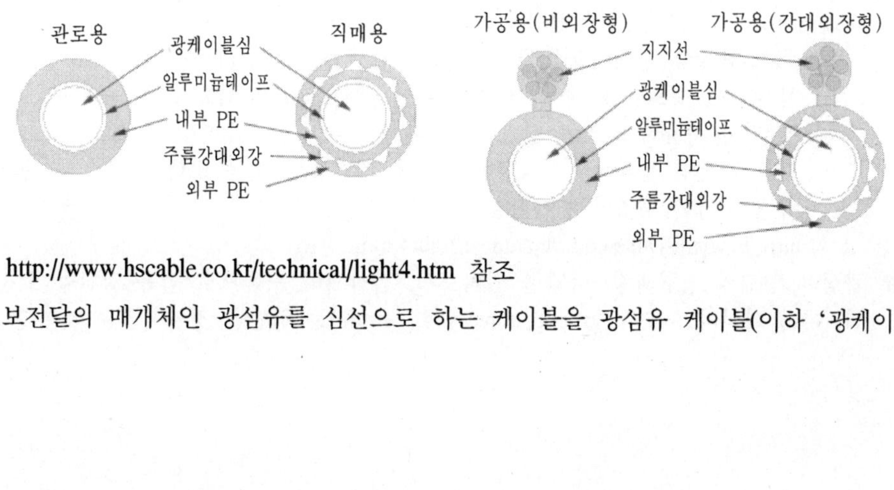

http://www.hscable.co.kr/technical/light4.htm 참조

2. 정보전달의 매개체인 광섬유를 심선으로 하는 케이블을 광섬유 케이블(이하 '광케이

블' 이라 약함)이라 하며, 광케이블은 광섬유, 광케이블심, 인장선 및 외피의 구조 및 재질에 따라 여러 종류가 있다.

1) 광섬유 종류에 의한 분류

- 다중 모드 광케이블 : MM 또는 HMM 광섬유를 심선으로 하는 광케이블
- 단일 모드 광케이블 : SM, DSF, CSF 또는 NZDSF 광섬유를 심선으로 하는 광케이블

광통신 시스템에서 광다중 신호를 전송하기 위한 광케이블 선로에는 석영계 유리를 주원료로 하여 만들어진 광섬유를 사용하며, 현재 국내에서 사용중인 광섬유의 종류는 다음과 같다.

구 분	약 호	호 칭	운용파장
단일 모드 광섬유	SM	단일 모드 광섬유	1310[nm]/1550[nm]
	DSF	분산천이 단일 모드 광섬유	1550[nm]
	CSF	차단파장천이 단일 모드 광섬유	1550[nm]
	NZDSF	난제로분산천이 단일 모드 광섬유	1550[nm]
다중 모드 광섬유	MM	언덕형 다중 모드 광섬유	850[nm]/1300[nm]
	HMM	대구경 다중 모드 광섬유	850[nm]/1300[nm]

2) 외피 재질에 의한 분류

- 난연 광케이블 : 통신구 등 화재발생이 우려되는 지역에 설치하는 광케이블
- 비난연 광케이블 : 화재발생의 염려가 없는 지역에 설치하는 광케이블로 주문시 특별한 언급이 없으면 비난연성 재질을 사용한다.

3) 사용장소에 의한 분류

- 관로용 광케이블 : PE 등의 관(pipe)을 미리 설치 후 그 속에 삽입하는 광케이블
- 가공용 광케이블 : 전주를 이용하여 공간에 설치하는 광케이블
- 직매용 광케이블 : PE 등의 관(pipe)을 사용하지 않고 지중에 설치하는 광케이블
- 수저용 광케이블 : 강 또는 하천 등을 통과하는 지역에 설치하는 광케이블
- 옥내용 광케이블 : 빌딩이나 사무실 내에 설치하는 광케이블

4) 광케이블심 구조에 의한 분류

- 루즈 튜브형 광케이블 : 필요로 하는 광섬유들을 플라스틱 튜브 내에 먼저 삽입 후 이 튜브들을 중심 인장선 위에 배열한 케이블로 현재 우리나라에서 가장 많이 사용하고 있는 광케이블이다.
- 리본 슬롯형 광케이블 : 적당한 개수의 광섬유를 리본 형태로 접착 후 홈(슬롯) 속에 삽입한 구조의 광케이블

http://www.hscable.co.kr/technical/light4.htm 참조

3. 광섬유 양단의 정렬과정, 다양한 위치조정, 접착제의 도움으로 섬유 양단을 고정시킨다. 여러 가지의 구조(V groove, three rod, ferrule)는 양단을 정렬시키는 것이다.

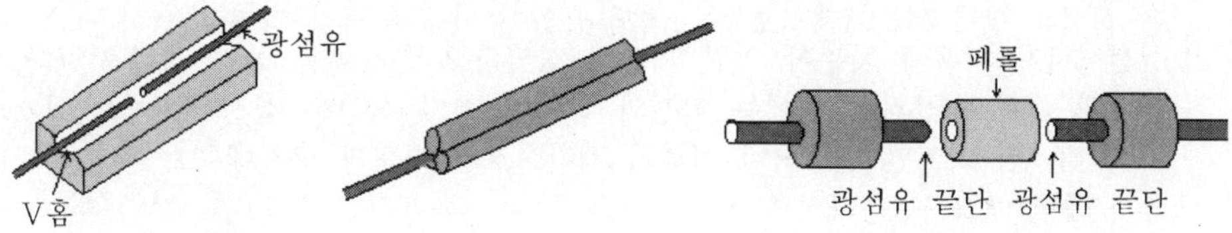

(a) V 그로브　　　(b) 3로드　　　(c) 페롤

페롤(ferrule)의 접속구조는 섬유와 피복을 위해 정밀한 크기를 갖는 페롤이라는 강철관이 두 섬유를 연결하는데 두 끝단에서의 깔대기(funnel)는 섬유를 제위치로 고정하기 위해 광접착제로 채우고 수축 테이프로 접속면에 기계적 힘을 가한다.

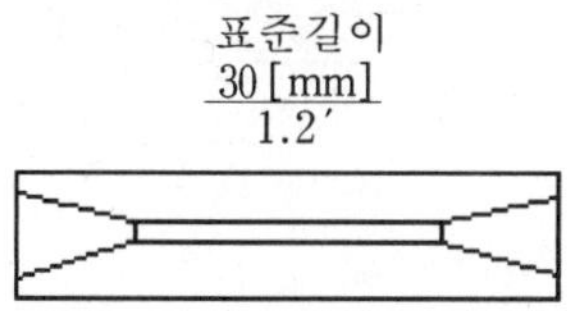

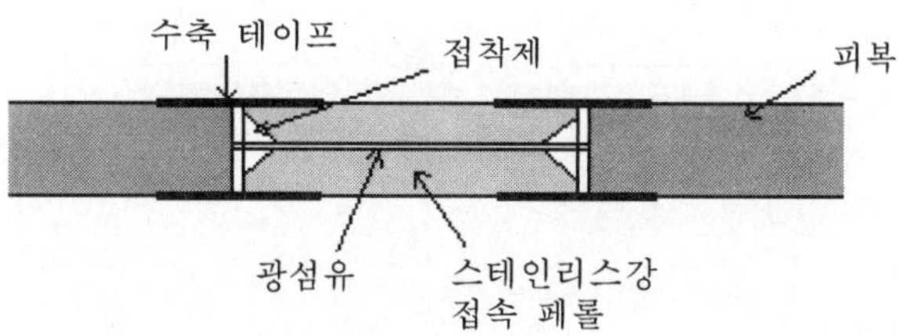

또한 탄성중합체에 의한 접속으로 두 섬유를 접속시킬 때까지 삼각관에 섬유를 넣어 접속하는데 반사손실을 감소시키기 위해 접합면에 정합겔을 삽입한다. 삼각관의 외부 6각 평면은 기계적 힘을 주어 외부 홈 안으로 조정하고 조립한다.

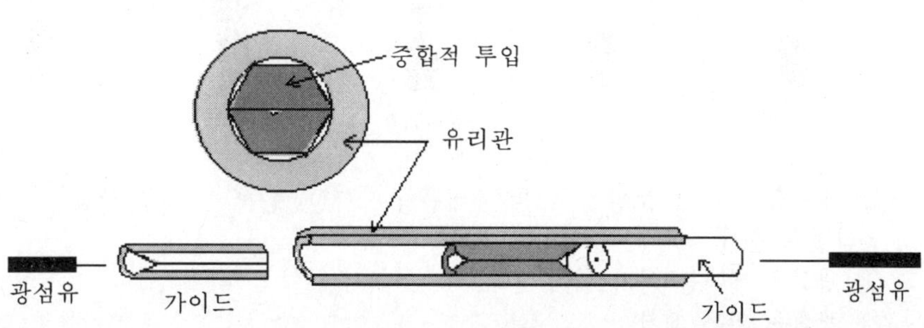

4. 융착접속 방법은 아크 방전식 융착접속기는 절단한 광섬유심선 단면끼리를 용융하는 것으로 가열원으로 고주파 트리거 방식을 사용하는데 이때 20~100[kHz]의 고주파로

방전개시 시 필요한 고전압을 트리거적으로 가해서 용융한다.

1) 심선을 접속하기 이전에 2차 코팅은 나일론 피복으로 쉽게 제거되지만 1차 코팅은 심선과 실리콘이 기계적으로 고착되어 있어 알콜을 적신 거즈로 닦아낸다.
2) 심선절단기의 홈에 맞추어 약간 기울여 삽입하고 손잡이를 눌러 칼날을 심선에 가볍게 대면 심선의 표면에는 약간의 흠집이 생겨 심선은 심선절단기의 원호를 따라 더 만곡시키면 인장력이 가해져 직각으로 절단됨과 동시에 그 절단면이 거울과 같이 매끄러워진다.

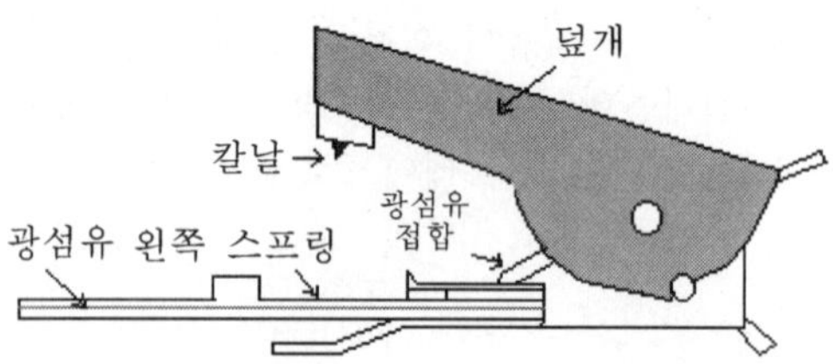

융착접속 방법은 다음과 같다.

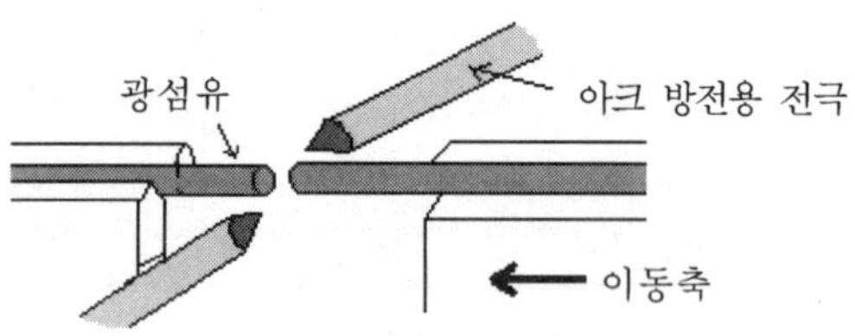

5. 1) 융착접속 과정

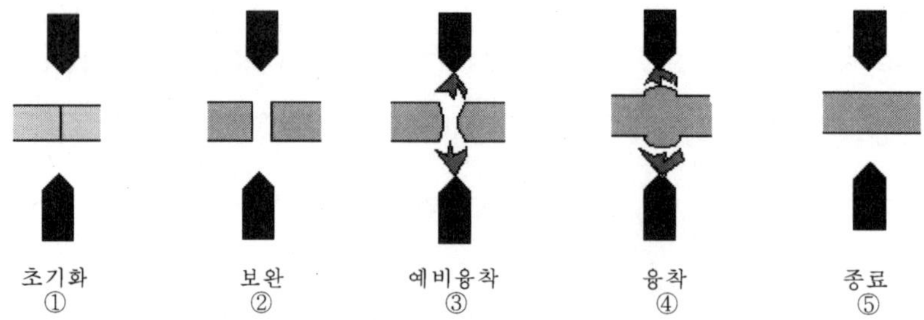

① 초기화 ② 보완 ③ 예비융착 ④ 융착 ⑤ 종료

2) 융착접속 순서
   ① 광섬유 케이블 외피 제거
   ② 광섬유 피복 제거
      · 코팅된 광섬유 표면을 알코올로 약 10[cm] 정도 닦는다.
      · 피복탈피기를 사용하여 약 30～40[mm] 정도 탈피한다.

③ 광섬유 알콜 세척
- 알콜로 광섬유를 닦아낸다.

④ 광섬유 절단
- 클램프를 열고 절단 버튼을 올린다.
- 칼날을 민다.
- 어댑터에 광섬유를 장착한다. : 코어 지름 4.025[mm]일 때 8～16[mm]
  코어 지름 4.025[mm] 이상이면 16[mm]
- 칼날을 부드럽게 민다.
- 절단 버튼을 누르고(클램프가 열릴 때까지) 버튼을 놓는다.
- 절단 버튼을 열고 클램프를 연 다음 광섬유를 어댑터에서 꺼내고 광섬유 찌꺼기를 버린다.

⑤ 광섬유 융착접속
- 광섬유 장착
  방풍덮개를 연다 → 심선 고정대를 열고 광섬유 고정대를 연다 → V그로브(groove)에 정렬한다→ 광섬유를 잡고 심선 고정대를 닫는다 → 광섬유 고정대를 닫는다 → 방풍덮개를 닫는다 → 접속(set)한다.
- 광섬유 제거
  방풍덮개를 연다 → 심선 고정대와 광섬유 고정대를 연다 →광섬유를 제거한다

⑥ 광섬유 접속 보호관 융착
- 접속지점을 중심으로 광섬유 보호 슬리브를 끼우고 튜브 히터에 넣는다.
- 광섬유를 팽팽하게 하여 튜브 히터 안으로 내리면 자동적으로 튜브 히터 왼쪽 고정대가 닫힌다.
- 내린 상태에서 왼손으로 오른쪽 튜브 히터 고정대를 닫는다.
- 히터를 누른다.

6. 1) 열수축 슬리브 보강법

광섬유를 접속하기 위해 1차, 2차 코팅을 제거하면 심선의 기계적 강도가 1/10로 떨어져 강도저하를 보완하기 위하여 열수축 슬리브를 사용하고, 내부 튜브에는 열용융 접착제가 채워지지 않고 인장강도는 1.2～2.4[kg]가 된다.

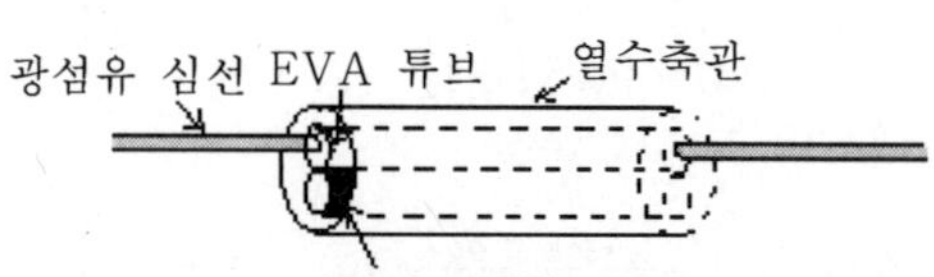

2) 접속자(hot melt) 보강법

U자형으로 파여진 홈이 있는 2개의 금속편 중에서 우선 아래 금속편의 홈에 심선의 접속부를 끼우고 접착제로 채운 후에 위의 금속편을 덮어씌워 고착시킴으로써 접속부를 보강시키는 것으로 인장강도는 1.6～2.3[kg]가 된다.

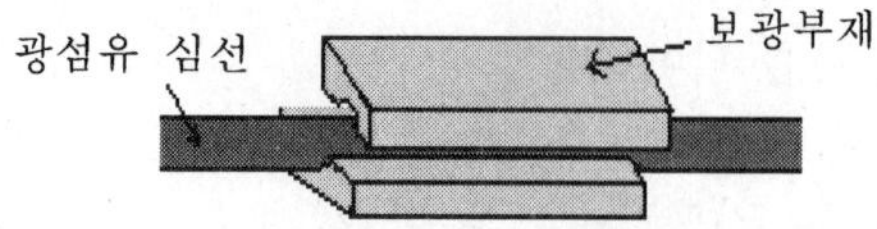

3) 몰드(mold) 보강법

접착 슬리브에서 보호막을 벗겨낸 후 접속부가 느슨하지 않게 잡아당겨 슬리브의 접착부에 삽입한다. 이때 심선의 코팅이 제거된 부분이 슬리브 바깥쪽으로 노출되지 않도록 하고, 접착 슬리브를 압착시켜 몰드한다. 인장강도는 0.7～2[kg]가 된다.

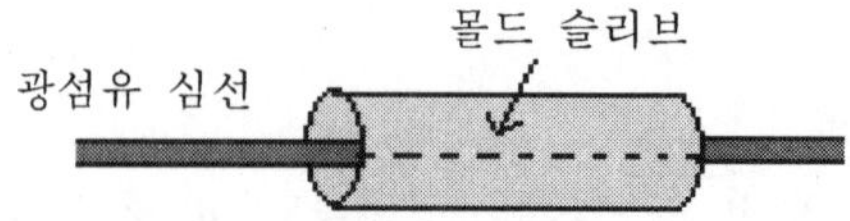

7. 1) $\text{Loss} = -10\log_{10}\left[1-\left(1.28\frac{l}{d}\right)\right] = -10\log_{10}\left[1-\left(1.28\frac{12\times10^{-6}}{120\times10^{-6}}\right)\right]$

$= -10\log_{10}(1-0.128) = -10\log_{10}0.872 = -10\times(-0.0595) = 0.595\,[\text{dB}]$

2) 프레넬 반사계수 $F_r = \frac{(n_1-n_2)^2}{(n_1+n_2)^2} = \frac{(1.4-1)^2}{(1.4+1)^2} = 0.028$

$\text{Loss} = -10\log_{10}(1-F_r) = -10\log_{10}(1-0.028) = -10\log_{10}0.972$

$= -10\times(-0.0123) = 0.123\,[\text{dB}]$

3) ① 정합 시

$$\text{Loss} = -10\log_{10}\left[1-\frac{n\theta}{180\text{NA}}\right] = -10\log_{10}\left[1-\frac{1.4\times5}{180\times0.2}\right] = -10\log_{10}0.833$$

$= -10\times(-0.0794) = 0.794\,[\text{dB}]$

② 비정합 시

$$\text{Loss} = -10\log_{10}\left[1-\frac{\theta}{180\text{NA}}\right] = -10\log_{10}\left[1-\frac{5}{180\times0.2}\right] = -10\log_{10}0.861$$

$= -10\times(-0.065) = 0.65\,[\text{dB}]$

광섬유의 끝단에서의 프레넬 손실

$$\text{Loss}_{Fr} = -10\log_{10}\left[1-\frac{(n_1-n_2)^2}{(n_1+n_2)^2}\right] = -10\log_{10}\left[1-\frac{(1.4-1)^2}{(1.4+1)^2}\right]$$

$= -10\log_{10}0.972 = -10\times(-0.0123) = 0.123\,[\text{dB}]$

광섬유의 앞단과 끝단의 총 프레넬 손실은

$\text{Loss} = 2\text{Loss}_{\text{Fr}} = 2\times0.123 = 0.246\,[\text{dB}]$

따라서 총손실 $\text{Loss}_{\text{tot}} = 0.65 + 0.246 = 0.896\,[\text{dB}]$

8. 면적 부정합 시

$$\text{Loss} = -20\log_{10}\frac{d_2}{d_1} = -20\log_{10}\left[\frac{42\times10^{-6}}{50\times10^{-6}}\right] = -20\log_{10}0.84 = 1.514\,[\text{dB}]$$

NA 부정합 시

$$\text{Loss} = -20\log_{10}\frac{NA_2}{NA_1} = -20\log_{10}\left[\frac{0.25}{0.2}\right] = -20\log_{10}1.25 = -1.94\,[\text{dB}]$$

9. 1) 관로용

① SC형 광접속 함체　　② 열수축형 광접속 함체

③ 유니버설형 광접속 함체　　④ 슬리브형 광접속 함체

2) 가공용

① 접속 상자형 광접속 함체　　② 장방형 광접속 함체

10. 광섬유 심선을 접속하려면 접속점을 포함하여 약 2[m] 정도의 광섬유 심선을 허용곡률반지름 이상으로 감아서 광케이블 접속함체에 수납해야 하는데 이는 광심선 접속점에서 융착접속기까지의 거리를 확보해야 하며, 접속점에 직접 가해지는 장력을 제거하는 것으로 코팅 제거와 심선 절단 및 접속 등의 작업에 실패할 때 다시 작업을 하기 위해서이다.

① 보호지지판 수납법　　② 플라스틱 시트 수납법

③ 보빈감기 수납법　　④ 광 MDF 여장 수납법

11. 1) 인장강도

광케이블은 포설 시 장력이 가해지므로 늘어지는 허용치 이하가 되도록 적절한 인장강도가 필요하며, 인장강도를 높이기 위해 케이블의 중심이나 외주에 영률이 높은 강선, FRP, 케블라(Kevlar) 등의 항장력체가 사용된다.

2) 휨 특성

포설 시 도르레를 통과함에 따라 반복하여 휨을 받든가 여장처리 등으로 굽힘이 생기므로 안정된 전송특성을 유지하고 파단수명 등을 고려하여 휨 찌그러짐 허용범위 이내이어야 한다. 케이블 외경의 15～20배가 허용곡률반지름이고, 왜율이 0.17[%] 이하이어야 한다.

3) 광섬유의 수명

제조공정 및 포설 시 장력, 휨, 흠의 크기 등에 의한 인장, 휨, 강도 등에 의하여 수명이 결정된다.

4) 측압특성

공사중 또는 공사 후 각종 외력에 의한 광섬유를 보호하기 의하여 단단한 외피가 필요하므로 사용조건에 맞는 보호가 요구된다.

5) 온도특성

혹한기 －40[℃], 하절기 60～80[℃] 등 광범위한 온도범위에 전송특성이 안정되어야 한다.

12. 1) 인장강도 특성시험

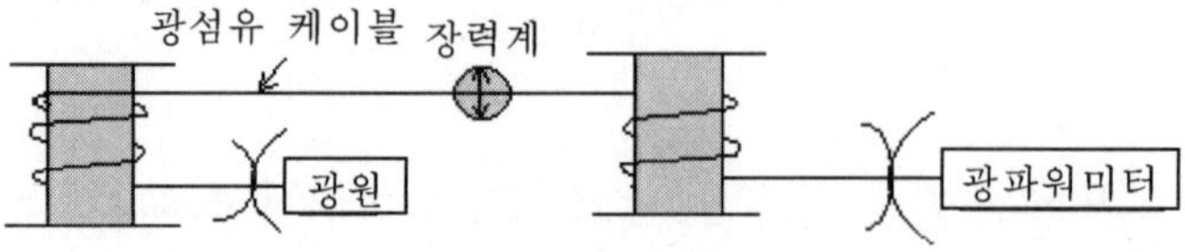

광케이블의 중심인장선 한쪽 단말을 고정시키고 다른쪽 단말에 장력계와 인장기를 접속한 후에 케이블 길이 l_1을 측정하고 인장기를 조절하여 장력계가 1[km]의 무게에 해당하는 견인력을 지시할 때의 케이블 길이 l_2를 측정하여 신장률을 구한다.

$$\varepsilon = \frac{l_1 - l_2}{l_1} \times 100[\%]$$

l_1 : 장력계가 0을 지시할 때 케이블 길이

l_2 : 장력계가 최대 허용장력을 지시할 때 케이블의 길이

또한 한쪽 단말에 안정된 광원을 연결하고, 다른쪽 단말에 광파워미터를 연결하여 광손실 P_1을 측정한 후 인장강도를 측정하는 중의 광손실 P_2를 측정하고, 특성시험 완료 후 광손실 P_3을 측정하여 P_1과 비교한다.

2) 굴곡 특성시험

케이블 외경의 20배가 되는 원형막대에 ±180°로 5회 굴곡시켰을 때 굴곡왜율이 최대 허용굴곡왜율인 2[%] 이하가 되어야 한다.

$$\delta = \frac{d_1 - d_2}{d} \times 100[\%]$$

d_1 : 찌그러짐이 좁아진 지름, d_2 : 찌그러짐이 넓어진 지름

d : 찌그러짐이 없는 표준 지름

3) 만곡포설장력 특성시험

포설작업이 만곡구간 또는 S형 구간을 통과할 경우 측압력이 가해지므로 만곡포설장력에 충분히 견디어야 한다. 케이블 중간에 지름 1.2[m]의 원통형에 1회 감아 통과할 때 광파워미터에 의한 광손실을 측정한다.

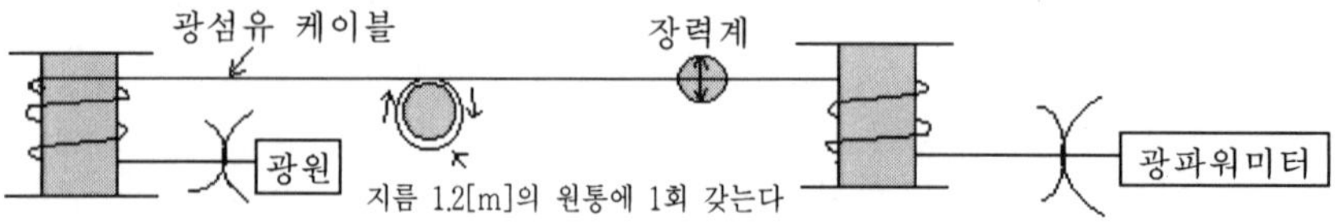

4) 비틀림 특성시험

긴 직선구간이나 만곡개소에 포설하기 위하여 견인력을 가하면 광케이블은 수

십 미터마다 약 1~2회 회전한다. 회전하여 심하게 비틀어지면 심선이 절단되거나 외피가 찌그러지고 광손실의 잔류현상으로 품질이 저하되므로 광케이블 중간에 약 2[m] 정도의 길이를 회전기구를 이용하여 ±180°로 10회 비틀 때 광파워미터로 손실을 측정한다.

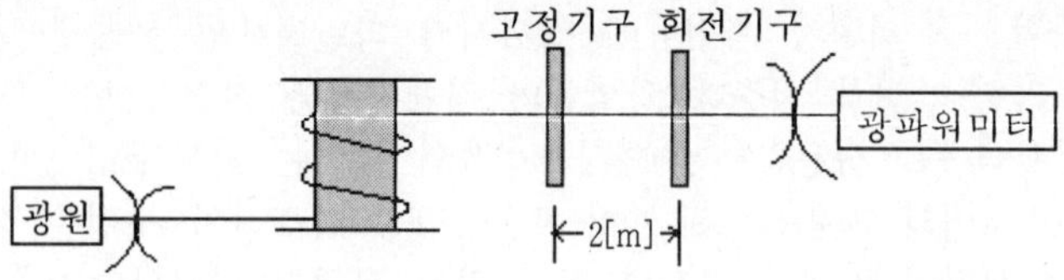

5) 압축파괴 특성시험

케이블을 밟거나 자동차가 지나가면 압축으로 특성이 변하게 되며 인공용 롤러, 주름 호스, 벨마우스 등을 사용하지 않고 그대로 광섬유 케이블을 분기 T형 등에 무리하게 포설하면 타원형으로 찌그러져서 심선이 절단되거나 외피가 긁히거나 또는 광손실의 잔류현상이 생긴다. 이를 광파워미터에 의하여 광손실을 측정한다. 변형률이 12[%] 이내이어야 한다.

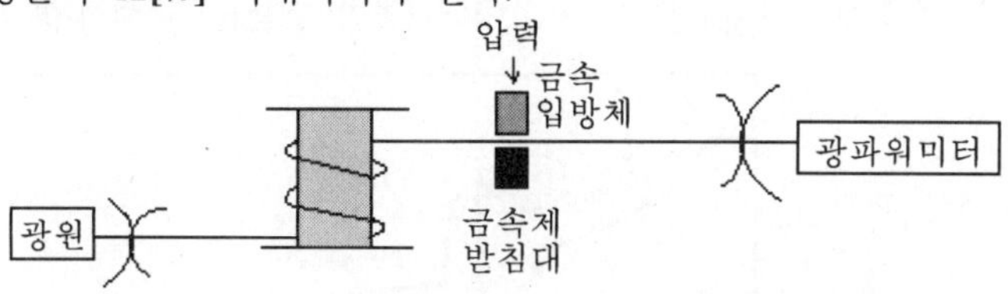

6) 낙하물 충격 특성시험

광섬유 케이블 중간 1[m] 길이에서 외피에 지름 2.5[cm], 무게 1[kg]의 끝이 평탄한 급속제 낙하봉 10개를 1[m]의 높이에서 1개씩 순차 낙하시킬 때 광파워미터에 의하여 광손실을 측정한다.

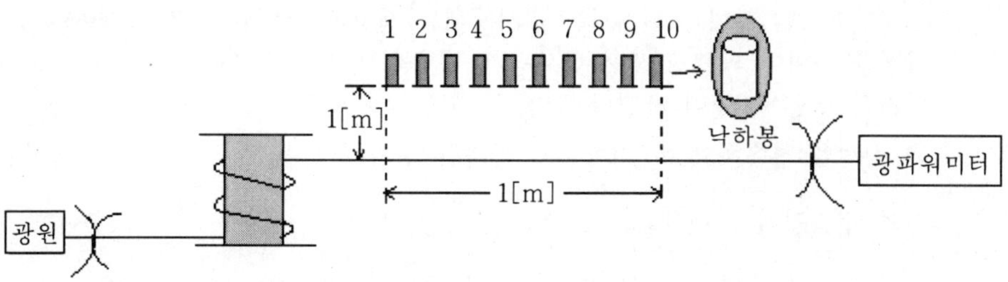

7) 진동 특성시험

기차철도, 고속도로변 등 차량 등에 의한 심한 진동도 약 25년 간 충분히 견디어야 한다. 150[m] 이상의 광섬유 케이블을 드럼에 감은 상태에서 진동폭 ±5[mm], 진동수 10~55[Hz]로 2시간 진동시킬 때 광손실이 없어야 한다.

8) 온도변화 특성시험

1[km]의 광섬유 케이블 드럼에 감은 상태에서 항온조 내에 넣고 온도를 24시간 단위로 +60° 또는 −30°로 변화시켰을 때 광손실이 0.1[dB] 이내이어야 한다.

13. 1) OTDR의 원리

광펄스를 피측정 광섬유에 입사시켜 파단점에의 프레넬 반사 또는 광섬유의 레일리히 산란을 검출해 광섬유의 장애지점과 손실특성을 측정한다. OTDR에는 의사광섬유를 사용하는데 의사광섬유의 길이는 약 1[km]이며, 파장은 1.31[μm]이고, 코어의 지름은 10[μm] 또는 50[μm]로 1차 코팅은 실리콘으로 되어 있다. 입사단에 프레넬 반사에 의한 펄스 파형이 나타나고, 이어서 감소파형의 레일리히 후방산란광이 나타난다. 피측정 광섬유 케이블의 접속점이 있는 곳에는 P_i와 P_o의 차가 생긴다. 이때 접속손실 L_c는 $L_c = -5\log\frac{P_o}{P_i}$ [dB]로 나타난다.

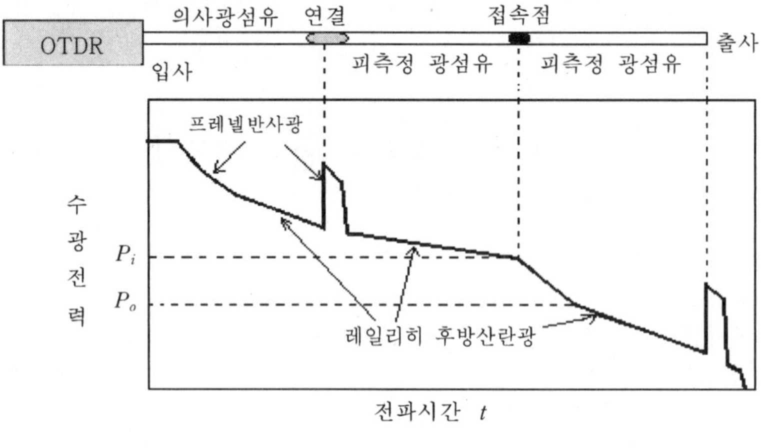

광섬유 케이블에서 일어나는 반사광에는 심선이 절단된 경우 절단면과 공기의 굴절률 차이에 의한 프레넬 반사광과 심선의 미세한 굴절률의 흔들림에 의한 레일리히 후방산란광이 생긴다. 굴절률 n_1인 A광섬유 심선과 굴절률 n_2인 B광섬유 심선을 접속하고 이 접속점에 광파워 P의 광선을 입사시키면 두 광섬유 심선의 접속점에서 반사되는 프레넬 반사광 F는 $F = \left(\frac{n_1 - n_2}{n_1 + n_2}\right)^2 \times P$이고, 레일리히 산란광 중에서 송신측에 되돌아온 후방산란광 R은 다음과 같다.

$$R = \frac{T_o C \alpha \Delta}{4n}$$

T_o : 광펄스의 반치폭, C : 진공중의 광속도, α : 레일리히 산란에 의한 광파손실, Δ : 비굴절률차, n : 코어의 굴절률

2) OTDR에 의한 후방산란 파형측정

– OTDR에 의해 관측된 후방산란 파형에 대한 설명은 다음과 같다.

· 횡축(橫軸)은 광펄스의 전반시간이고, 광섬유의 거리에 대응한다.

· 종축(縱軸)은 OTDR의 수광기에서 검출된 반사광을 디지털로 표시한 것이다.

· A지점은 광섬유의 입사단 근처에서 광원으로부터의 누설광이나 입사단의 프레넬 반사에 의한 광펄스의 파형이다.

· B지점에서는 레일리히 후방산란광이 검출되고 광섬유의 직사각형 방향의 특성이 균일한 경우, 그것은 전반시간에 대하여 직선적으로 감소한다. 이 기울기가 광손실에 대응한다.

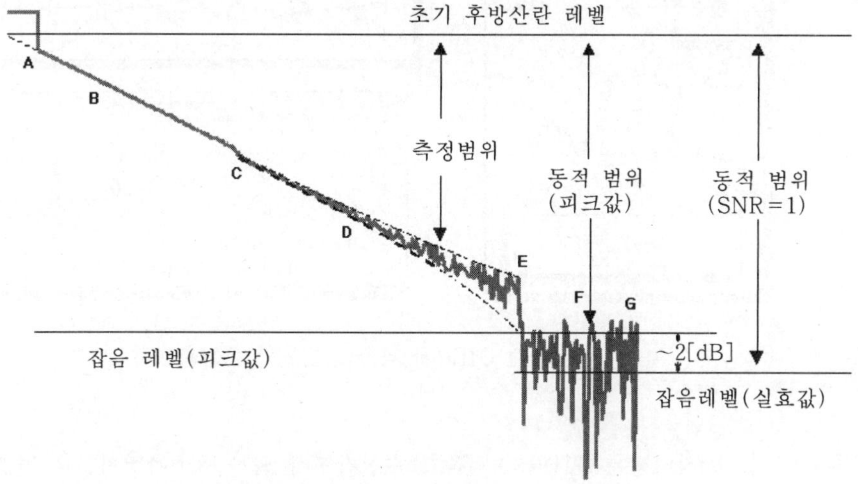

[그림] OTDR에 의해 관측된 광섬유의 후방산란 파형

· C점과 같이 융착접속점에서는 비반사에 의한 펄스 파형이 관측되는데, 접속점 이후에서 레일리히 후방산란광에 단차가 생기고, 이것이 접속손실에 대응한다.

· D지점은 커넥터나 기계적인 접속에서 광섬유측에 수직인 경계면이 코어 내부에 존재하는 경우에 반사 펄스가 나타난다.

· E지점에서는 출사단의 큰 반사파형은 광섬유 경계면에 있어서 코어와 공기의 프레넬 반사이다.

· F, G지점은 외적인 영향으로 광섬유가 밴딩이나 균열 등의 손상을 받았을 경우에 나타난다.

– 측정준비

· OTDR을 이용한 손실측정계의 일반적인 구성은 다음 그림과 같다.

· 입사단에서 커넥터가 부착된 의사광섬유를 OTDR에 연결한다. 이때, 측정기의 커넥터와 의사광섬유에 부착된 커넥터는 동일한 것이어야 한다.

· 입사단의 피측정 광섬유 심선과 OTDR 연결된 의사광섬유의 단면처리를 시행한다. 이때 광섬유 절단면은 깨끗하고 거울면을 이루어 광섬유의 축과 수직을 이루어야 한다.

· 의사광섬유의 한쪽단을 피측정광섬유에 접속 또는 맞댐이음(butt-joint)하여 OTDR상의 광전력이 최대가 되도록 입사단을 조절한다. 단, 측정환경에 따라 의사광섬유와 피측정 광섬유 간의 접속은 커넥터로 접속할 수 있다.

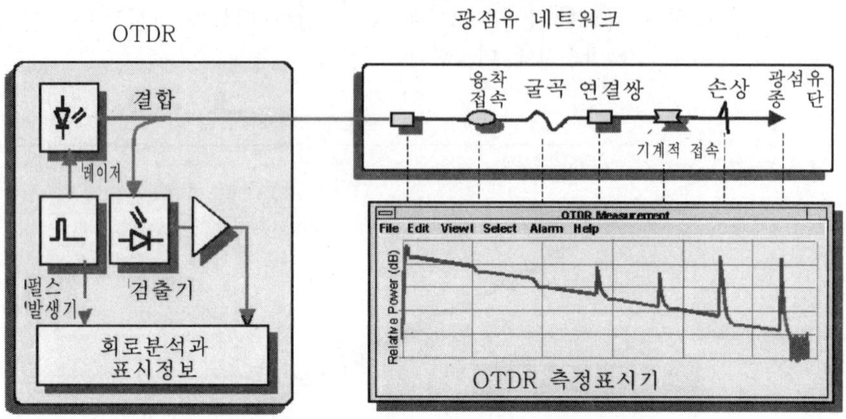

[그림] OTDR에 의한 광섬유의 손실측정계

– 측정위치를 선정한다.

· 측정지점은 OTDR의 검출기 수신감도에 의한 유효측정거리로 결정되는데, OTDR의 손실분해능력에 따라 유효측정거리가 다르며, 유효측정거리 계산은 다음과 같이 한다.

$$D = D_d + M_c - 5\left(\frac{10x}{5} - 1\right)$$

D : 유효측정손실, D_d : OTDR이 Oynamic range[dB]

M_c : OTDR과 피측정 광섬유와의 결합손실(커넥터 접속, 의사광섬유 손실 포함) [dB]

x : 손실분해능력(0.01[dB] ⋯ 0.3[dB] 등)

· 유효측정손실 계산이 완료되면 다음 식에 의해 유효측정거리를 산출한다.

$$L\,[\mathrm{km}] = \frac{D - nLs}{ab}$$

Ls : 접속손실 기준치 [dB/개소], n : 접속점 수[개소],

ab : 광섬유의 단위길이당 손실 [dB/km]

– 측정절차

1) 측정장비의 전원을 켜고 OTDR이 안정화될 때까지 충분히 긴 시간동안

켜놓은 후 화면을 초기화한다.

2) 피측정 광섬유의 조건에 맞추어 측정장비의 측정변수를 선택한다.
   ① 측정하고자 하는 파장
   ② 피측정 광섬유의 굴절률 및 측정거리
   ③ 해상도와 광전력의 감쇠정도를 고려한 광펄스폭(이득포함 등)
3) 광을 입사시켜 광섬유의 후방산란 파형을 확인한다.
4) 측정파형에는 잡음성분(산타 잡음, 전치증폭기 잡음 등)이 있기 때문에 평균화 처리로 잡음을 감소시킨다.
5) 평균화 처리된 후 후방산란 파형에 대한 필요한 측정을 실시한다.

– 측정내용을 확인한다.

(1) 접속손실 측정

1) 접속지점(파형의 단차가 있는 지점)의 접속손실을 다음과 같이 측정한다.

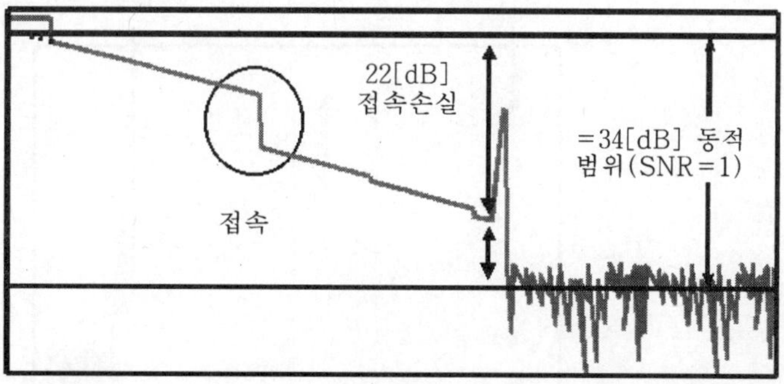

[그림] 접속손실 측정

OTDR에 의한 접속점 파형의 접속손실 평가

광섬유접속 / 측정방향	접속손실 산출방법	비　　고
1) A→B 측정	산출식① : $Ls(A-B)=(LB+Ls)-LB$	ra, rb : 광섬유의 후방산란계수 Ls : 실제 접속손실 LB : 레일리히 후방산란의 레벨차
2) B→A 측정	산출식② : $Ls(A-B)=LB-(LB-Ls)$	
3) 접속손실 평가	1) 산출식 ①+②를 구하면 $2Ls=(LB+Ls)$ ----- ③ 2) 산출식 ③에 의한 접속손실 평가 $Ls=\dfrac{(LB+Ls)-(LB+Ls)}{2}$	

$$\text{접속손실 } BLs=\frac{[\pm Ls(a-b)]-[\pm Ls(b-a)]}{2}=\frac{A+B}{2}$$

BLs : 접속손실[dB](절대값),

$Ls(a-b)$: a점에서 b점으로 측정한 편방향 접속손실[dB]

$Ls(b-a)$: b점에서 a점으로 측정한 편방향 접속손실[dB]

± : ＋정(正) 손실, －부(負) 손실

2) OTDR에 의한 접속손실의 단일방향 측정이 완료되면 다시 OTDR의 측정위치를 바꾸어 역방향으로 접속손실을 측정한다.

3) 접속손실 산출은 다음과 같이 한다. OTDR에 의한 접속손실 측정에서는 접속점에서 단차(상향 또는 하향)가 발생하거나 단차가 없는 상태로 나타나기도 한다. 이 접속단차는 실제의 접속손실과 후방산란광의 레벨차가 합쳐져 있기 때문에 접속손실 산출은 양방향에서 측정한 값의 평균산술값으로 대표한다.

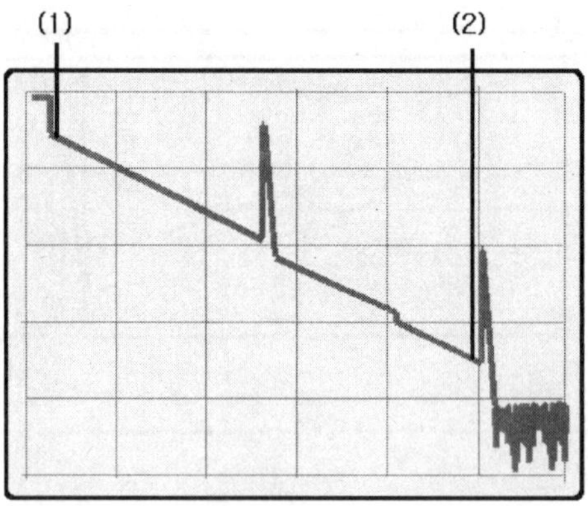

[그림] 2점법에 의한 두 점 간의 상대손실 측정

4) 두 점 간의 상대손실 : 두 점 간의 거리에 따른 상대손실 레벨차로 단위길이당 손실로 측정한다.

(2) 광섬유 파단점 위치 및 거리측정

1) 피측정 광섬유의 프레넬 반사지점 및 접속점, 파단점 등 원하는 지점의 거리를 측정한다.

2) 광섬유의 길이는 광케이블의 길이와 차이가 있기 때문에, 실제 광케이블이 거리는 OTDR에 의해 측정된 광섬유의 거리에 케이블의 연입률(撚入率 : extra length)을 고려 산출한다.

$$L_c = \frac{L_f}{1+x}$$

L_c : 실제 광케이블의 거리, L_f : OTDR에 의한 광섬유의 측정거리

x : 광케이블의 연입률(루즈튜브형 광케이블 : 0.00985, 라본형 광케이블 : 0.001)

14. 1. E6000B

Mini-OTDR은 광선로의 유지보수에 가장 중요한 장비로서 이벤트들을 정확하고 빠르게 측정·해석하며 광섬유 특성을 정확하게 파악하는 장치이다.

1) 특 징

- 고해상도 및 장거리 측정
- 높은 유효 실측영역 : 45[dB]
- 샘플링 간격 : 8[cm](최소)
- 안정된 광원(CW) 내장 : −3[dBm]
- 광섬유 절단위치 판별 기능
- 최적화 모드
- 다양한 변조 : 270[Hz], 1[kHz], 2[kHz]
- 한글 제공
- E6006A 파워미터 모듈 장착 가능(옵션)
- 자동 광섬유 특성 검사
- 자세한 온라인 도움말
- 2.8[kg]의 초경량 디자인

2) 세부사양

① horizontal parameters

- Start : 0[km] to 400[km] − Refractive index : 1.00000-2.00000
- Span : 0.1[km] to 500[km] − 측정거리 단위 : [km], [ft] 또는 miles
- Readout resolution : 0.1[m] − 측정 points : up to 16000
- Minimum sample spacing : 8[cm]

② Vertical parameters

- vertical scale : 0.1-10.0[dB/Div]
- Backscatter coefficient : 10~70[dB] at 1[μs]
- Readout resolution : 0.001[dB]
- Reflectancs range : −14[dB] to −60[dB]
- Auto setup and analysis : provided

③ Scan trace

- Type of events : reflective and non-reflective events
- Threshold for reflective events : −14.0 to −65.0[dB] and 0.00[dB] (disabled), selectable in 0.1[dB] steps
- Maximum number of events : 100
- Threshold for fiber breaks : 0.1 to 10[dB] and 0.00[dB](disabled), selectable in 0.1[dB] steps
- Threshold for non-reflective events : 0.0 to 5.0[dB], selectable in 0.01[dB]
- Built-in Applications : Automatic Multifiber Test, TraceChecker (Pass/Fail), Optical Return loss, Fiber Break Locator

④ Storage

- 3.5″ floppy disk drive : for high density, 720/1440kByte floppy disks. MS-DOS format compatible. Reduced operating temperature of 5℃ to 45℃, with 35% to 80 humidity at 40℃.
- Flash Disk : 20[MB] with up to 3000 traces.
- Internal memory : up to 200 traces (typ.with 4000 data points selected.)
- Trace format : Bellcore compliant according to GR-196-CORE Issue 1 OTDR Data Standard.
- Trace information : five comment labels of up to 15 alpha-numeric characters and five comments of up to 41 alpha-numeric characters are provided for each trace.
- Real-time clock and date : provided.

⑤ Display

- VGA-LCD : 18.3cm(7.2″), mono. Optional color display available.
- Display points : 640×480points.
- Measurement update rate : two measurements/second in refresh mode. For use in bright sunlight Agilent recommends the monochrome display.

⑥ Interfaces

- RS232C : maximum baud rate 115200baud.
- Transmisson time at 115200 baud for trace data : 4000 points at approx. 1 second, 16000 points at approx. 4 seconds.
- Centronics : standard parallel port(SPP)
- Keyboard : PS2(Mini-DIN). For English Standard, PS2 or AT Keyboard.

⑦ General

- Operating/Storage temperature : 0℃ to +50℃/−40℃ to +60℃
- Humidity : 95% R.H. from 0℃ to +40℃
- Dimensions : 194mm(H), 290mm (W), 75mm (D). (7.7″×11.4″×3.0).
- Weight : < 2.8kg (6.2 Ibs), including battery pack.

⑧ Power

- AC /DC : 100-240Vms±10% 50-60Hz / 16-24V
- Battery : NiMH typ.eight hours opteration (minimum four hours)
- Charging time : < 3hours non-operating
- Low battery indicator : provided
- Battery charge status : provided

2. AQ7250

1) 특 징

- 초장거리 측정기능 - 넓은 동적 범위(dynamic range)와 짧은 데드 존(dead zone)
- 고속 손실측정, 고속응답, 고속 프린팅 기능

- 옵션 PCMCIA용 하드디스크 카드와 IC 메모리카드 사용, 대량의 측정파형 기록가능
- 옵션 AQ7931B OTDR 측정 데이터 집계 소프트웨어 사용, 데이터 가공이 간단
- 대형 컬러 LCD, 한글표시 기능 - 소형, 경량, 장시간 배터리 구동
- 부착식 프린터 기본 내장(프린터 속도 10초) - 자동측정 기능
- 반사감쇠량 측정기능

2) 사양

- 디스플레이 : 7.2인치 컬러 LCD(640×480dot)
- LCD 횡축 :횡축 스케일 25, 50, 125, 250, 500[m] 1, 1.25, 2, 2.5, 5, 10, 20, 40, 80, 160, 240[km]
  분해능 샘플링 분해능 : 최소 50[cm], 샘플 데이터 수 최대 20,000포인트, 거리 측정확도 ±(5.0×10－5×측정거리([m])+1[m]),
- LCD 종축 : 종축 스케일 0.2, 0.5, 1, 2, 5, 7.5[dB/div] 분해능 0.001[dB](최대)
- 환경조건 : 사용온도 0～50[℃], 보존온도 -20～60[℃]
- 메모리 : FDD(3.5″) 기본 옵션 PCMCIA 메모리 카드
- 인터페이스 : RS-232C 9pin D-sub 키보드/마우스 6pin Din(PS/2type) PCMCIA PCMCIA 타입 Ⅱ×2
- 전 원 : 배터리 Ni-MH(기간 : 통상 사용 시 8시간) AC어댑터 100～240[V], 50/60[Hz] 외부전원 12[V]＋20[%]/－10[%]

15. 광전력을 [dBm], [mW], [dB] 등으로 표시한다. 광파워는 3원계 PIN 포토 다이오드 또는 애벌란치 포토 다이오드 등의 광센서와 약 10[dB] 정도를 증폭시킬 수 있는 직류증폭기, 계수기, [dBm], [mW], [dB] 등을 지정하는 제어기 및 표시기로 구성되어 있다. 수광소자에서 만들어진 전류는 입사되는 광전력에 정비례하므로 전류 i는 다음과 같다.

$$i = \frac{ne}{hf} \times P$$

n : 수광소자의 양자효율, e : 전자의 전하, h : 플랑크 상수,

f : 수광소자의 입사광의 주파수, P : 입사광의 전력

OPM를 사용하여 절단법에 의한 광파손실을 측정할 때는 여진용 광섬유와 피측정용 광섬유와의 접속개소에서 약 2[m] 지점의 피측정 광섬유를 절단하여 측정하는데 입사단 근처의 광전력 P_1과 출사단의 광전력 P_2의 손실 L_o는

$L_o = 10 \log \frac{P_2}{P_1}$ [dB]이다.

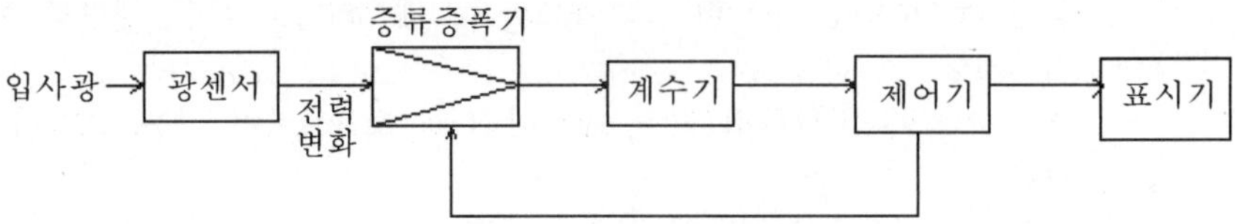

1) 삽입법에 의한 손실전력 계산법

$P_1=-6$ [dBm], $P_2=-15.7$ [dBm], 2지점의 연결자의 손실이 0.5[dBm]일 때

총손실 $=P_1-P_2=-6-(-15.7)=9.7$ [dBm]

접속손실 $L=P_1-P_2-nLc=-6-(-15.7)-2\times0.5=8.7$ [dBm]이다.

2) 컷백(cut back)법에 의한 손실전력 측정법

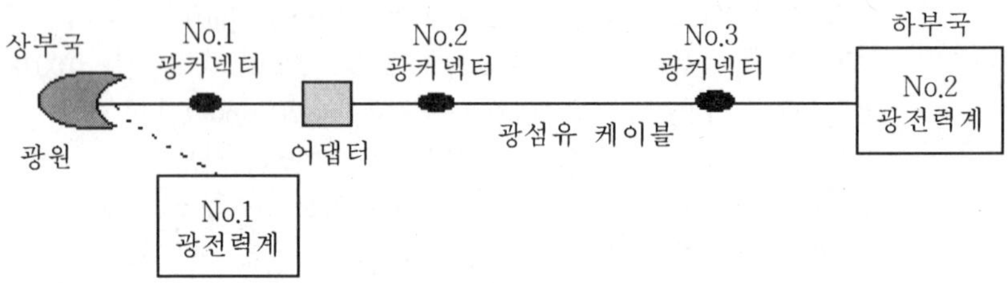

No.3에 No.2 광전력계를 연결하고 출력량 P_2를 측정한 후 No.1과 No.2를 분리하고, No.1에 No.1 광전력계를 연결하여 입력광 P_1을 측정한다. 여기서 No.1과 No.2 사이의 어댑터 손실 (L)을 1[dB]을 고려한다. 따라서 광전송로의 최종 손실은 다음과 같다.

$$T_{(x)}=10\log_{10}\frac{P_1}{P_2}-L\ [\text{dB}]$$

제3장

1. 광커넥터의 종류는 다음과 같다.

SC　　SC Adapter　　ST　　ST Adapter

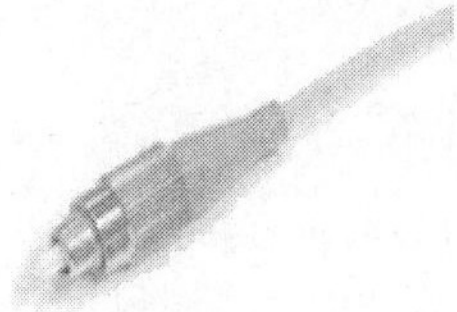

FC

FC Adapter

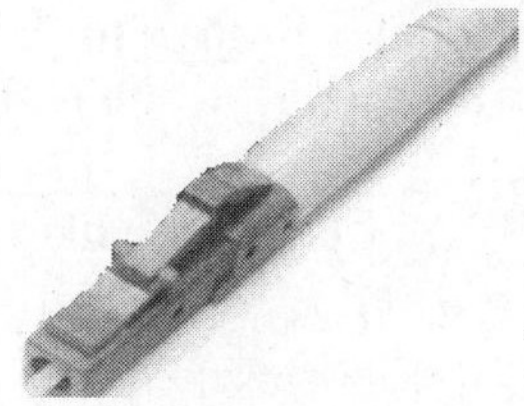

LC

LC Adapter

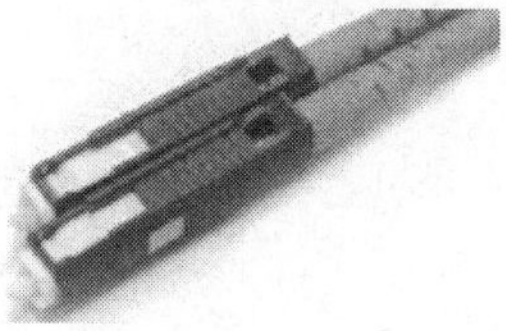

MU

http://www.koti.com/ 참조

2. 입력전력이 100[μm]가 16개의 광섬유에 분배되므로

$$P_o = \frac{P_i}{N} = \frac{100\times10^{-6}}{16} = 6.25\times10^{-6} = 6.25\ [\mu W]$$

출력은 입력전력의 반이므로 한 개의 성형 커플러와 결합된 [dB]상의 출력 분배전력

$$PD_{ST} = -10\log_{10}\frac{P_i}{P_o} = -10\log_{10}\frac{6.25}{50} = -10\log_{10}0.125 = -10\times(-0.903)$$
$$= 9.03\ [dB]$$

따라서 손실은 다음과 같다.

$$Loss = -10\log_{10}\frac{P_i}{P_o} = -10\log_{10}\frac{50}{100} = -10\log_{10}0.5 = -10\times(-0.301)$$
$$= 3.01\ [dB]$$

3. 분배전력 $PD_{ST} = -10\log_{10}\frac{1}{N} = -10\log_{10}\frac{1}{12} = -10\log_{10}0.0833$

$$= -10\times(-1.079) = 10.79\ [dB]$$

과도손실 $Loss = 2\ [dB]$

따라서 $P_o = -10 - 10.79 - 2 = -22.79\ [dBm]$

4. ① $-1\ [dB]$의 전력분배에서 $dB = 10\log_{10}\frac{P_o}{P_i}$, $-1 = 10\log_{10}\frac{P_o}{100\times10^{-6}}$ 이므로

출력 $P_o = \frac{100\times10^{-6}}{10^{0.1}} = \frac{100\times10^{-6}}{1.259} = 79.428\times10^{-6} = 79.428\ [\mu W]$

출력전력률 $[\%] = \frac{P_o}{P_i}\times100 = \frac{79.428\times10^{-6}}{100\times10^{-6}}\times100 = 79.428[\%]$

② $-10[dB]$의 전력분배에서 $dB = 10\log_{10}\frac{P_o}{P_i}$, $-10 = 10\log_{10}\frac{P_o}{100\times10^{-6}}$ 이므로

$$출력\ P_o = \frac{100 \times 10^{-6}}{10^1} = \frac{100 \times 10^{-6}}{10} = 10 \times 10^{-6} = 10\ [\mu W]$$

$$출력전력률\ [\%] = \frac{P_o}{P_i} \times 100 = \frac{10 \times 10^{-6}}{100 \times 10^{-6}} \times 100 = 10[\%]$$

5. 파장다중 전송방식으로 할 때 여러 개의 상이한 파장에 해당하는 레이저 광선을 하나의 광섬유에 입사시켜 전송하기 위하여 광합파기와 광분파기가 필요하다.

광선로상에서 전달되는 광신호를 일정한 비율로 분파(divide) 또는 합파(combine)시켜 주는 광부품이다.

1) 광합파기(optical multiplexer)

여러 개의 파장을 입사시켜 합성된 파장을 출력한다.

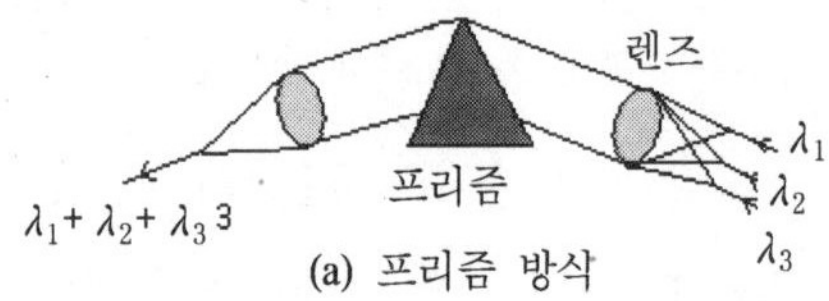

(a) 프리즘 방식

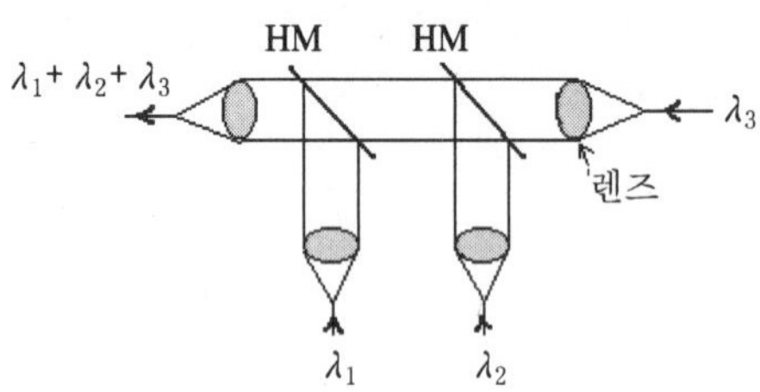

(b) 간섭 여파기 방식

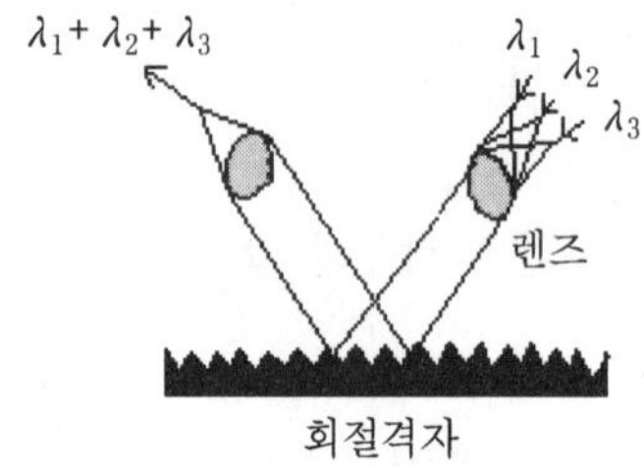

(c) 회절격자 방식

2) 광분파기(optical demultiplexer) : 합성된 파장을 분리파장으로 추출한다.

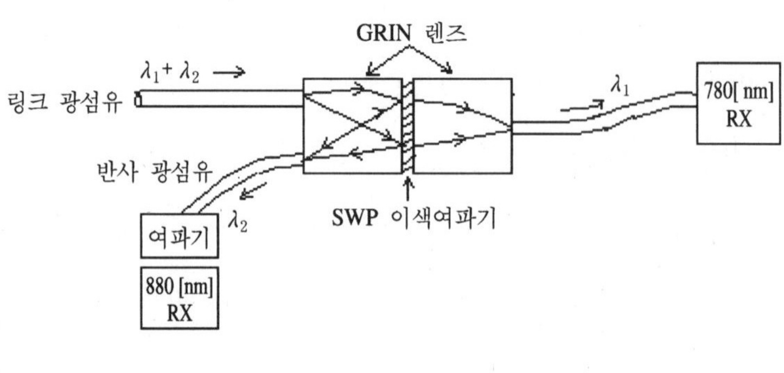

3) 반사격자를 이용한 분파기

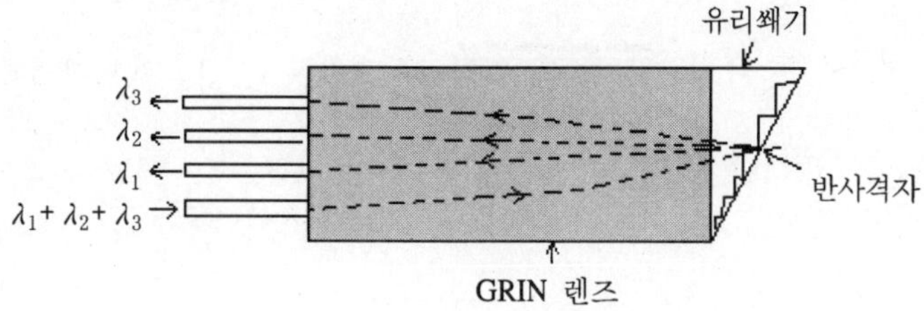

6. 1) 기계식 스위치

① 광회로를 연결 또는 차단하는 방법

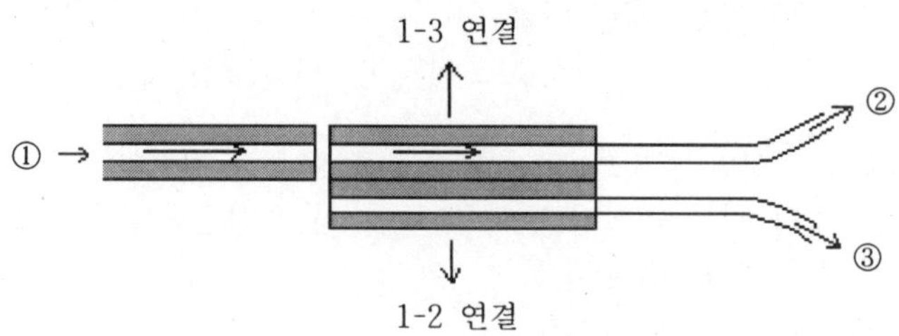

② 프리즘을 이동하는 방법

가변 프리즘을 점선 위치에 놓으면 ②-①이 연결되고, 실선 위치에 놓으면 ②-③이 연결된다.

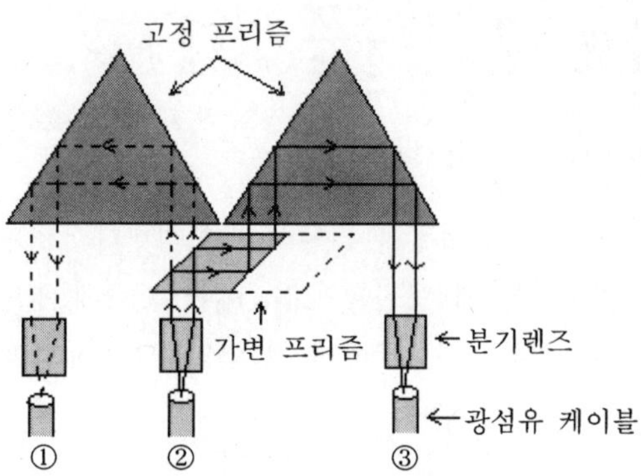

2) 직접 광스위치

수정의 굴절률은 인가전압에 따라 변하므로 수정에서 다른 각으로 유도할 수 있다. 인가전압이 없으면 입력은 출력 1에 연결되고, 전압이 인가되면 입력은 출력 2에 연결되므로 스위칭 시간을 수[ns]로 할 수 있다.

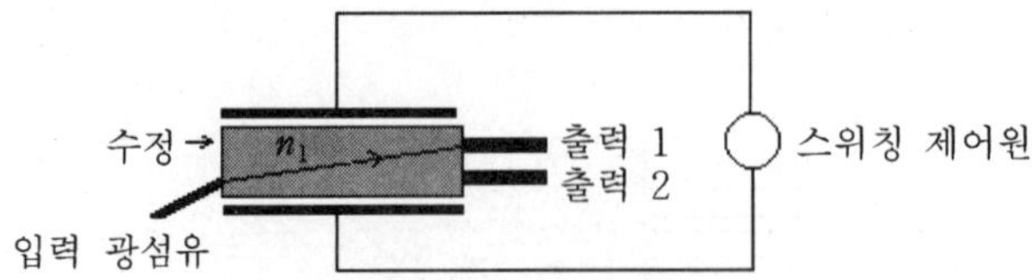

(a) 전압이 인가 안 된 상태

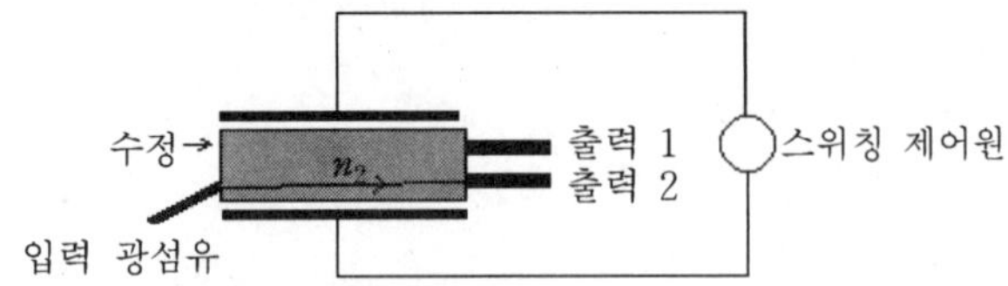

(b) 전압이 인가된 상태

7. 결정에 전계를 가하면 결정의 굴절률 변화를 이용한 것으로 이를 이용하여 물질 내를 통과하는 빛의 위상에 직접 변화를 주어 이 위상변화를 복굴절성을 가진 검광자로 꺼내어서 빛을 진폭변조한다.

전속밀도 $D=\varepsilon E=\varepsilon_0\varepsilon_s E\,[\mathrm{Wb/m^2}]$

유전체 해석 $\begin{vmatrix} \varepsilon_{11} & 0 & 0 \\ 0 & \varepsilon_{22} & 0 \\ 0 & 0 & \varepsilon_{33} \end{vmatrix}$ 즉 $\varepsilon_s=n^2$이다.

물질 내에 축적되는 전기에너지 W_e는 다음과 같다.

$$W_e=\frac{1}{2}ED=\frac{1}{2\varepsilon_0}\left(\frac{D_x^2}{n_x^2}+\frac{D_y^2}{n_y^2}+\frac{D_z^2}{n_z^2}\right)$$

$\begin{vmatrix} D_x \\ D_y \\ D_z \end{vmatrix}=\sqrt{2\varepsilon_0 W_e}\begin{vmatrix} x \\ y \\ z \end{vmatrix}$, 굴절률 타원체 $\dfrac{x^2}{n_x^2}+\dfrac{y^2}{n_y^2}+\dfrac{z^2}{n_z^2}=1$로 $LiNbO_3$에서는 $n_x=n_y=n_0$, $n_z=n_e$로 복굴절 타원체를 형성한다. n_e는 진행광의 전계가 z축에 평행하게 편광되어 있을 때 굴절률이고, n_0는 O축에 평행하게 편광될 때의 굴절률이다. θ가 0일 때 D는 x, y 면상에 있으므로 $n=n_o$이므로 z축을 광축이라 한다.

8.

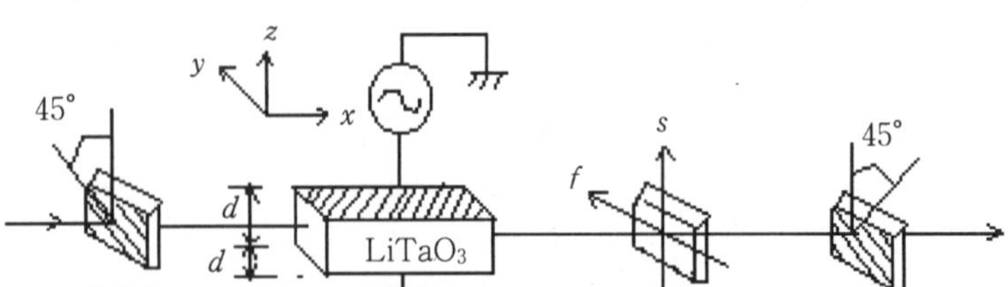

입사광으로서 x축 방향에 진행해 결정에서의 입사면에서 y와 z축의 방향인 직선 편향만을 생각하면 결정의 출력면에서 y와 z축 방향의 광전계성분 사이의 위상차 ϕ는 $\phi=\frac{2\pi}{\lambda}(n_z-n_y)l$ (λ : 파장, l : 결정의 길이)이고 변조강도는 위상차를 π만큼 변화시키는데 요하는 전압 V_π는

$$V_\pi=\frac{\lambda}{n_e^3 r_{33}-n_o^3 r_{13}}\left(\frac{d}{l}\right)$$

(d : 전극 간의 거리)이다. 변조강도를 높이려면 d를 짧게 하고 l을 길게 한다. 변조대역은 소자 간 전극 간 용량, 전극 간에 삽입하는 부하저항, 리드선 등의 부유용량이나 인덕턴스 등으로 구성되는 주파수 특성으로 결정된다. 그러므로 약 100[MHz] 정도의 대역폭을 얻을 수 있다.

9. 음파(탄성파)가 광매질을 통과하면 응답에 의하여 매질 내에 밀도변화가 일어나 굴절률의 주기적인 변화는 빛에 대하여 위상격자의 역할을 하고, 입사한 빛을 회절하는 현상으로 광빔의 강도는 압전 변환소자들의 트랜스듀서를 사용하여 매질 중에 여기된 음파의 강도에 따라 변하고 회절각은 음파의 파장에 따라서 변한다. 트랜스듀서에 인가하는 신호의 진폭이나 주파수를 변화시키면 특정 방향에 회절되는 광빔의 강도를 변조시킬 수 있다. 음파는 표면탄성파(SAW : Suriface Acoustic Wave)를 이용한다. SAW 진행에 따른 굴절률 변위

$$\Delta n(x,t)=\Delta n_o\, e^{j(2\pi ft-kx)}$$

$$k=\frac{2\pi}{\lambda}=\frac{2\pi f}{v}=\frac{\omega}{v},\quad \Lambda=\frac{c}{f}$$

f : 주파수, v : 속도, Λ : 격자주기, k : 격자상수

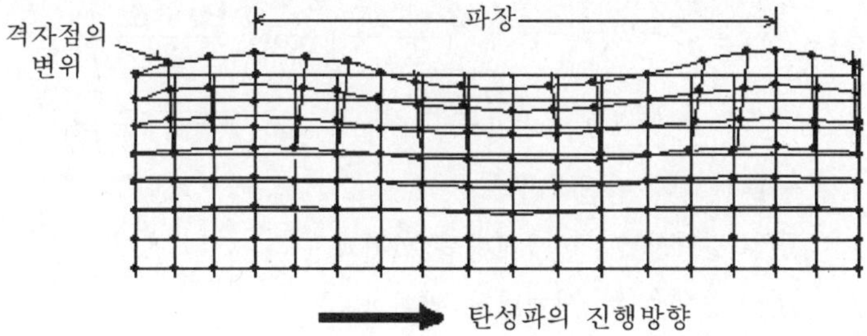

SAW 진행파에 의한 격자점들의 순간변위

10. 음이 공기중으로 전해질 때 공기의 소밀을 만드는 종파를 발생하는 초음파를 사용하는데, 광학 결정 내에 생긴 음파의 파면에 비스듬히 빛을 조사하면 음파의 파면이 마치 거울의 역할을 하여 회절을 일으키고, 굴절률을 변화시킨 위상회절격자의 역할을 한다. 레이저빔이 θ로 입사하면 회전빔은 음파의 파면에 대해 θ의 반사각으로 회절한다. OA와 CB를 더한 $2\lambda_s\sin\theta$는 레이저의 파장 λ와 같아진다.

$$2\lambda_s\sin\theta=\lambda$$

초음파 광편향기는 음파의 파면에 대해 θ의 각도로 반사하는 회절광은 광편향기에서의 입사각에 대하여 결국 2θ만큼 편향한다. 응용 분야는 프린터, 통신 시스템, 자동화 산업 등에 활용된다.

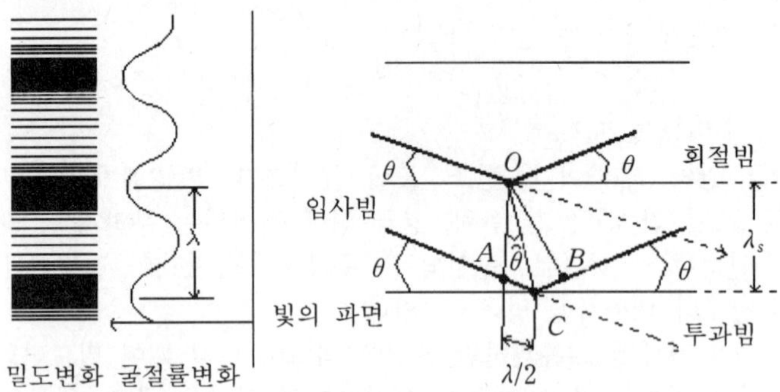

11. 자화된 매질 내에서 광전자

$$H=zH_o \quad \varepsilon_r=\begin{vmatrix} \varepsilon_L & j\Delta\varepsilon & 0 \\ -j\Delta\varepsilon & \varepsilon_L & 0 \\ 0 & 0 & \varepsilon_z \end{vmatrix}, \quad \varepsilon \gg \Delta\varepsilon$$

H가 역방향으로 걸리면 $\Delta\varepsilon$의 부호가 바뀌고 $\Delta\varepsilon$의 크기는 H_o의 세기에 비례한다. 광이 xE_o로 입사되어 자화 벡터 zH_o와 동일한 z축을 따라 전파하면 광은 두 개의 원편파로 나뉘어 진행하게 된다.

$\nabla^2E+\omega^2\mu\varepsilon E=0$이면 $E=(xE_x+yE_y)e^{-j(\beta z)}$이므로 $E_x(0)=1$, $E_y(0)=0$인 입사조건에서 $E_x(z)$, $E_y(z)$는 다음과 같다.

$$E_x=\frac{1}{2}(e^{j(\beta)+z}+e^{-j(\beta)-z})=e^{-j\left(\frac{\beta_+ + \beta_-}{2}\right)^z}\cos\left(\frac{\beta_+ + \beta_-}{2}\right)z$$

$$E_y=\frac{1}{2}(e^{j(\beta)+z}-e^{-j(\beta)-z})=e^{-j\left(\frac{\beta_+ + \beta_-}{2}\right)^z}\sin\left(\frac{\beta_+ + \beta_-}{2}\right)z$$

$|E_x|^2+|E_y|^2=1$이 되어 원편파이다.

$E_+=E_x-jE_y=e^{-j(\beta)+z}$: 반시계방향 원편파

$E_-=E_x-jE_y=e^{-j(\beta)-z}$: 시계방향 원편파

빛의 진행방향에 미소자계를 걸어서 패러데이 회전을 일으켜 빛의 진폭변조를 하도록 한다. 근적외영역에서 높은 변조효율을 가진다.

12. 1. 평탄형 격자 필터의 격자이론

입사파 벡터 K_1, 반사파 벡터 K_2라 하고, 격자 벡터 $K=\frac{2\pi}{\Lambda}$라면 $K_2=K_1+nK$로 $2\Lambda\sin\theta=n\lambda$이다. 반사율 $n=1$일 때 가장 높고 격자골이 깊을수록 L이 클수록 커진다.

$\theta_B=90°$일 때 격자주기 $\Lambda=\frac{\lambda}{2}$로 $\lambda=2\Lambda$인 파장을 갖는 광에 대해서 선택적

인 반사를 하는 필터 역할을 한다.

http://www.fibernett.com/kor/Products/prodMUDU.htm 참조

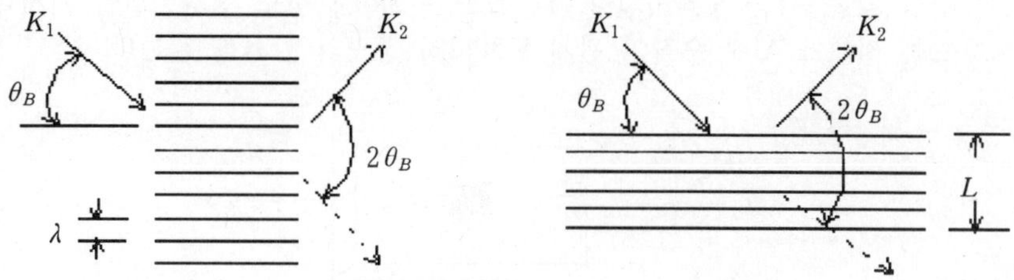

1) 모서리통과 필터 : 1310/1550[nm] 분리기, C/L 대역분리기, C대역 적/청분리기, L대역 적/청분리기
2) 대역통과필터 : 100[GHz] 4스킵 1대역 필터, 200[GHz] 4스킵 1대역 필터, 100[GHz] 8스킵 2대역 필터, 200[GHz] 8스킵 2 대역 필터, T/M 통과 필터

13. $LiNbO_3$ 광교환 스위치

① 방향성 결합기(DC)형 광교환 스위치

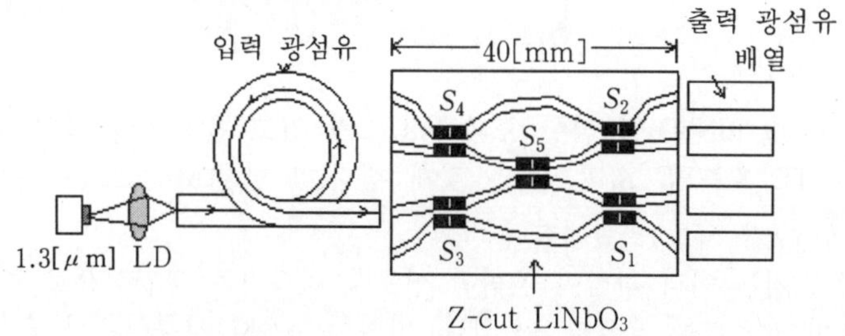

교번 $\Delta\beta$DC 광스위치를 이용한 4×4 광스위치로 임의의 단자로 들어온 광은 전극을 통한 전기신호의 제어에 따라 원하는 단자로 나간다.

② 분기형 광교환 스위치

Y분기 도파로를 이용한 광스위치 3개를 포함하여 1×4 광교환 스위치이다.

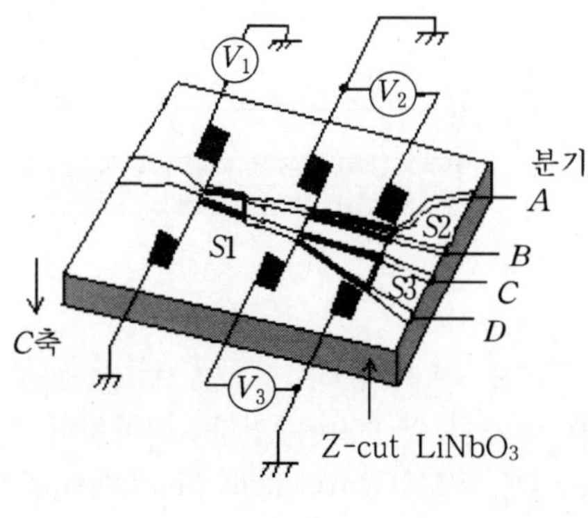

14. ① 편광기

메탈-로디드(metal-loaded) 광도파로는 T_i-$L_iN_bO_3$로 형성되며, 그 위에 5[mm] 길이 갖는 Al을 증착시킨다. TE 모드는 3[dB] 정도 전파손실을 가지나 TM 모드는 전계가 Al에 수직인 관계로 30[dB] 정도의 감쇠를 갖는다.

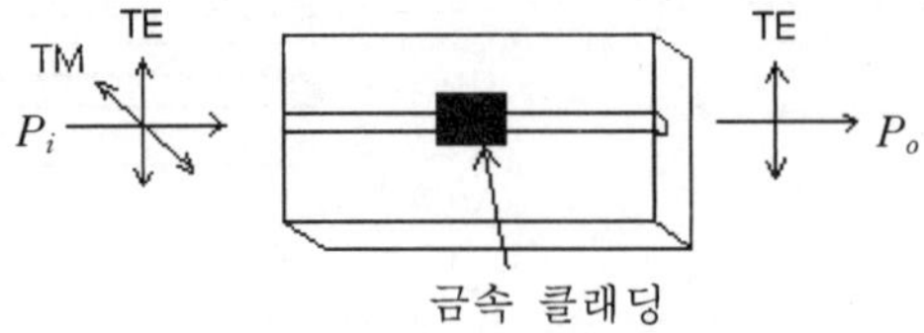

② 모드 분리기

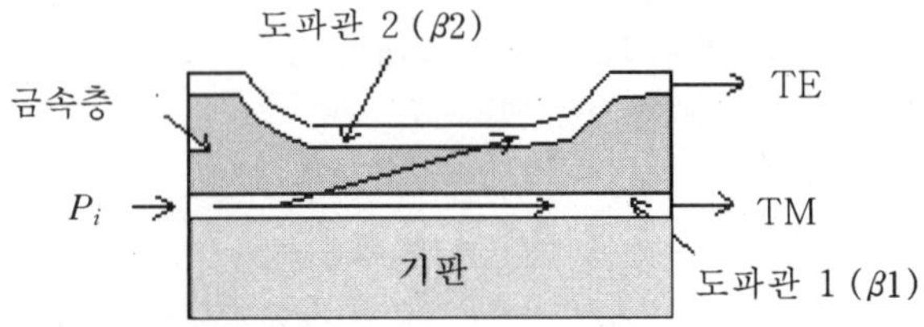

Z-cut $LiNbO_3$에 의한 도파로 1, 2가 있고 중간층의 굴절률과 두께를 조정하여 TE 모드의 β_1과 β_2가 갖게 한다. 또한 TM 모드는 미등방성을 이용하여 $\Delta\beta \gg k$가 되도록 설계한다.

15. 파장분할기는 여러 파장이 혼합된 신호를 파장별로 공간적으로 분리내기도 하고 역에 의한 복조기를 구성할 수 있다. 따라서 WDM 광통신에서 송신 · 수신기의 필수적인 소자이다. 그림에서 세 개의 격자는 각각 λ_1, λ_2, λ_3에 대해 브래그 반사를 일으키는 WDM용 변조 · 복조기이다.

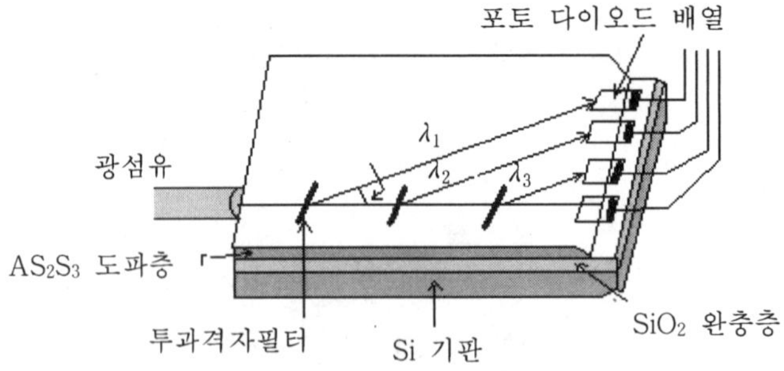

16. 격자주기의 적절한 간격을 통한 6개의 서로 다른 파장은 가진 레이저가 각각 2[mm]의 간격을 가진 구조로 동조되어 있다. 레이저의 출력은 공동의 단일 모드 도파관으로 합쳐진다. 이를 WMS(Wavelength Multiplexing System)이다.

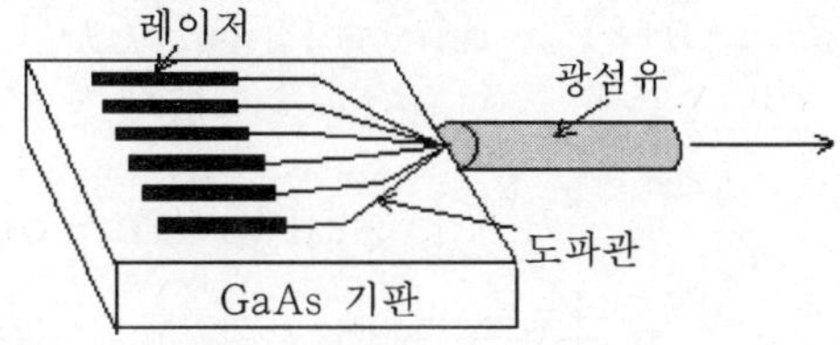

$LiNbO_3$ 기판 위에 4×4 광학회로 매트릭스 형태로 5개의 조준결합기로 4개의 입력광은 전기-광학 영향을 통하여 4개의 출력으로 연결되어 있다. 레이저, 도파관, 수광소자의 결합을 나타낸 구조로 동일한 층구조를 나타내는 레이저와 수광소자는 식각공정을 통하여 나타낸다. 여기서 레이저 거울의 기울기는 활성층으로부터 도파관으로 레이저 빛의 결합으로 수광소자에서 빛을 흡수층으로 다시 통과시켜 전자와 정공의 쌍을 생성시킨다.

제4장

1. 피변조파 $v_{AM}(t) = (V_c + v_m(t))\cos 2\pi f_c t = (V_c + v_m \cos 2\pi f_m t)\cos 2\pi f_c t$

$$= V_c\left(1 + \frac{V_m}{V_c}\cos 2\pi f_m t\right)\cos 2\pi f_c t = V_c(1 + m\cos 2\pi f_m t)\cos 2\pi f_c t$$

$$= V_c \cos 2\pi f_c t + mV_c \cos 2\pi f_m t \cos 2\pi f_c t$$

$$= V_c \cos 2\pi f_c t + \frac{mV_c}{2}[\cos 2\pi(f_c + f_m)t + \cos 2\pi(f_c - f_m)t]$$

$$= V_c \cos 2\pi f_c t + \frac{mV_c}{2}\cos 2\pi(f_c + f_m)t + \frac{mV_c}{2}\cos 2\pi(f_c - f_m)t$$

AM 변조도 $m = \frac{V_m}{V_c}$ 이고, $f_c + f_m$은 상측파대, $f_c - f_m$는 하측파대이다.

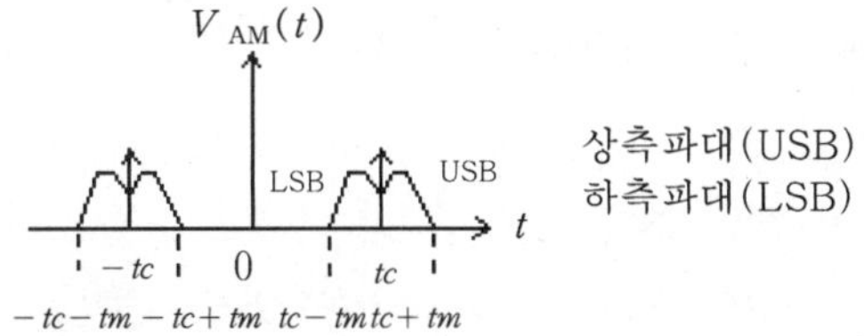

2. 1) 변 조

양측대역 반송파억압(DSB-SC : Double Side Band-Suppressed Carrier) 방식도 AM 변조파에서 반송파 주파수 성분을 제거하여 변조하는 방식이다.

신호파 $v_m(t) = V_m \sin 2\pi f_m t$

반송파 $v_c(t) = V_c \sin 2\pi f_c t$

피변조파 $v_{\text{DSB-SC}}(t) = V_m \cdot v_c(t)) = V_m \sin 2\pi f_m t \cdot V_c \sin 2\pi f_c t$

$$= V_m \cdot V_c \sin 2\pi f_m t \cdot \sin 2\pi f_c t$$

$$= \frac{V_m V_c}{2} [\cos 2\pi(f_c - f_m)t - \cos 2\pi(f_c + f_m)t]$$

$$= \frac{V_m V_c}{2} \cos 2\pi(f_c - f_m)t - \frac{V_m V_c}{2} \cos 2\pi(f_c + f_m)t$$

따라서 양측파대로 구성되어 정보신호의 주파수 대역폭이 2배가 된다.

2) 복 조

복조는 호모다인(homodyne) 동기 검파방식을 사용하여 DSB-SC 변조신호를 국부발진기신호를 곱하여 $v_A(t)$ 신호를 출력하여 저역필터에서 반송파 신호를 제거하여 정보신호 $v_B(t)$만을 검출한다.

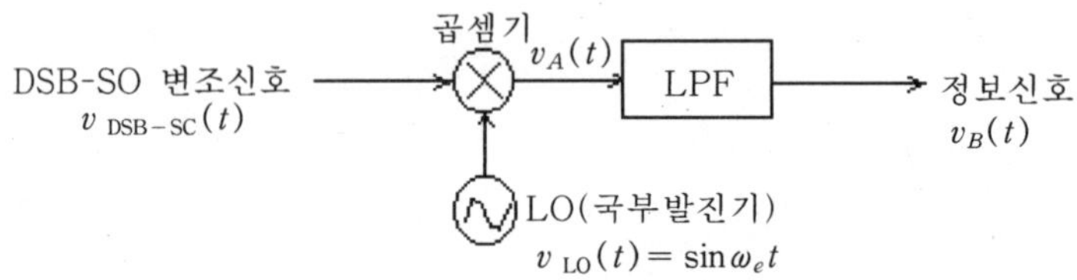

$$v_A(t) = \frac{V_m V_c}{2} [\cos 2\pi(f_c - f_m)t - \cos 2\pi(f_c + f_m)t] \sin 2\pi f_c t$$

$$= \frac{V_m V_c}{2} \cos 2\pi(f_c - f_m)t \cdot \sin 2\pi f_c t - \frac{V_m V_c}{2} \cos 2\pi(f_c + f_m)t \cdot \sin 2\pi f_c t$$

$$= \frac{V_m V_c}{2} \cdot \frac{1}{2}[\sin 2\pi(2f_c - f_m)t + \sin 2\pi f_m t]$$

$$- \frac{V_m V_c}{2} \cdot \frac{1}{2}[\sin 2\pi(2f_c + f_m)t + \sin 2\pi f_m t]$$

$$= \frac{V_m V_c}{2} \sin 2\pi f_m t + \frac{1}{4} V_m \cdot V_c [\sin 2\pi(2f_c - f_m)t + \sin 2\pi(2f_c + f_m)t]$$

따라서 반송파 신호를 제거하면 $v_B(t) = \frac{V_m V_c}{2} \sin 2\pi f_m t$ 의 신호파 신호만 검출할 수 있다.

3. 1) 위상천이방식에 의한 SSB 변조

정보신호 $v_m(t) = V_m \cos\omega_m t$, 정보신호의 90° 위상천이신호 $v_m'(t) = -V_m \sin\omega_m t$, 반송파신호 $v_c(t) = V_c \cos\omega_c t$, 반송파신호의 $-90°$위상천이신호 $v_c'(t) = V_c \sin\omega_c t$라면 다음과 같이 표현된다.

상측파대 $v_{\text{SSB}}(t) = V_S \cos(\omega_c - \omega_m)t = V_s[\cos\omega_m t \cos\omega_c t - \sin\omega_m t \sin\omega_c t]$

하측파대 $v_{\text{SSB}}(t) = V_S \cos(\omega_c - \omega_m)t = V_s[\cos\omega_m t \cos\omega_c t + \sin\omega_m t \sin\omega_c t]$

주파수천이함수 $f(t)e^{j}\omega t = F(\omega-\omega_o)$이고 $sgn(\omega)=\frac{j}{\pi t}$이다.

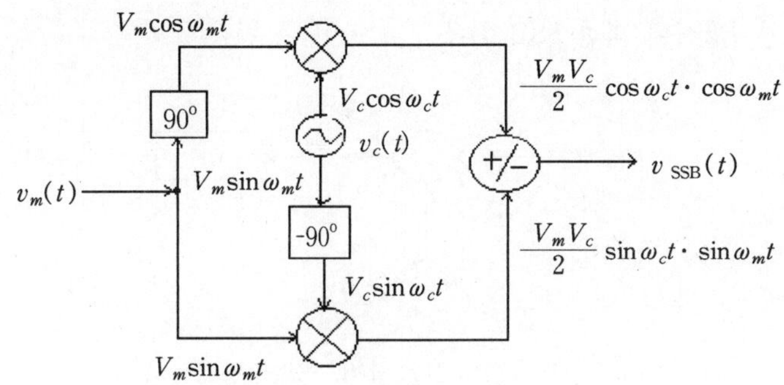

$$f(t)\cos\omega_m t = \frac{1}{2}[F(\omega+\omega_m)+F(\omega-\omega_m)] \cdots\cdots ①$$

$$f(t)\sin\omega_c t = \frac{1}{2j}[F(\omega-\omega_c)-F(\omega+\omega_m)]$$

$$= -\frac{1}{2}[F(\omega-\omega_c)sgn(\omega-\omega_c)-F(\omega+\omega_c)sgn(\omega+\omega_c)] \cdots\cdots ②$$

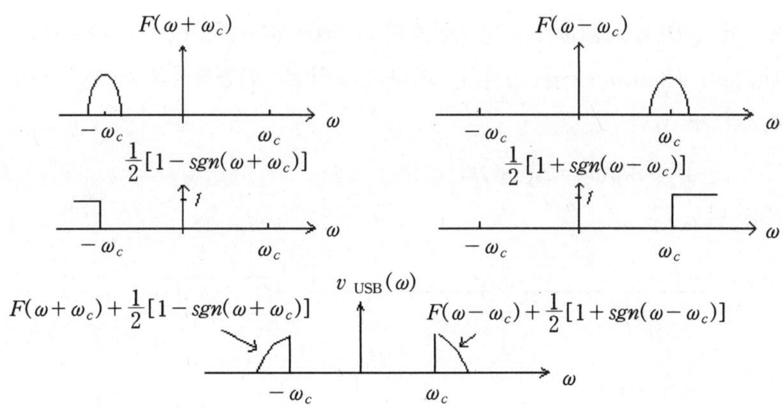

따라서 상측파대 SSB 신호는 ①－②이므로

$$v_{USB}(\omega) = \frac{1}{2}[F(\omega-\omega_c)+F(\omega+\omega_c)]$$

$$+\frac{1}{2}[F(\omega-\omega_c)sgn(\omega-\omega_c)-F(\omega+\omega_c)sgn(\omega+\omega_c)]$$

$$= F(\omega-\omega_c)\cdot\frac{1}{2}[1+sgn(\omega-\omega_c)]+F(\omega+\omega_c)\cdot\frac{1}{2}[1-sgn(\omega+\omega_c)]$$이고

하측파대 SSB 신호는 ①＋②이므로

$$v_{\mathrm{LSB}}(\omega)=F(\omega-\omega_c)\cdot\frac{1}{2}[1-sgn(\omega-\omega_c)]+F(\omega+\omega_c)\cdot\frac{1}{2}[1+sgn(\omega+\omega_c)]$$

이다.

2) 위상천이방식에 의한 SSB 복조

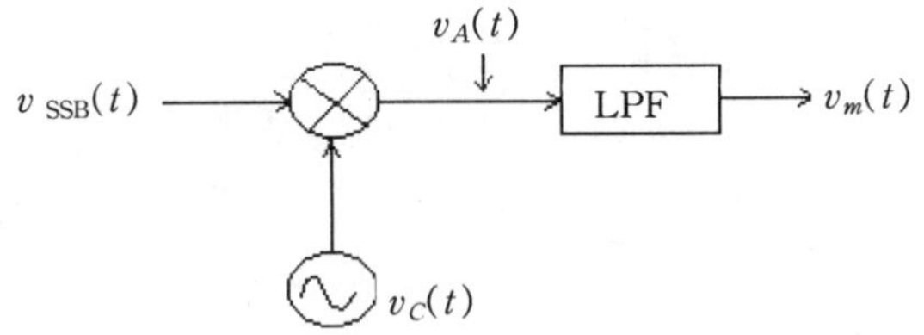

[그림 4-8] SSB 복조

$$\begin{aligned}V_A(t)&=v_{\mathrm{SSB}}(t)\cdot\cos\omega_c t= V_s[\cos\omega_m t\cos\omega_c t\mp\sin\omega_m t\sin\omega_c t]\cdot V_c\cos\omega_c t\\&=S(t)[\ \cos\omega_c t\mp\overline{S}(t)\ \sin\omega_c t]\cdot V_c\cos\omega_c t\\&=S(t)\cos^2\omega_c t\mp\overline{S}(t)\sin\omega_c t\cos\omega_c t\\&=\frac{1}{2}S(t)+\frac{1}{2}[S(t)\cos 2\omega_c t\mp\overline{S}(t)\sin 2\omega_c t]\end{aligned}$$

여기서 $S(t)=2\cos\omega_m t$는 정보신호이고, $\cos^2\omega_c t=\frac{1}{2}(1+\cos 2\omega_c t)$이며, $\sin 2\omega_c t=2\sin\omega_c t\cos\omega_c t$이다. 따라서 LPF로 반송파성분을 제거하여 원신호를 재생할 수 있다.

$$V_m(t)=\frac{1}{2}S(t)$$

4. 1) VSB 변조

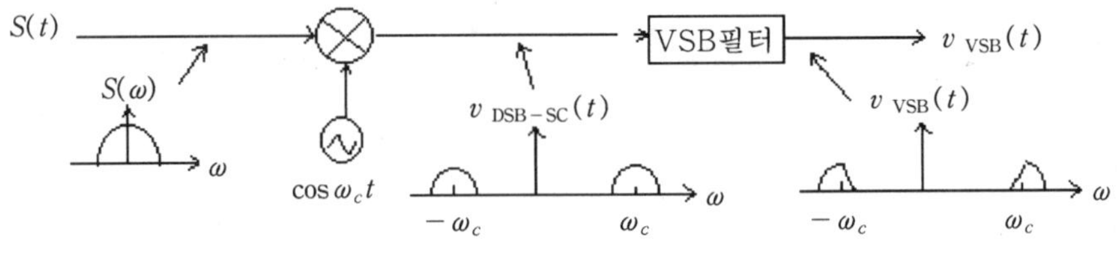

정보신호 $S(t)\ \Leftrightarrow\ S(\omega)$

억압반송변조파 $v_{\mathrm{DSB-SC}}(t)\Leftrightarrow v_{\mathrm{DSB-SC}}(\omega)=\frac{1}{2}[S(\omega+\omega_c)+S(\omega-\omega_c)]$

잔류측파대 변조파

$$v_{\mathrm{VSB}}(t)\ \Leftrightarrow\ v_{\mathrm{VSB}}(\omega)=v_{\mathrm{DSB-SC}}(\omega)\cdot H(\omega)=\frac{1}{2}H(\omega)[S(\omega+\omega_c)+S(\omega-\omega_c)]$$

2) VSB 복조

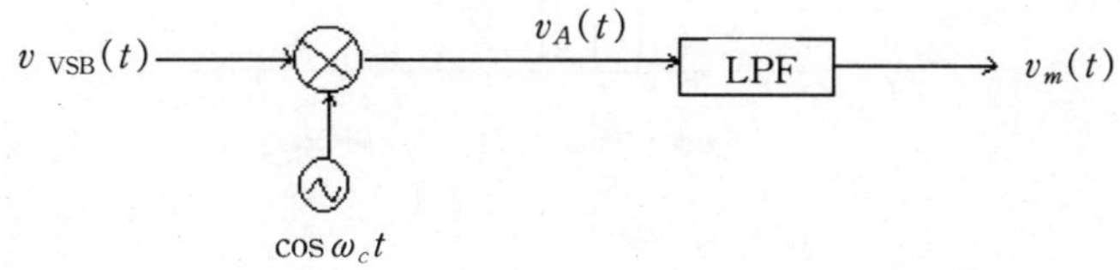

$$v_A(t) = v_{VSB}(t) \cdot \cos\omega_c t \Leftrightarrow \frac{1}{2}[v_{VSB}(\omega+\omega_c) + v_{VSB}(\omega-\omega_c)]$$

$$= \frac{1}{4}H(\omega+\omega_c)[S(\omega+2\omega_c)+S(\omega)] + \frac{1}{4}H(\omega-\omega_c)[S(\omega)+S(\omega-2\omega_c)]$$

여기서 $S(\omega\pm2\omega_c)$는 LPF에서 제거된다.

$$v_m(t) \Leftrightarrow = v_m(\omega) = \frac{1}{4}H(\omega+\omega_c)H(\omega-\omega_c)]S(\omega)$$

5. 정보신호 $v_m(t) = V_m\cos2\pi f_m t$

반송파 $v_c(t) = V_c\cos(\omega_c t+\theta(t))$,

$\theta(t) = 2\pi f_d\int_0^t v_m(\tau)d\tau$로 f_d는 주파수편이 상수이다.

FM 변조파 $v_{FM}(t) = V_c\cos(\omega_c t + 2\pi f_d\int_0^t v_m(\tau)d\tau)$

$$= V_c\cos\left(\omega_c t + \frac{2\pi V_m f_d}{2\pi f_m}\sin\omega_m t\right) = V_c\cos\left(\omega_c t + \frac{\Delta f}{f_m}\sin\omega_m t\right)$$

$$= V_c\cos(\omega_c t + m_f\sin\omega_m t)$$

FM 변조지수 $m_f = \frac{\Delta f}{f_m} = \frac{V_m f_d}{f_m}$로 Δf는 최대 주파수편이라 하고 f_m은 신호주파수이다.

또한 $v_{FM}(t)$를 주파수 스펙트럼으로 표현하면 다음과 같다.

$$v_{FM}(t) = V_c\cos(\omega_c t + m_f\sin\omega_m t) = R_e[V_c e^{j(\omega_c t + m_f\sin\omega_m t)}]$$

$$= R_e[V_c e^{j2\pi f_c t}e^{jm_f\sin\omega_m t}] = R_e[V_c e^{j2\pi f_c t}\sum_{n\to-\infty}^{\infty}c_n e^{j2\pi n f_m t}]$$

$$= R_e[V_c\sum_{n\to-\infty}^{\infty}J_n(m_f)e^{j2\pi(f_c+nf_m)t}]$$

$$= V_c\{J_0(m_f)\cos2\pi f_c t + J_1(m_f)[\cos2\pi(f_c+f_m)t - \cos2\pi(f_c-f_m)t]$$

$$+ J_2(m_f)[\cos2\pi(f_c+2f_m)t - \cos2\pi(f_c-2f_m)t]$$

$$+ J_3(m_f)[\cos2\pi(f_c+3f_m)t - \cos2\pi(f_c-3f_m)t] + \cdot\cdot\cdot\cdot)$$

R_e는 실수부분의 함수로 $e^{j\theta} = \cos\theta + j\sin\theta$이고

$e^{jm_f\sin2\pi f_m t}$는 주기함수로 $e^{jm_f\sin2\pi f_m t} = \sum_{n\to\infty}^{\infty}C_n e^{j2\pi n f_m t}$ 이다.

$$C_n = \frac{1}{T}\int_{-\frac{T}{2}}^{\frac{T}{2}} e^{jm_f\sin2\pi f_m t}\cdot e^{j2\pi n f_m t}dt = \frac{1}{2\pi}\int_{-\pi}^{\pi}e^{j(m_f\sin\lambda - n\lambda)}d\lambda = J_n(m_f)$$

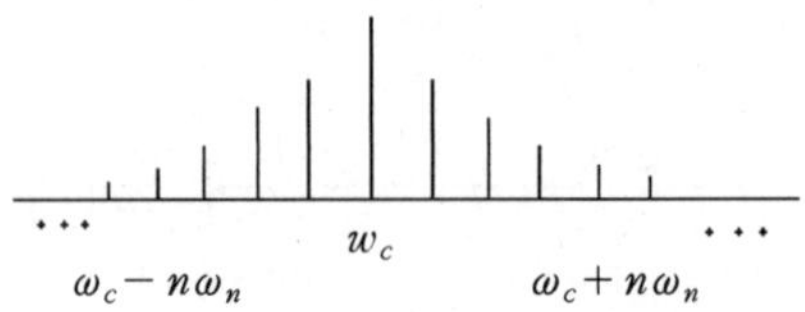

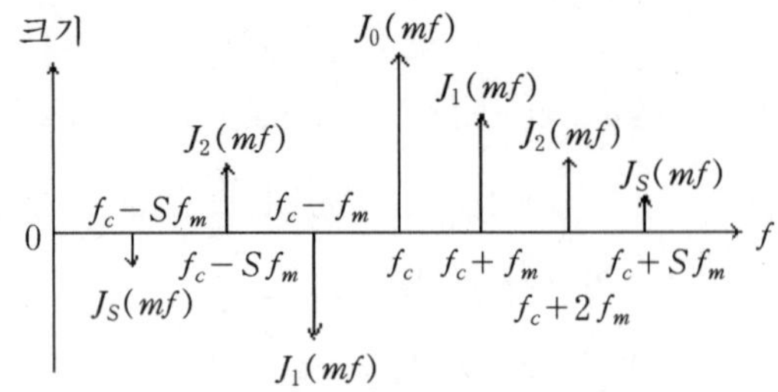

위 그림은 제1종 베셀 함수로 $J_{-n}(m_f) = (-1)^n J_n(m_f)$로 FM의 주파수 스펙트럼과 베셀 함수 크기와 위상을 나타낸다.

6. FM 복조에서 많이 활용하는 PLL를 이용하여 복조는 다음과 같다.

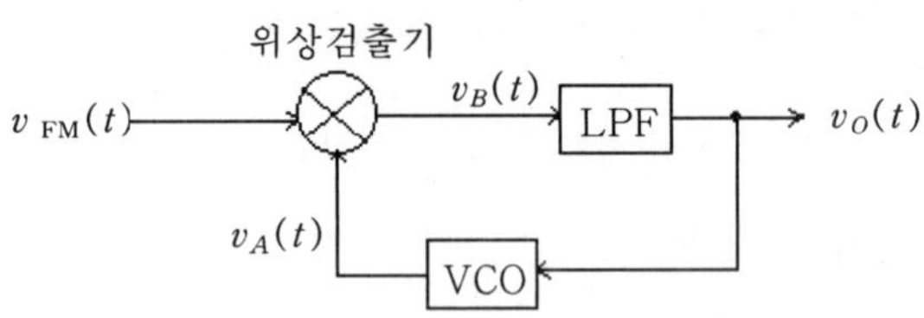

$$v_{FM}(t) = a_1 \cos[\omega_c t + K_f \int_0^t s(\tau) d_\tau], \quad v_A(t) = a_2 \cos[\omega_c t + K_0 \int_0^t v_o(\tau) d_\tau]$$

위상차 $v_B(t)$는 다음과 같고

$$\begin{aligned} v_B(t) &= a_1 a_2 \cos\left[\omega_c t + K_f \int_0^t s(\tau) d_\tau\right] \cos\left[\omega_c t + K_0 \int_0^t v_o(\tau) d_\tau\right] \\ &= \frac{a_1 a_2}{2} \cos\left[K_f \int_0^t s(\tau) d_\tau - K_0 \int_0^t v_o(\tau) d_\tau\right] \\ &\quad + \frac{a_1 a_2}{2} \cos\left[2\omega_c t + K_f \int_0^t s(\tau) d_\tau - K_0 \int_0^t v_o(\tau) d_\tau\right] \end{aligned}$$

$v_B(t)$ 신호에서 LPF에 의하여 DC 레벨로 바꾸면 다음과 같다.

$$v_o(t) = \frac{a_1 a_2}{2} \cos\left[K_f \int_0^t s(\tau) d_\tau - K_0 \int_0^t v_o(\tau) d_\tau\right] \doteqdot 0$$

$K_f \int_0^t s(\tau) d_\tau - K_0 \int_0^t v_o(\tau) d_\tau \doteqdot \frac{\pi}{2}$ 이므로 양변을 미분하면 $v_o(t)$는 정보신호 $s(t)$를 포함하여 FM 신호에서 정보신호를 복조할 수 있다.

$$K_f\, s(t) - K_p v_o(t) = 0, \qquad v_o(t) = \frac{K_f}{K_o} s(t)$$

7. 정보신호 $v_m(t) = V_m \cos 2\pi f_m t$

반송파 $v_c(t) = V_c \sin(\omega_c t + \theta(t))$,

$\theta(t) = 2\pi\theta \frac{d}{d_\tau} v_m(\tau) d\tau$로 θ는 위상편이 상수이다.

PM 변조파 $v_{\text{PM}}(t) = V_c \sin\left(\omega_c t + 2\pi\theta \frac{d}{d_\tau} v_m(\tau) d\tau\right)$

$$= V_c \sin\left(\omega_c t + \frac{2\pi V_m \theta}{2\pi f_m} \cos\omega_m t\right) = V_c \sin\left(\omega_c t + \theta_0 + \frac{\Delta\theta}{f_m} \cos\omega_m t\right)$$

$$= V_c \sin(\omega_c t + \theta_0 + \Delta\theta \cos\omega_m t) = V_c \sin(\omega_c t + m_p \cos\omega_m t)$$

위상변조지수 $m_p = \theta_p$ [radian]로 $\Delta\theta$는 최대 위상편이라 한다.

$m_p \ll 1$, $\cos(m_p \cos\omega_m t) = 1$, $\sin(m_p \cos\omega_m t) = m_p \cos\omega_s t$ 라면 협대역변조(narrowband modulation)라 하여 진폭변조와 같은 측파대를 갖는다.

$$v_{\text{PM}}(t) = V_c \sin{}_c t + V_c(m_p \cos\omega_c t \cos\omega_s t)$$

$$= V_c \sin\omega_c t + \frac{V_c m_p}{2} \cos(\omega_c - \omega_s)t + \frac{V_c m_p}{2} \cos(\omega_c + \omega_s)t$$

$$= V_c \sin\omega_c t + \frac{V_c m_p}{2} \sin\left[\frac{\pi}{2} + (\omega_c - \omega_s)t\right] + \frac{V_c m_p}{2} \sin\left[\frac{\pi}{2} + (\omega_c + \omega_s)t\right]$$

8. 펄스 부호변조는 아날로그 입력정보를 표본화, 양자화, 부호화하여 디지털 정보신호로 변환한다.

1) 표본화

정현파를 표본화(sampling)하는 경우 1주기에 몇 개의 진폭치를 정현파를 대표한 그 진폭치가 되므로 표본수가 많을수록 원래의 신호를 충실히 재현된다. 표본화 주파수 f_s는 신호파형의 대역폭 B_m 또는 최고 주파수 f_m의 2배 이상이어야 한다.

$$f_s \geq 2B_m \text{ 또는 } f_s \geq 2f_m, \quad \text{표본의 시간간격을 } T\text{라면 } f_s \geq \frac{2}{T}$$

따라서 표본화 주파수는 최고 주파수의 2.5배 정도로 선택한다. 즉 아날로그 신호에 대한 일정한 시간간격마다 진폭의 크기를 펄스 진폭변조한 펄스열이 된다.

2) 양자화

양자화(quantization)는 표본화에서 추출한 개개의 펄스를 반올림으로 표본화 구간을 구분하여 표현한다. 반올림으로 진폭의 불연속 또는 오차에 기인한 양자화 잡음이 있어 잡음을 저감하여야 한다.

3) 부호화

부호화(encoding)는 양자화에 의해 추출된 각 진폭치를 2진 부호(2^n)로 치환하여 부호화한다. 만약 전화회선에서 사용하는 음성파형은 128레벨(2^7)로 양자화하고, 8비트의 2진 부호화로 표현한다.

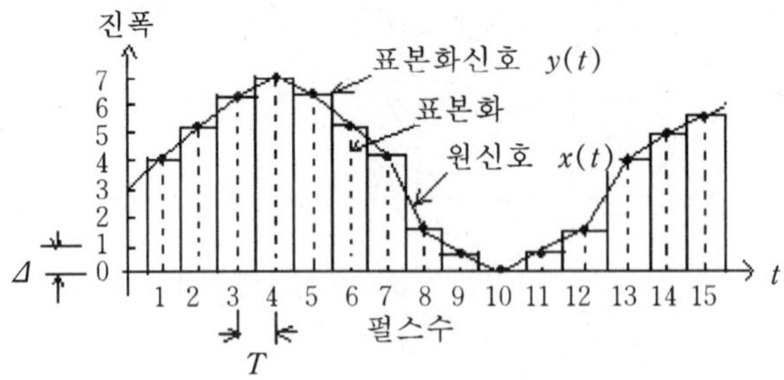

(a) 표본화와 양자화

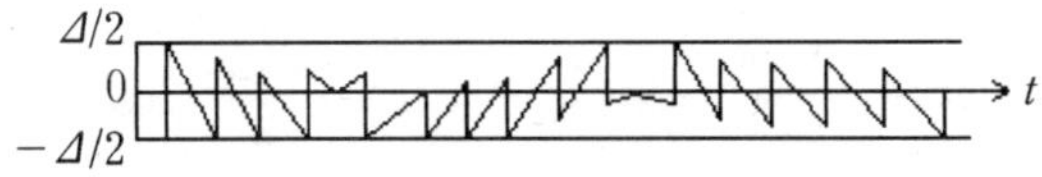

(b) 양자화에 의한 오차

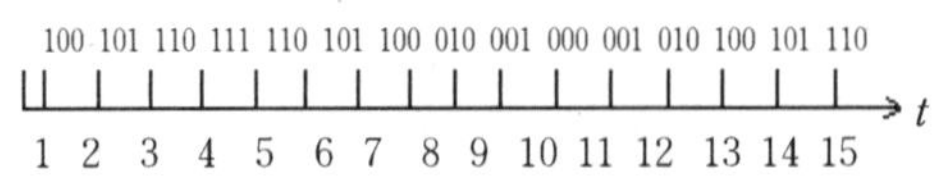

(c) 부호화

9. 1) 진폭편이 변조

진폭편이 변조는 스위칭에 의한 반송파를 단속하는 OOK(On-Off Keying)이다. 2진 신호를 전송하는 속도는 데이터 전송속도 또는 변조속도로 나타낸다. 그림에서 $m_{\rm AM}(t)=\dfrac{A}{2}[1+m(t)\cos\omega_c t]$에서 $m(t)=\pm1$일 때 OOK을 만드는 NRZ 2진 데이터 파형이 된다. 또한 $m_{\rm DSB-SC}(t)=Am(t)\cos\omega_c t$일 때 2치 신호에 대해 반송파의 각주파수 ω_c로 하면 다음과 같이 표현할 수 있다.

$$m_{\rm DSB-SC,1}(t)=A\cos\omega_c t,\quad m_{\rm DSB-SC,0}(t)=0$$

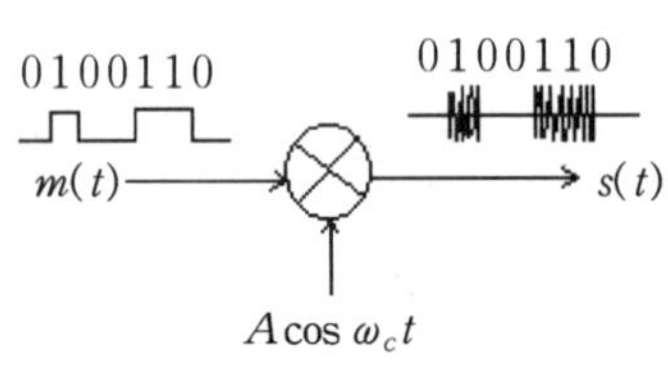

2) 주파수편이 변조

주파수편이 변조는 2차 신호가 Δf만큼 떨어진 2개의 주파수편이에 의해 나타낸다. Δf는 반송파주파수 f_c에 비해 매우 적으므로 $\Delta\omega$만큼 떨어진 2개의 각 주파수 ω_1과 ω_2라면 FSK 신호는 다음과 같다.

$m_{\mathrm{FSK},1}(t) = A\sin\ \omega_1 t, \qquad m_{\mathrm{FSK},0}(t) = A\sin\ \omega_2 t$

그림은 FSK의 파형 및 대역폭을 나타낸다.

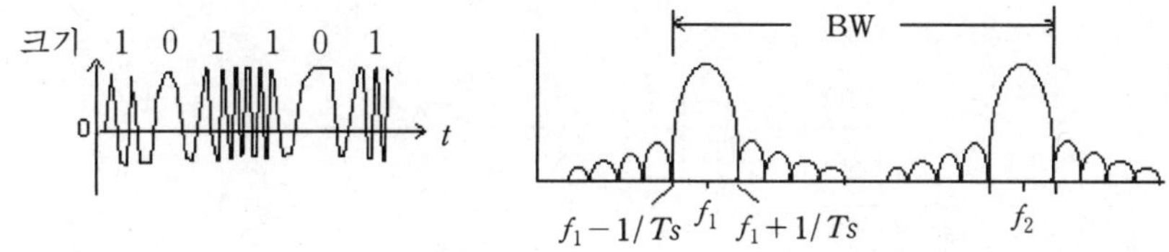

$$\mathrm{BW} = f_2 + \frac{1}{Ts} - \left(f_1 - \frac{1}{Ts}\right) = f_2 - f_1 + \frac{2}{Ts}$$

10. 1) BPSK

$m_{\mathrm{BPSK},0}(t) = A\cos(\omega_c t + 0°) = A\cos\omega_c t$

$m_{\mathrm{BPSK},1}(t) = A\cos(\omega_c t + 180°) = -A\cos(\omega_c t + 0°) = -A\cos\omega_c t$

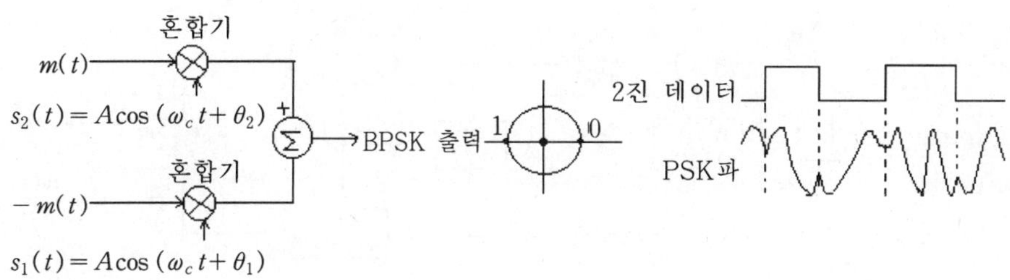

2) QPSK

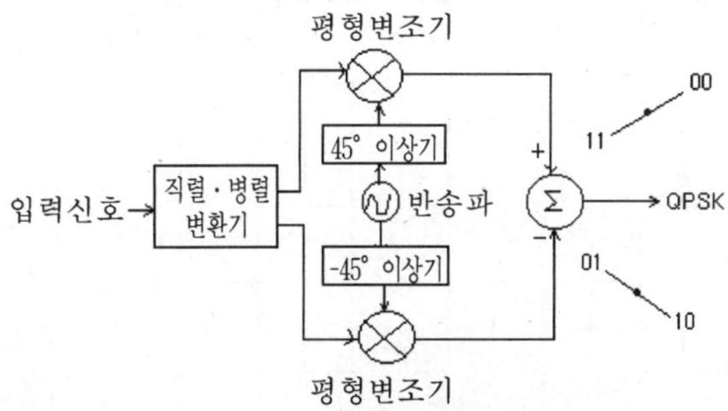

(a)QPSK 변조

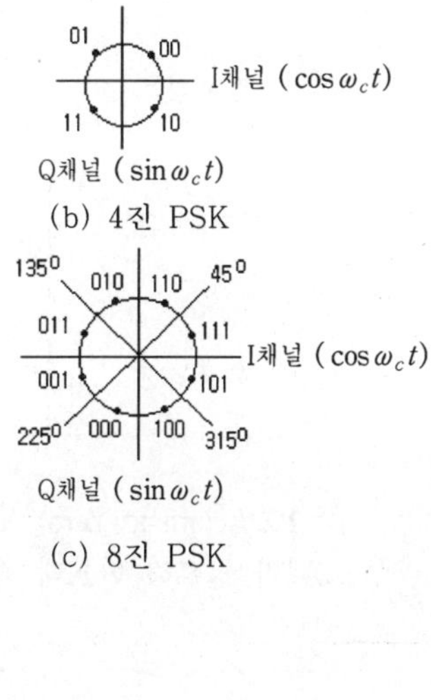

(b) 4진 PSK

(c) 8진 PSK

그림에서 한 채널 I채널과 다른 채널 Q채널이라 할 때

$$S_{QPSK}(t) = A[d_I(t)\cos 2\pi f_c t - d_Q(t)\sin 2\pi f_c t]$$
$$= A[\cos\phi_i \cos 2\pi f_c t - \sin\phi_i \sin 2\pi f_c t] = A\cos(2\pi f_c t + \phi_i)$$
$$d_I = \cos\phi_i, \quad d_Q = \sin\phi_i, \quad \phi_i = \tan^{-1}\frac{\phi_Q(t)}{\phi_I(t)}$$

11. 직교변조는 서로 직교하는 2개의 반송파를 각각 변조하고 두 종류의 데이터로 동일 한 대역에서 디지털 정보를 전송하는 방식이다.

① 변조기

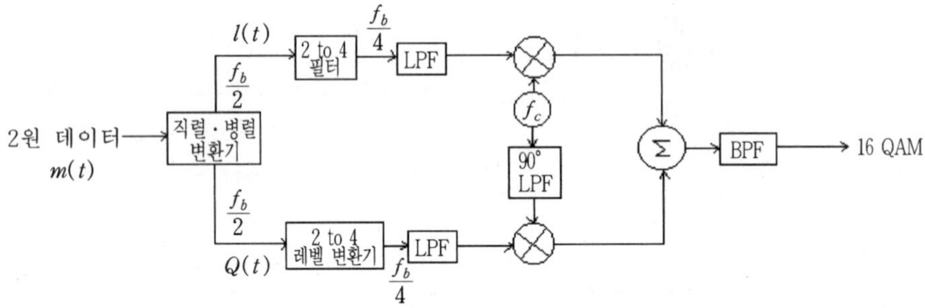

② 복조기

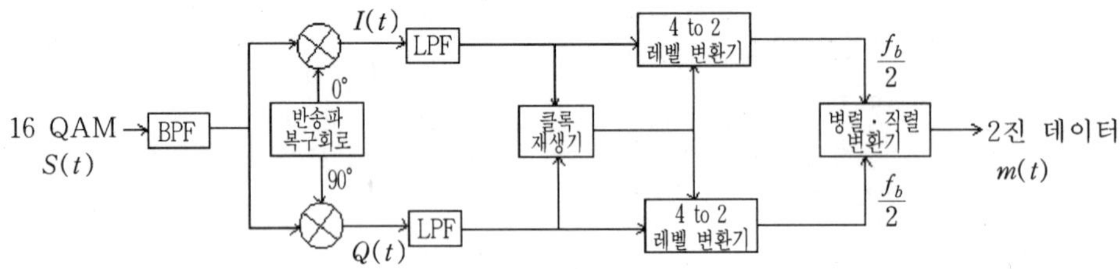

12. 1) RZ

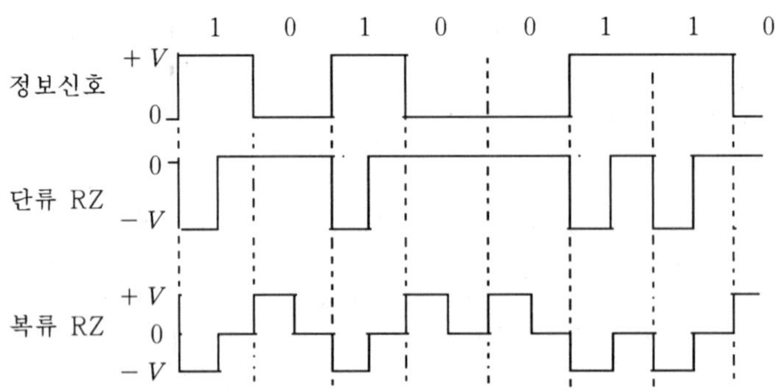

RZ(Return to Zero) 코드는 펄스폭이 짧아 신호추출이 쉽고, 점유주파수 대역폭이 2배가 필요해 신호대 잡음비(SNR)가 매우 낮아 근거리 데이터 전송에 이용된다.

2) NRZ

NRZ(Non-Return to Zero) 방식은 0과 1를 −전압과 0전압 또는 +전압과 0전압으로 대응시킨 단류 NRZ와 1 또는 0을 −전압과 +전압으로 대응시킨 복류 NRZ가 있다.

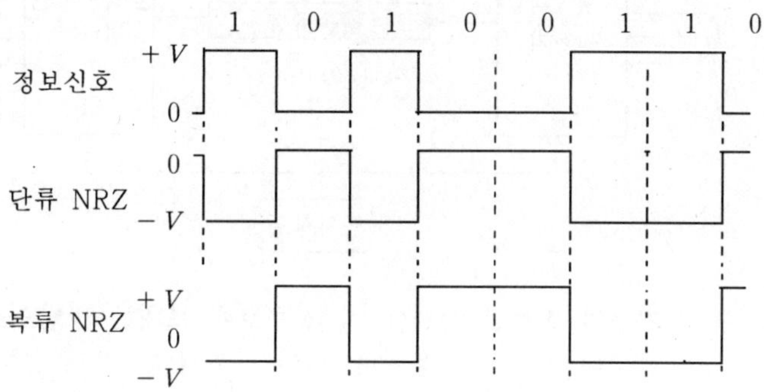

3) 맨체스터

맨체스터 코드는 주파수변조(FM) 코드라고 한다.

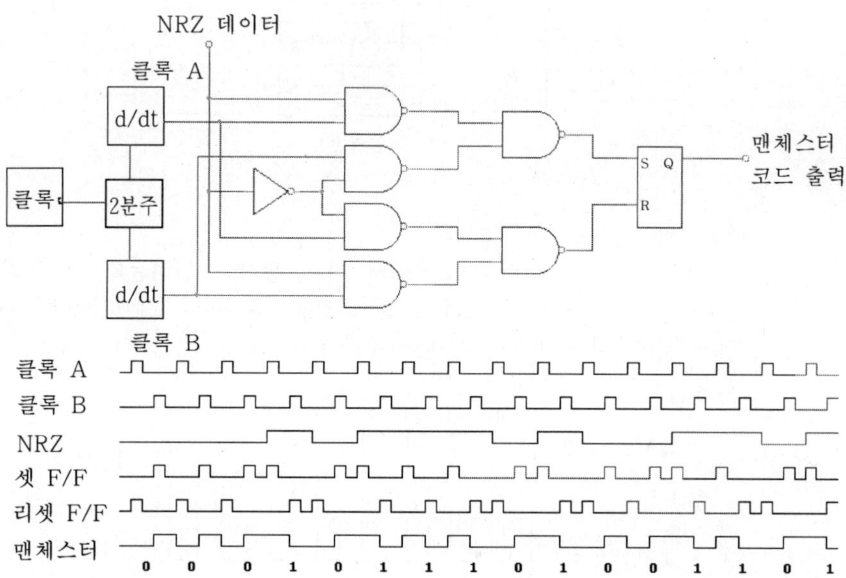

13. 직렬전송(serial transmission)은 정보을 구성하는 비트블록을 한 비트씩 순서대로 전송하는 방식으로 원거리 전송에 사용한다. 그림에서 송신은 병렬로 저장된 정보를 직렬로 바꿔 보내고 수신은 전송된 직렬 비트를 병렬 비트열로 변환한다. 이때 문자와 문자, 비트와 비트 간격을 식별하기 위한 동기(synchronization)신호가 필요하다.

동기신호는 비트 동기, 문자동기, 프레임 동기 등이 있다.

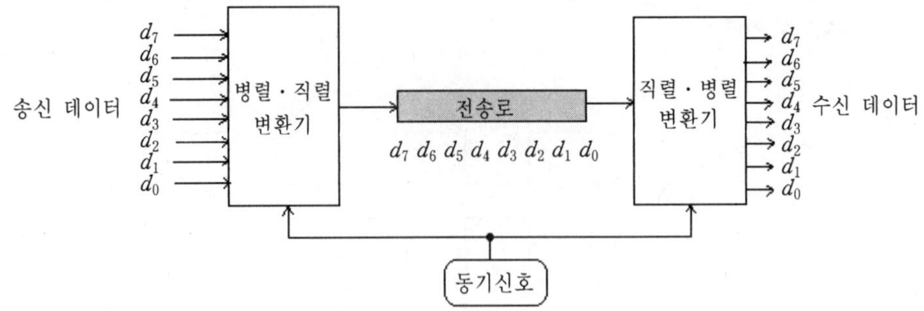

병렬전송은 1문자분의 비트를 동시에 각 전송로에 보내는 방법으로 근거리 데이터 전송 및 고속 데이터 전송에 사용된다. 따라서 그림에서 병렬전송은 단말장치와 모뎀 간이나 컴퓨터와 입출력장치와 같이 짧은 거리에서 이용된다.

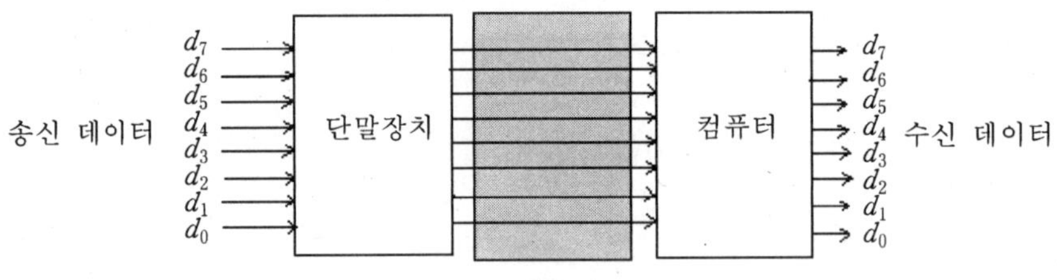

14. 1) 비트 동기방식

① 비동기방식

비동기방식은 데이터 전송로에서 비트 동기를 취하는데 각 문자정보(8비트) 전후에 스타트 비트와 스톱 비트를 부가하여 직렬전송하는 방식으로 300~24[bps]의 데이터 전송에 사용한다.

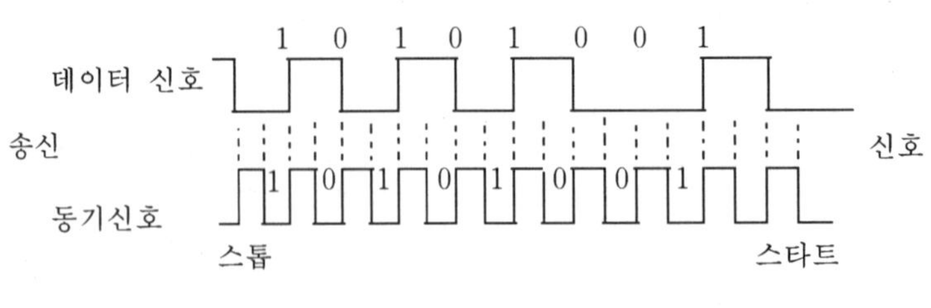

② 연속 동기방식

연속 동기방식은 데이터를 보내는 신호선과 동기신호를 보내는 선을 설치하여야 하나 송신측에서 1개의 신호선으로 데이터와 동기신호를 송신하고, 수신측에서는 서로 중복된 신호에서 동기신호가 검출되면 비트 동기를 취하여 동기신호를 제거하고 데이터 신호만 추출하는 방식이다.

2) 문자 동기방식

문자 동기방식은 송신하는 경우 하나의 문자(8비트) 앞에 비트 패턴(01101000)을 부가하여 송출한다. 비트 패턴은 전송제어문자(SYN)를 2개 이상 계속 보내어 동기를 정확히 취한다.

	문자	문자	문자	문자	SYN	
송신	01100110	11000010	1001001	10001111	00010110	수신

3) 프레임 동기방식

프레임 동기방식은 데이터 송신시 데이터 블록 구간을 플래그 순서에 의해 비트 패턴(01111110)을 송신 데이터의 전후에 부가하여 보내는 방식이다.

		프레임					
	비트 패턴	문자	문자	문자	문자	비트 패턴	
송신	01111110	01100110	11000010	1001001	10001111	01111110	수신

15. 송신부에서는 직접 아날로그 입력을 다중화, 주파수분할 다중화, 시분할 다중화, AM 변조, FM 변조 등을 사용하며, 아날로그 입력을 펄스 부호변조, 펄스폭 변조, 펄스 위치변조, 펄스 진폭변조 등을 하여 디지털 신호로 변환한다. 또한 디지털 입력신호는 RZ, NRZ, 맨체스터 등의 부호에 따라 인가되는 디지털 데이터로 변환한다. 수신부에서는 검출된 신호를 역다중화, FDM, TDM 등을 한 후 디코더, 복조, 재포맷 등을 하여 아날로그 출력 및 디지털 출력을 한다.

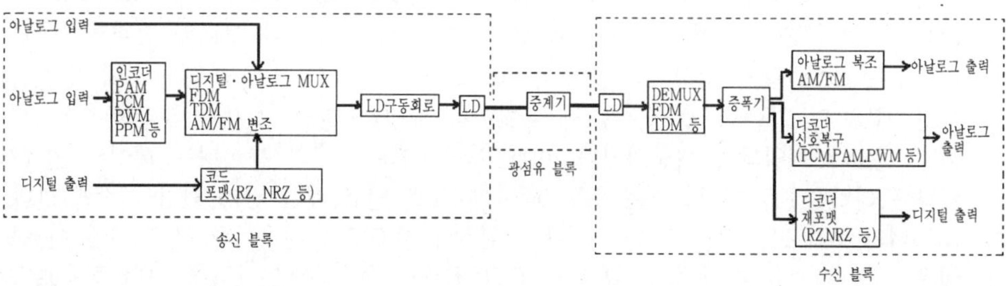

16. 광시분할 다중화 시스템의 구조는 그림과 같이 송신기, 수신기, 모드 록이드(mode locked) 레이저로 구성되며 모드록이드 레이저는 전체 시스템의 광펄스 동기를 위해 각 채널에 좁은 폭의 신호를 제공한다. 즉 OTDM에서 각 채널의 시간기준은 다

중화에서 필수적으로 모든 입력 채널 간의 정확한 시간동기를 위해 중앙동기방식의 클록 신호를 모든 입력 채널에 공급한다. 또한 OTDM은 광펄스의 폭이 좁을수록 더 많은 채널을 수용하므로 좁은 펄스폭의 신호를 발생하기 위하여 모드록이드 방식과 gain/Q 스위칭 방식을 채용한다.

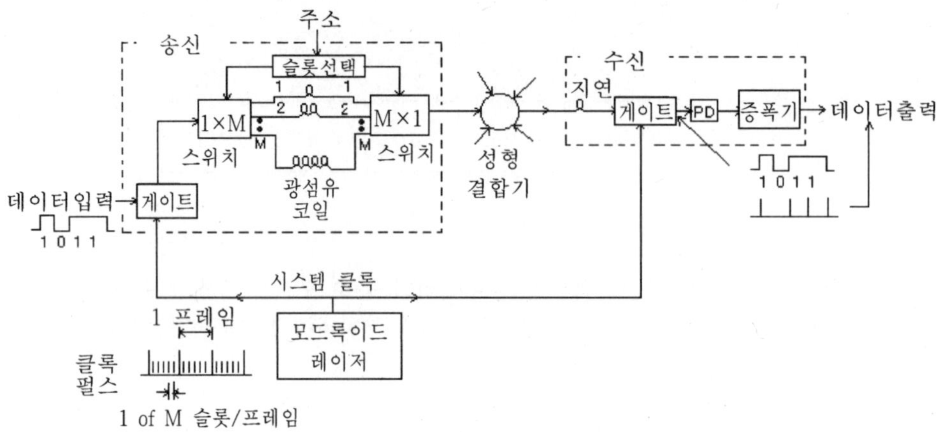

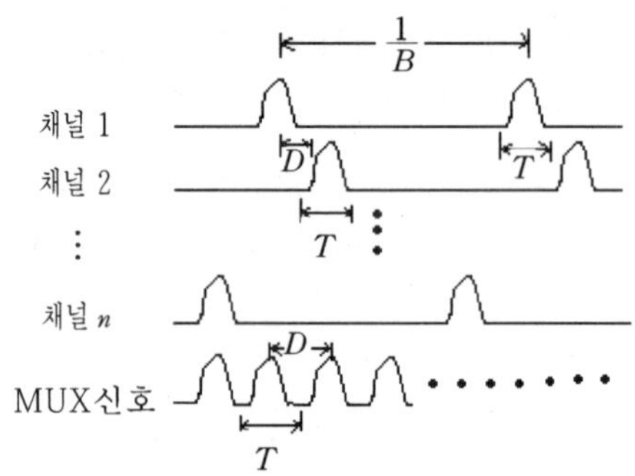

그림과 같이 n개의 채널이 다중화한 예로 다중화기는 n개의 광신호를 B주기로 반복되면서 T의 펄스폭을 갖는 RZ 펄스열이 된다. 즉 B의 프레임 간격을 의미하며, T는 각 채널에 할당되는 펄스의 폭이므로 펄스폭의 비 B/T는 최대 수용 가능한 채널 수이다. 이 펄스열은 각 채널마다 일정한 지연 D거쳐 시간축에서 중복되지 않도록 배열되어 다중화된다. 이때 각 기저대 채널의 데이터는 데이터 옆에서 할당된 타임슬롯을 제외하고는 모두 0을 가지므로 인접 채널 간의 간섭을 작게 한다.

17. OFDM과 WDM은 채널 간격에 의해 구분되고 WDM의 경우 20000[GHz]에 이르는 넓은 채널 간격을 지니며, OFDM은 약 5[GHz]의 좁은 채널 간격을 지닌 경우로 고밀도 파장분할 다중방식이라 한다.

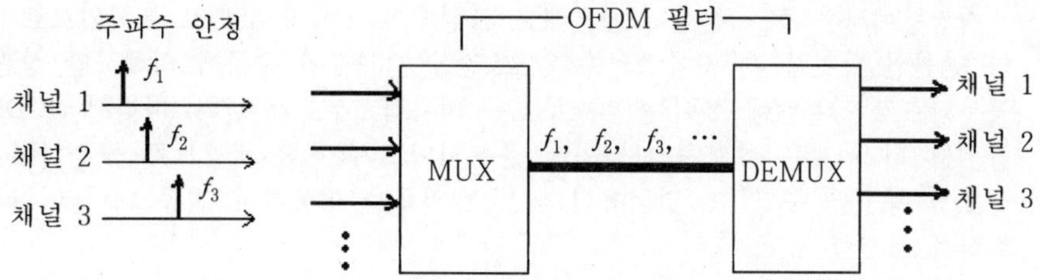

송신단의 LD에 주파수 안정회로와 수신단에 정확한 OFDM용 필터가 필요하고 주기성을 지닌 간섭형태의 다중화기 및 역다중화기를 필요로 한다. 광다중화에 사용되는 필터는 적용하는 채널 간격 범위에 따라 결정되는데 유전체 필터나 회절격자 등이 광필터로 사용된다. OFDM에 적용하는 필터는 주기성을 지닌 간섭계형 필터로 패브리-페롯 간섭계 필터, 마치-젠더 간섭계 필터, 링공진기형 필터가 있다.

18. 파장분할 다중화 방식은 광섬유의 저손실 파장대역을 여러 개의 좁은 채널 파장대역으로 분할하여 각 입력 채널마다 하나의 파장대역을 할당하고 입력 채널 신호들을 할당된 채널 파장대역을 통하여 동시에 광전송하는 방식이다.

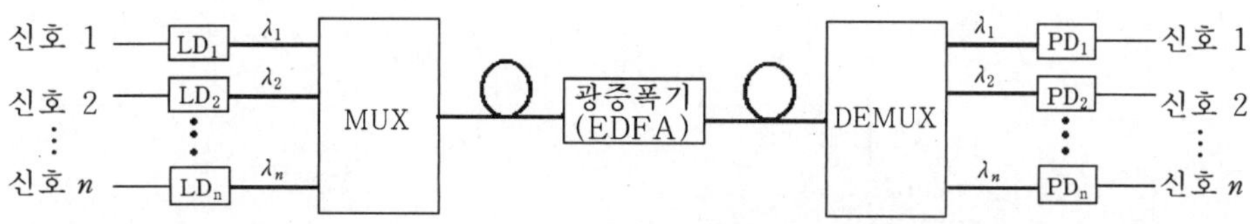

그림과 같이 송신기에서는 각 채널마다 전기적 전송정보를 할당된 특정 파장의 광신호로 전광변환한 후에 파장 다중화기를 통하여 전송하고 수신기에서는 역다중화기를 통하여 원하는 채널의 파장을 선택한 후 신호를 복구한다.

19. OCDM은 그림과 같이 E/O 신호 간의 교차상관값이 최소가 되도록 개별적으로 부호화한 후에 광채널을 통해 동시에 전송하고 수신부에서는 중첩된 여러 신호들을 원하는 신호만을 복호화 과정을 갖는 상관검출기를 통해 추출해내는 다원접속 방식이다.

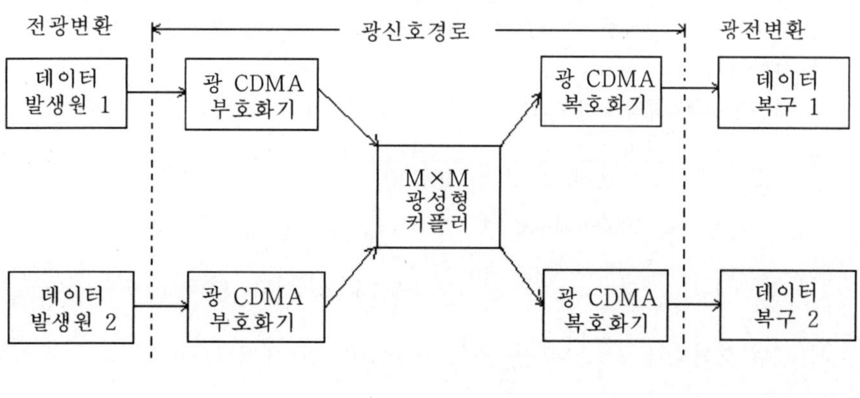

광전송에서는 펄스 신호가 광세기로 표현되어 +1, 0 값으로 표시되므로 곱과 합의 연산인 상관결과가 0이 될 수 없고 연산 결과값의 수준에 의해서만 상관관계가 구분되므로 광통신에 쓰이는 직교부호를 의사직교부호라 한다. 따라서 OCDM은 전송 데이터가 같은 주파수 대역안에 중복되어도 복호화 과정으로 구분하여 원하는 신호를 복구할 수 있고, 광섬유의 넓은 대역폭을 이용하여 전송 데이터 간의 충돌현상을 무시할 수 있다.

20. 그림과 같이 부반송파 다중방식의 전송방식은 다수의 신호원으로 부터의 전기신호들을 지정된 부반송파로 AM 또는 FM 변조 후에 주파수 다중화하고 다중화된 신호로 LD를 구동하여 광신호로 변환한 후에 광전송한다. PD를 이용하여 광전변환 후 특정반송파에 동기된 대역 필터를 통하여 원하는 신호를 추출한다. 따라서 대부분 신호처리과정은 전기적으로 이루어지고 광섬유는 다중화된 신호를 전송하는데 한정된다.

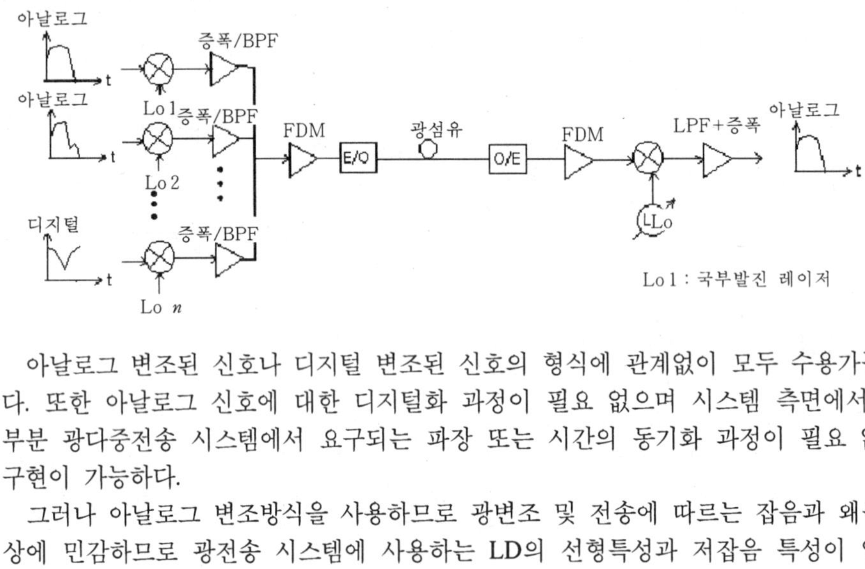

아날로그 변조된 신호나 디지털 변조된 신호의 형식에 관계없이 모두 수용가능하다. 또한 아날로그 신호에 대한 디지털화 과정이 필요 없으며 시스템 측면에서 대부분 광다중전송 시스템에서 요구되는 파장 또는 시간의 동기화 과정이 필요 없이 구현이 가능하다.

그러나 아날로그 변조방식을 사용하므로 광변조 및 전송에 따르는 잡음과 왜곡현상에 민감하므로 광전송 시스템에 사용하는 LD의 선형특성과 저잡음 특성이 엄격히 요구되고 다중화할 수 있는 신호(채널)의 수와 신호변조도가 제한되어 전송성능이 제한된다.

21. 각 채널은 10000[자/sec]로 16채널이면 16×10^4 [자/sec]로 1자 전송시간

$$T=\frac{1\text{자}}{16\text{채널}\times\text{채널당}[\text{자/sec}]}=\frac{1}{16\times10^4}=6.25\times10^{-6}=6.25\ [\mu\text{s}]$$

또는 각 채널은 10000[자/sec로] $T=\frac{1}{10000}=100\ [\mu\text{s}]$로

1자 전송시간 $=\frac{T}{\text{채널}}=\frac{100\times10^{-6}}{16}=6.25\ [\mu\text{s}]$이다. 따라서 $T=\frac{\text{채널}}{\text{채널 교환율}}$에서 채널 교환율 $=\frac{\text{채널}}{T}=\frac{16}{100\times10^{-6}}=160\times10^3$ [채널/sec]

$$\text{출력 데이터률} = \frac{\text{1자당 8비트}}{\text{1자 전송시간}} = \frac{8}{6.26 \times 10^{-6}} = 1.28 \times 10^6 = 1.28\ [\text{Mb/sec}]$$

22. 각 채널의 대역폭이 5[kHz]로 8채널을 다중화하려면 전체 대역폭은 다음과 같다.

$$\text{전체 대역폭 BW} = (\text{채널당 대역폭}) \times \text{8채널} \times (\text{보호 주파수대})$$
$$= 5 \times 10^3 \times 8 \times 1.2 = 48 \times 10^3 = 48\,[\text{kHz}]$$

제5장

1. 그림에서 광전송 방식은 송신부에서 LD의 출력광파를 전기적 신호로 변조하여 세기 변조된 신호를 전송하고 수신부에서 수신된 광신호를 직접 PD에 조사해 전류크기의 변화로서 신호를 검출하는 세기변조/직접검출(Intensity Modulation/Direct Detection : IM/DD) 방식과 무선이나 초고주파 전송방식에서 반송파의 주파수나 위상을 변조하여 전송하고 호모다인이나 헤테로다인 검출기법이 있다. 기본원리는 그림과 같다.

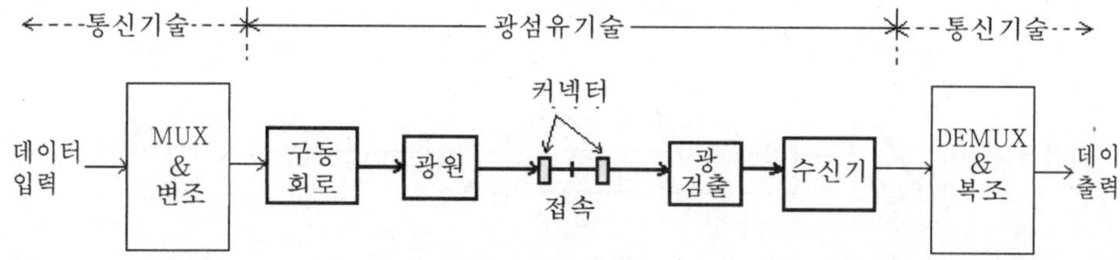

$$E_s = A_s \cos[\omega_{st} + \phi_s(t)]$$

A_s : 광반송파의 진폭, ω_s : 광반송파의 주파수, $\phi_s(t)$: 광반송파의 위상

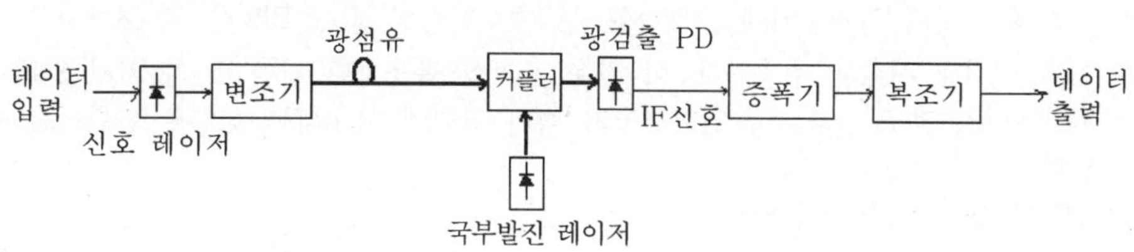

위 그림과 같이 직접 검출방식은 송신부에서 광원의 광출력을 전기적 신호로 변화시켜 변조된 광신호를 전송하므로 크기 변조인 ASK 방식을 사용하고, 수신부에서는 입력된 광신호가 PD에 입사되어 직접 복조된 형태의 전기신호로 변환한다. 직접 검출된 전류는 수신된 광세기 I_{DD}에 비례한다.

$$I_{DD} = E_s E_s^* = \frac{1}{2} A_s^2 [1 + \cos(2\omega_s t + 2\phi_s(t))]$$

$\cos(2\omega_s t + 2\phi_s(t))$는 광반송파 주파수의 2배로 PD의 응답대역을 초과되어 수신되는

신호에서 제거되고 $\frac{1}{2}A_s^2$항만 검출되므로 광세기의 변화로 정보를 복구할 수 있다.

국부발진 레이저의 출력광파 $E_L = A_L \cos(\omega_L t + \phi_L(t))$ A_L : 광파 크기

그러므로 광검출기의 출력광파

$$I_{\text{coh}}(t) = (E_s + E_L)^2 = \frac{1}{2}A_s^2 + \frac{1}{2}A_L^2 + A_s A_L \cos[(\omega_s - \omega_L)t + \phi(t)] \cos\theta(t)$$

$\phi(t) = \phi_s(t) - \phi_L(t)$는 입력 광파와 국부발진 광파와의 위상차이고, $\cos\theta(t)$는 두 광파의 편광정렬의 오차로 편광의 차이에 따라 발생하는 광세기의 크기 변화를 의미한다.

광출력 $P(t) = P_s + P_L + 2\sqrt{P_s P_L}\cos[(\omega_s - \omega_L)t + \phi(t)]\cos\theta(t)$

두 광파의 주파수 차를 중간주파수($\omega_{\text{IF}} = \omega_s - \omega_L$)라 한다.

2. 1) 헤테로다인 동기식 복조

그림과 같이 PD에서 검출된 전류신호 ω_{IF}를 중심주파수로 하여 BPF를 통과한 전류 $I_f(t) = I_p \cos(\omega_{\text{IF}} t - \phi)$로 $I_p = 2R\sqrt{P_s(t) P_L}$ (R : 광검출기의 검출신뢰도)이다.

즉 전류신호로부터 ω_{IF}를 검출하고 이 신호와 수신된 전류신호가 혼합하여 곱해진 후 LPF를 통과하여 원하는 기저대 신호 $I_d = \frac{1}{2} I_p \cos\phi$를 얻는다.

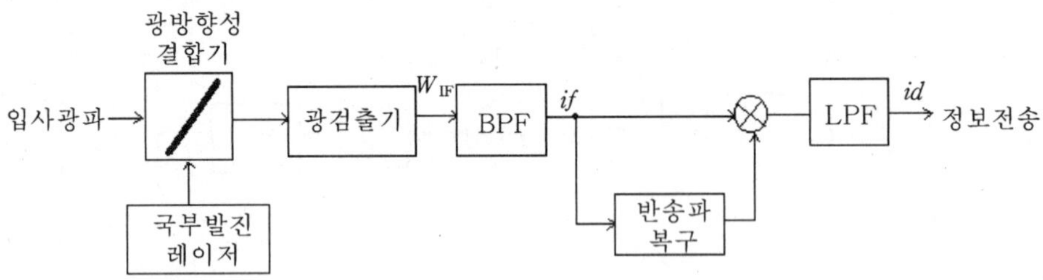

2) 헤테로다인 비동기식 복조

그림과 같이 광검출기에서 검출된 신호는 ω_{IF}로 하는 BPF한 후 포락선 검출기로 기저대 신호를 추출한다. 이 경우 동기식 복조보다 잡음효과가 커져 SNR이 약 0.5[dB] 정도 열화되나 열화정도가 적어 광원에 요구되는 성능을 완화시킬 수 있다.

3. 1) OCSU(Optical Channel Service Unit)

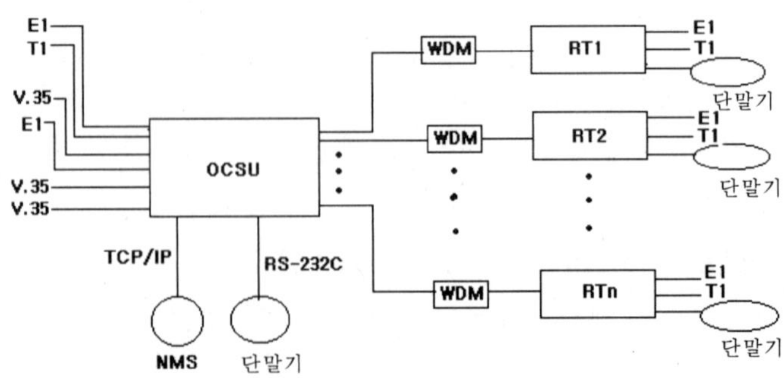

2) DS3MUX
3) SONET/SDH
4) IBOX-COT/RT
5) 광전송 모듈
6) 2.5Gb/s, 10Gb/s 광 BERT
7) 광전송 기기
8) 광모뎀
9) OFD
10) SDSL
11) 라우터
12)CSU
13) SMUX
14) 광송신 · 수신기 등

http://www.tlec.co.kr, http://www.eastelsystems.com 참조

4. 광부품 : 광커넥터, 점퍼 코드, WDM, MUX/DEMUX, 감쇠기, 스위치, 변복조기, 필터 등 http://www.koti.com/, http://www.pandf.co.kr/, http://www.letek.com/ 등 참조

5. 송신부는 그림과 같이 NE564와 NE592로 비디오 변조파를 발생시키고, 이 신호를 NE522의 비교기와 적외선 LED 드라이버에 의하여 LED(180[μm])를 구동하여 광섬유로 신호를 전송한다.

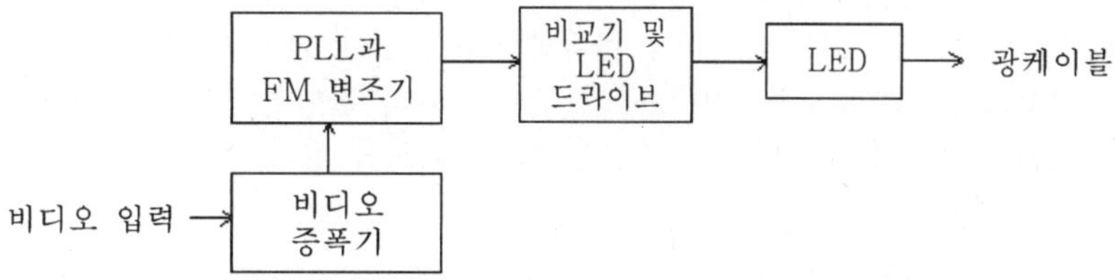

6. 그림과 같이 송신된 신호를 적외선 AlGaAs PIN PD에서 신호를 검출하여 높은 주파수 연산증폭기로 전류를 전압으로 변환한 후 이득를 조정한다. 이 신호를 FM 복조하고 이득제어 및 드라이브 회로에서 AC 결합하여 출력을 75[Ω] 케이블에 의하여 비디오 신호를 검출한다.

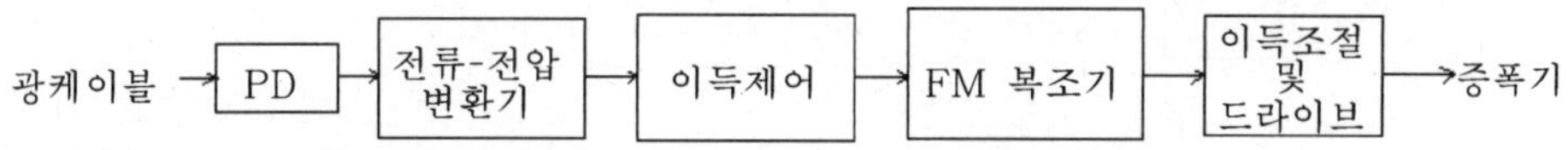

7. http://www.epanorama.net/links/circuitsites.html, http://www.dyt.co.kr/ 참조

8. http://www.epanorama.net/links/circuitsites.html, http://www.dyt.co.kr/ 참조

9. 1) CATV의 구성

CATV(종합유선방송)는 전송망 사업자가 제공하는 전송망을 통하여 CATV 사업자가 CATV 시청자에게 각종 프로그램을 방송한다. 다음 그림과 같이 유선방송국과 주분배 센터 간에는 광케이블로 프로그램을 보내고, 주분배 센터에서 가입자까지 광케이블로 ONU를 거쳐 프로그램 전송하는데 ONU(Optical Network Unit)는 광신호를 전기적인 신호로 변환하여 주고, 주분배 센터에서 부분배 센터로 보낼때에는 교환국 PCM실을 통하여 부분배 센터까지 보내고 주분배 센터에서 가입자에게 보낸다.

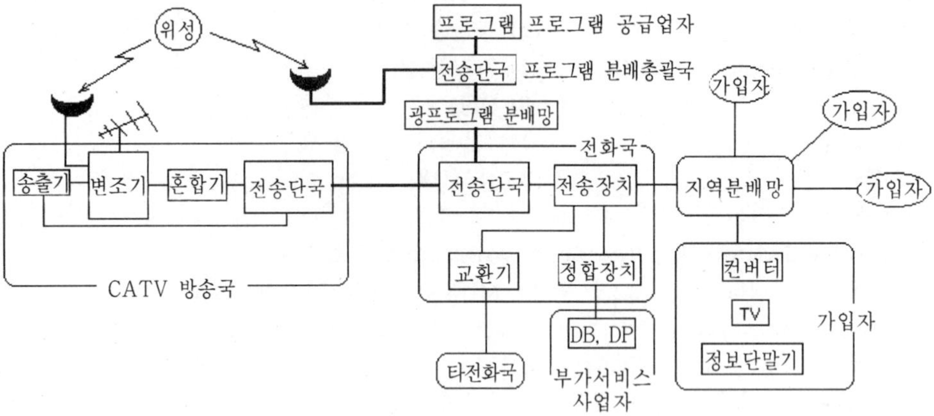

전송하려는 프로그램에 채널을 할당한 후 단일 전송로에 보내어 다중화하고 증폭시켜 전송로로 보내는 CATV 방송국과 전송로의 손실보상용 간선증폭기, 분기시 감쇠되는 신호보상용 분기증폭기, 전송로와의 결합장치, TV, 정보입력 터미널 등이 설치되어 가입자 사이에 통신이 이루어지도록 한다.

2) CATV의 동작원리

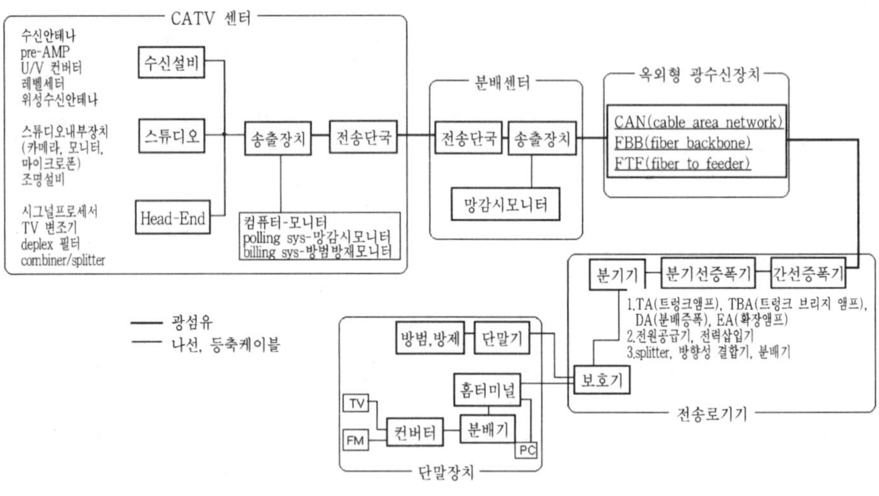

그림과 같이 TV 방송 외에 교육, 문화, 스포츠 등의 프로그램과 TV 회의, 홈쇼핑, 기타 영상정보를 단일 전송로를 이용하여 쌍방향 방송이 가능하도록 동축 케이블, 광섬유 케이블로 방송국과 가입자에 전송매체로 이용한다.

10. 1) 전송로기기

간선증폭기(TA, TBA 등), 분기신호 증폭기(DA, EA 등), 분배기(스프리터, 방향성 결합기 등), 보호기 등이 있다.

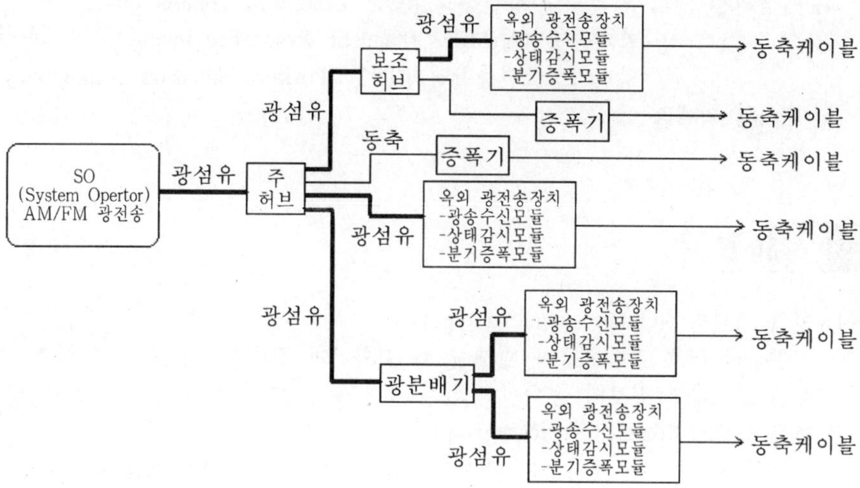

2) 전송로 구성

전송로는 그림과 같이 광섬유, 동축 케이블, UTP를 사용하여 접속한다.

11. 1) 광증폭기

- EDFA(erbium doped fiber amplifier) : TDM EDFA, CATV EDFA,
- WDM EDFA : C, L밴드
- BLS(broadband light source)
- SLS(stabilized light source)

2) 광분배기

DWDM, CWDM, BWDM, WWDM, OADM 등이 있다.

http://www.licomm.com/, http://www.fibernett.com/, http://www.dyt.co.kr/ 참조

12. 응용분야 : 광정보통신, 의용기기, 레이저 기기, 측정기기, 자동제어기기, 조명기기, 군사용장비 등에 이용된다.

분야별 응용은 인터넷에서 찾아볼 수 있다.

13. 1) 광전자 방출 센서 : 광전관, 광전자 증배관

2) 광도전 센서 : CdS, PbS

3) 접합형 센서 : LED, 포토 다이오드, 포토 트랜지스터, LASCR, 포토 커플러

4) 컬러 센서 : 다층형, 집적형

5) 광위치 검출기 : PSD

6) 이미지 센서 : CCD, MOS 이미지 센서

7) 광섬유 센서

8) 기타 : 광스위치, 태양전지, 자외선 센서, 적외선 센서

서적 : 센서공학실무(기전연구사) p59-106 참조

14. 1) 광섬유 압력 센서를 이용한 혈압계

2) 원격 분광광도계 3) 광혈류계

4) 영상의용기기 : X-선 전산화단층촬영(CT : Computed Tomography),
자기공명영상(MRI : Magnetic Resonance Imaing),
양전자방출단층촬영기(PET : Positron Emission Tomography)

5) 내시경 카메라 등

제6장

1. 1) 회선 교환방식(circuit switching type)

발신측의 호 접속요구가 발생할 때 교환기가 접속정보에 의해 발신측까지 접속로를 설정하고 정보의 송수신이 끝날 때까지 설정된 접속로를 유지하는 방식이다.

2) 패킷 교환방식(packet switching type)

발신측으로부터 들어오는 정보를 교환기의 기억장치에 저장하고 필요에 따라 신호속도, 부호, 형식 등의 변환 및 처리를 거친 후 송출하는 방식이다. 즉 메시지 교환방식은 정보를 전부 저장한 후 수신측의 번지 및 패킷 교환방식의 정보를 일정한 길이로 분할하여 수신측 번지와 제어정보를 패킷 단위로 송수신하므로 회선의 독점을 방지하는 데이터 통신에 이용된다.

2. 1. 데이터 통신망의 구성

데이터 통신망의 구성은 그림과 같다.

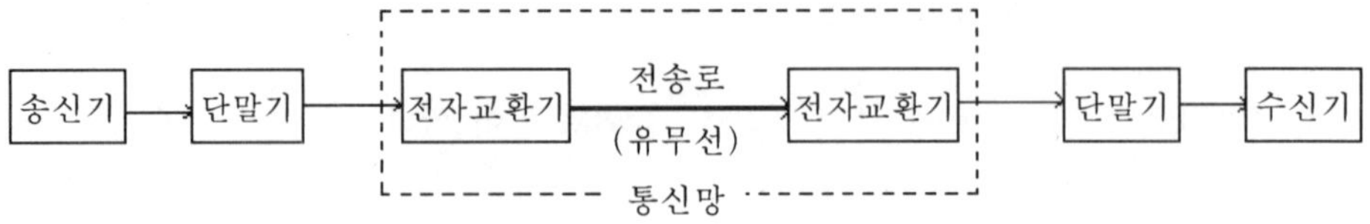

데이터 통신망의 구성

1) 단말기

정보를 통신 네트워크로 전송가능한 신호로 변환하는 인터페이스로 전화기, PC, 팩시밀리, 카메라 등이 있다.

2) 전자교환기

신호의 접속, 교환 및 저장하는 처리 등을 하고 전용선은 교환기를 경유하지 않는다.

3) 전송로

두 점 사이에 신호를 전달하는 통로로 나선, 동축 케이블, 광섬유 등의 유선 및 M/W, 이동, 위성 등 무선이 있다.

4) 통신망

전자교환기와 전송로의 조합으로 실현한다.

3. 1) 부가통신망(VAN : Value Added Network)

그림과 같이 공중전기통신 사업자로부터 임차한 통신회선을 이용한 속도변환, 미디어 변환, 프로토콜 변환, 코드 변환 등과 통신처리, 경영분석 등 부가가치 통신 서비스를 제공하는 통신망이다.

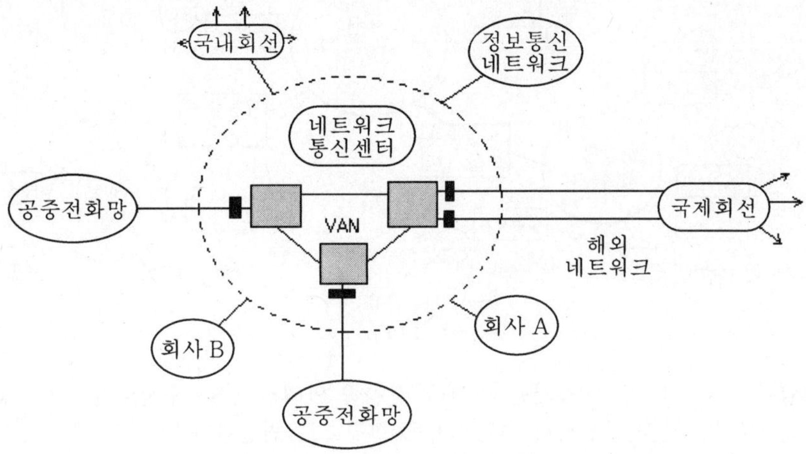

2) 광LAN

그림과 같이 이더넷(ethernet) 정보전송에는 한계가 있어 광섬유 케이블을 이용하여 고속의 통신이 되도록 광LAN을 구성한다.

① 구성도

② 광 스타 LAN 구성도

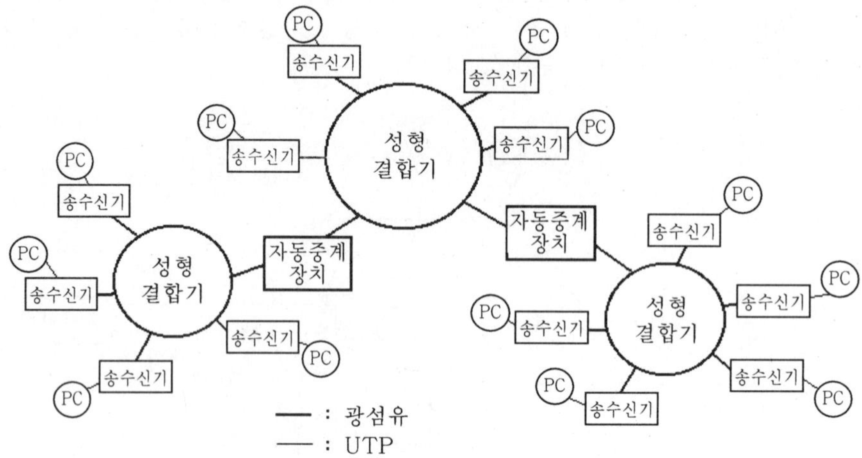

4. 그림과 같이 디지털 중계기는 장거리 전송중 약해진 광을 수광소자에서 검출하여 증폭한 후 펄스열을 발생시켜 발광소자로 광펄스로 변환한다.

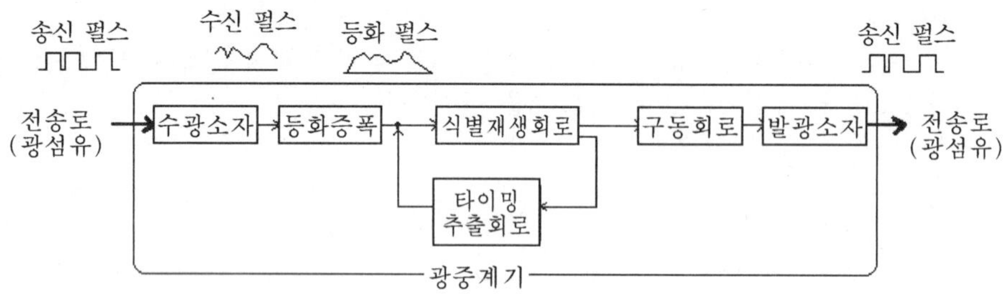

5. 1) 북미 방식(NAS 방식)

NAS 방식은 전송속도 1.544[Mbps], 프레임당 비트 수 193비트(24[ch] × 8비트 + 1), 멀티프레임수 12, 주기 1.5[ms], 프레임당 24 타임슬롯/24통화로, 표본화 주파수 8[kHz]/주기 125[μs], 부호화 비트수 7, 신호용 비트수 1.33[Mbps]이고, 케이블 손실 허용치는 7 ~ 35[dB]이다.

2) 유럽 방식(CEPT 방식)

CEPT 방식은 전송속도 2.048[Mbps], 프레임당 비트수 256비트(32[ch] × 8비트), 멀티프레임수 16, 주기 2[ms], 프레임당 32 타임슬롯/30통화로, 표본화 주파수 8[kHz]/주기 125[μs], 부호화 비트수 8, 신호용 비트수 2[kbps]이고, 케이블 손실 허용치는 8 ~ 42[dB]이다.

6. 동기식 다중화방식은 회선분기 및 회선분배 기능으로 전송국간 또는 신호경로상의 성능감시, 유지보수 등을 신속히 할 수 있다. 동기식 다중구조는 비동기 신호를 수용하여 VC(Virtual Container)에 의해 매핑하고 TU(Tributary Unit) 포인터 처리하여

STM-1 신호인 155.522[Mbps] 신호를 만들어 전송하며 STM-1 신호를 기본신호로 하여 이의 배수로 고계위인 STM-N을 형성한다.

① 동기식 디지털 계위(SDH) : STM-1(155.520[Mbps]), STM-4(622.080[Mbps]),
STM-16(2488.320[Mbps])

② 동기식 광네트워크(SONET) : STS-1(51.840[Mbps]), STS-3(155.520[Mbps]),
STS-12(622.080[Mbps]), STS-48(2488.320[Mbps])

③ 국내(KT) 동기식 디지털 계위 : STS-1(155.520[Mbps]), STS-4(622.080[Mbps]),
STS-16(2488.320[Mbps])

http://www.mercurykr.com/, http://www.narayinfo.com/,
http://www.neowave.co.kr/ 참조

7. 지능빌딩 시스템(IBS)는 건물 내 통신(TC), 시설자동화(BA), 사무자동화(OA)를 위하여 ATM망의 기초로 통합관리 시스템을 구성한다. 설계를 위한 최소조건은 다음과 같이 한다.

1) TC : 건물 내 전화, 네트워크, 위성통신, 영상통신, 무선통신, 팩시밀리, M/W 등 통신이 원활히 되도록 구성하고 제어할 수 있도록 한다.

2) BA : 건물 내 조명, 전력, 급수, 화재, 보안, 공조, 냉난방 등이 자동제어되도록 한다.

3) OA : 건물 내 인사, 행정, 재무, 기획 등 사무자동화가 되도록 한다.

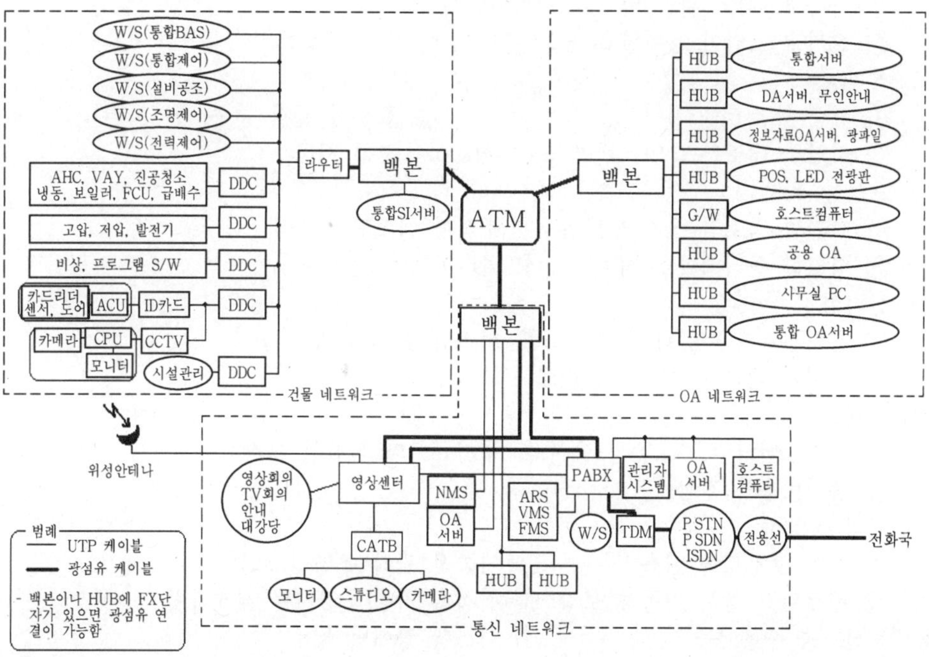

8.

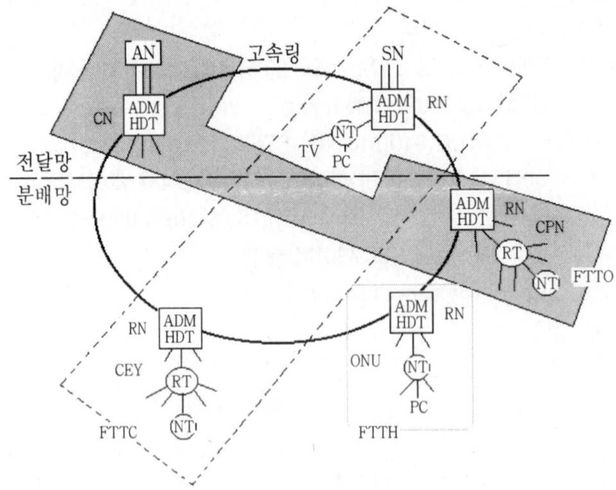

AN : Access Node
RN : Remote Node
SN : Service Node
CN : Central Node
ADM : Add-Drop MUX
HDT : Host Digital Terminal
ONU : Optical Network Unit
CPN : Customer Premises Network
CEV : Controlled Environmental Value
NT : Network Terminal
FTTO : Fiber To The Office
FTTC : Fiber To The Curb
FTTH : Fiber To The Home

http://eepia.kaist.ac.kr/～optolab/researea/passive.html,
http://vega.icu.ac.kr/～rainbow/data/Pon.htm 참조

9. 1. 확장성
- ① 전산망 시스템의 확장 가용성
- ② 접속시스템의 확장 및 증·이설 대비
- ③ 신기술 도입이 용이한 기능을 갖는 장비선정 및 설계

2. 호환성
- ① 표준 프로토콜 채택　② 표준화 규격 준수
- ③ 다양한 네트워크 인터페이스(network interface) 제공

3. 고성능 유지
- ① 요건별 적소의 신기술 도입　② 분산형 네트워크 설계
- ③ 다양한 인터페이스 제공　④ 멀티미디어 전송환경

4. 신뢰성
- ① 통신경로의 다중화 구성　② 시스템 및 접속의 이중화
- ③ 장비의 신뢰성 기능요소 반영

5. 경제성
- ① 투자장비의 투자보존성 유지　② 투자규모의 적정성 보장
- ③ 통신비용의 절감

6. 관리 운영성
- ① 단일 프로토콜 채용　② 기능적 관리 운영성 보장
- ③ 네트워크 상시 가동성 보장　④ 전천후 가동/운영지원 체제확립

10. ① 신기술 수용가능　② 시스템 장애방지
③ 데이터와 트래픽의 증가 대비　④ 네트워크 관리 기능강화

11. 네트워크망의 전송로 구성은 PC의 대수에 따라 구성도 및 배치도를 작성하고 이에

따라 전송로의 종류와 길이, 연결 커넥터, 작업방법 등에 대하여 기술한다. 다음은 전송로의 기본 구성방법이다.

① 백본과 건물(워크 그룹 스위칭 허브) 사이는 광케이블로 연결한다.

② 건물의 규모가 크면 건물내에서도 워크 그룹 스위칭 허브 사이를 광케이블로 연결한다.

③ 건물 내는 일반적으로 UTP 케이블로 연결한다.

④ 전화국과 전산실 간은 전용선(광섬유, 동축 케이블, 전화선)을 이용한다.

⑤ 광케이블의 연결이 필요하면 백본과 워크 그룹 스위칭 허브에는 FX 단자가 있어야 한다.

12.

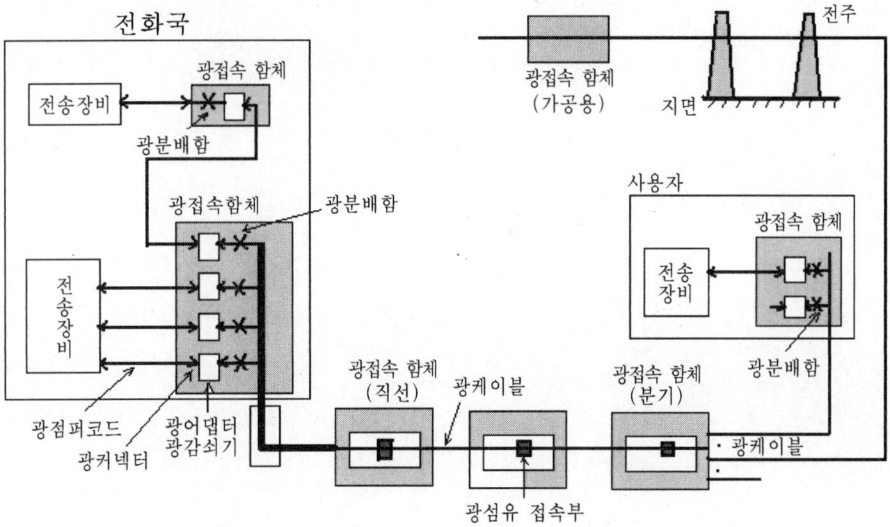

찾 아 보 기

광섬유와 광통신

2017년 2월 20일 1판 3쇄 발행

저 자 김 동 룡

발행인 남 승 우

발행처 도서출판 상尙 학學 당堂

서울시 동작구 사당로9가길 6(사당동)

TEL : 02) 595-1692~4

FAX : 02) 595-1394

E-mail : namdoo6@unitel.co.kr

신고 : 2-155호 (1968. 11. 29)

정가 25,000원

ISBN 978-89-6587-046-3 93560

〈디자인〉 편집 엄해숙 / 표지 나아기획